Konzepte und Studien zur Hochschuldidaktik und Lehrerbildung Mathematik

Geschäftsführender Herausgeber

Rolf Biehler, Universität Paderborn, Paderborn, Deutschland

Reihe herausgegeben von

Thomas Bauer, Fachbereich Mathematik und Informatik, Universität Marburg, Marburg, Hessen, Deutschland

Albrecht Beutelspacher, Justus-Liebig-Universität Gießen, Buseck, Deutschland

Andreas Eichler, FB 10/Didaktik der Mathematik, University of Kassel, Kassel, Hessen, Deutschland

Lisa Hefendehl-Hebeker, Institut für Mathematik, Universität Duisburg-Essen, Essen, Deutschland

Reinhard Hochmuth, Institut für Didaktik der Mathematik und Physik, Leibniz Universität Hannover, Hannover, Niedersachsen, Deutschland

Jürg Kramer, Institut für Mathematik, Humboldt-Universität zu Berlin, Berlin, Deutschland

Susanne Prediger, Fakultät für Mathematik, IEEM, Technische Universität Dortmund, Dortmund, Deutschland

Die Lehre im Fach Mathematik auf allen Stufen der Bildungskette hat eine Schlüsselrolle für die Förderung von Interesse und Leistungsfähigkeit im Bereich Mathematik-Naturwissenschaft-Technik. Hierauf bezogene fachdidaktische Forschungs- und Entwicklungsarbeit liefert dazu theoretische und empirische Grundlagen sowie gute Praxisbeispiele.

Die Reihe „Konzepte und Studien zur Hochschuldidaktik und Lehrerbildung Mathematik" dokumentiert wissenschaftliche Studien sowie theoretisch fundierte und praktisch erprobte innovative Ansätze für die Lehre in mathematikhaltigen Studiengängen und allen Phasen der Lehramtsausbildung im Fach Mathematik.

Weitere Bände dieser Reihe finden Sie unter https://link.springer.com/bookseries/11632

Viktor Isaev · Andreas Eichler · Frank Loose
(Hrsg.)

Professionsorientierte Fachwissenschaft

Kohärenzstiftende Lerngelegenheiten für
das Lehramtsstudium Mathematik

Hrsg.
Viktor Isaev
Institut für Mathematik, Universität Kassel
Kassel, Hessen, Deutschland

Andreas Eichler
Institut für Mathematik, Universität Kassel
Kassel, Hessen, Deutschland

Frank Loose
Mathematisches Institut, Universität Tübingen
Tübingen, Baden-Württemberg, Deutschland

ISSN 2197-8751   ISSN 2197-876X (electronic)
Konzepte und Studien zur Hochschuldidaktik und Lehrerbildung Mathematik
ISBN 978-3-662-63947-4   ISBN 978-3-662-63948-1   (eBook)
https://doi.org/10.1007/978-3-662-63948-1

Die Deutsche Nationalbibliothek verzeichnet diese Publikation in der Deutschen Nationalbibliografie;
detaillierte bibliografische Daten sind im Internet über http://dnb.d-nb.de abrufbar.

Planung/Lektorat: Annika Denkert
Springer Spektrum ist ein Imprint der eingetragenen Gesellschaft Springer-Verlag GmbH, DE und ist ein Teil
von Springer Nature.
Die Anschrift der Gesellschaft ist: Heidelberger Platz 3, 14197 Berlin, Germany

Inhaltsverzeichnis

Herausgeber- und Autorenverzeichnis

Über die Herausgeber

Viktor Isaev Institut für Mathematik, Universität Kassel, Kassel, Hessen, Deutschland

Prof. Dr. Andreas Eichler Institut für Mathematik, Universität Kassel, Kassel, Hessen, Deutschland

Prof. Dr. Frank Loose Mathematisches Institut, Universität Tübingen, Tübingen, Baden-Württemberg, Deutschland

Autorenverzeichnis

Prof. Dr. Thomas Bauer Fachbereich Mathematik und Informatik; Mathematik und ihre Didaktik, Philipps-Universität Marburg, Marburg, Deutschland

Prof. Dr. Rolf Biehler Fakultät für Elektrotechnik, Informatik, Mathematik; Didaktik der Mathematik, Universität Paderborn, Paderborn, Deutschland

Prof. Dr. Carla Cederbaum Eberhard Karls Universität Tübingen, Mathematisch-Naturwissenschaftliche Fakultät, Geometrische Analysis, Differentialgeometrie und Relativitätstheorie, Tübingen, Deutschland

Prof. Dr. Andreas Eichler Institut für Mathematik, Universität Kassel, Kassel, Hessen, Deutschland; Fachbereich Mathematik und Naturwissenschaften; Didaktik der Mathematik, Universität Kassel, Kassel, Deutschland

Prof. Dr. Johanna Heitzer Fachgruppe Mathematik, Didaktik der Mathematik, Rheinisch-Westfälische Technische Hochschule Aachen, Aachen, Deutschland

Lisa Hilken Eberhard Karls Universität Tübingen, Mathematisch-Naturwissenschaftliche Fakultät, Geometrische Analysis, Differentialgeometrie und Relativitätstheorie, Tübingen, Deutschland

Max Hoffmann Fakultät für Elektrotechnik, Informatik, Mathematik; Didaktik der Mathematik, Universität Paderborn, Paderborn, Deutschland

Viktor Isaev Institut für Mathematik, Universität Kassel, Kassel, Hessen, Deutschland; Fachbereich Mathematik und Naturwissenschaften; Didaktik der Mathematik, Universität Kassel, Kassel, Deutschland

Dr. Regula Krapf Mathematisch-Naturwissenschaftliche Fakultät; Mathematisches Institut, Universität Bonn, Bonn, Deutschland

Prof. Dr. Anke Lindmeier Fakultät für Mathematik und Informatik, Abteilung Didaktik, Friedrich-Schiller-Universität Jena, Jena, Deutschland

Prof. Dr. Frank Loose Mathematisches Institut, Universität Tübingen, Tübingen, Baden-Württemberg, Deutschland

Prof. Dr. Reinhard Oldenburg Mathematisch-Naturwissenschaftlich-Technische Fakultät; Didaktik der Mathematik, Universität Augsburg, Augsburg, Deutschland

Dr. Kolja Pustelnik Fakultät für Mathematik und Informatik; Mathematisches Institut, Georg-August-Universität Göttingen, Göttingen, Deutschland

Prof. Dr. Stefanie Rach Institut für Algebra und Geometrie, Didaktik der Mathematik, Otto-von-Guericke-Universität Magdeburg, Magdeburg, Deutschland

Prof. Dr. Elisabeth Rathgeb-Schnierer Fachbereich Mathematik und Naturwissenschaften; Didaktik der Mathematik, Universität Kassel, Kassel, Deutschland

Adrian Schlotterer Mathematisch-Naturwissenschaftlich-Technische Fakultät; Didaktik der Mathematik, Universität Augsburg, Augsburg, Deutschland

Dr. Marvin Titz Fachgruppe Mathematik, Didaktik der Mathematik, Rheinisch-Westfälische Technische Hochschule Aachen, Aachen, Deutschland

Birke-Johanna Weber Didaktik der Mathematik, IPN – Leibniz-Institut für die Pädagogik der Naturwissenschaften und Mathematik, Kiel, Deutschland

Thorsten Weber Fachbereich Mathematik und Naturwissenschaften; Didaktik der Mathematik, Universität Kassel, Kassel, Deutschland

Viktor Isaev, Andreas Eichler und Frank Loose

Substantielles fachliches Wissen ist eine notwendige Grundlage dafür, dass Lehrerinnen und Lehrer einen attraktiven und erfolgreichen Mathematikunterricht gestalten können. Das ist allgemeiner Konsens. Wie aber muss dieses fachliche Wissen genau aussehen? Auf welche Weise wird es bei der Planung und Durchführung von Unterricht genutzt? Wie kann man es im Studium auf eine Weise erwerben, dass es für didaktisches Handeln anschlussfähig wird?

In dem vorliegenden Band sollen zu diesen Fragen theoretisch fundierte Gesamtkonzepte diskutiert werden, die bereits in der Hochschullehre erprobt wurden und zu denen systematische Forschungsansätze existieren. Der vorgeschlagene Band basiert auf der 5. Fachtagung der Gemeinsamen Kommission Lehrerbildung der GDM, DMV, MNU am 27. und 28. Februar 2020 an der Universität Kassel. Hier wurden von verschiedenen Akteuren im Bereich der Hochschuldidaktik und Lehrerbildung Mathematik Lehransätze und deren Beforschung diskutiert.

Das Konzept des Herausgeberbandes sieht eine Strukturierung der Beiträge in drei Teile vor, die unter dem Titel „Professionsorientierte Fachwissenschaft – Kohärenzstiftende Lerngelegenheiten für das Lehramtsstudium" Konzepte und Studien zur

V. Isaev (✉) · A. Eichler
Institut für Mathematik, Universität Kassel, Kassel, Hessen, Deutschland
E-Mail: isaev@mathematik.uni-kassel.de

A. Eichler
E-Mail: eichler@mathematik.uni-kassel.de

F. Loose
Mathematisches Institut, Universität Tübingen, Tübingen, Baden-Württemberg, Deutschland
E-Mail: frank.loose@uni-tuebingen.de

© Der/die Autor(en), exklusiv lizenziert durch Springer-Verlag GmbH, DE, ein Teil von Springer Nature 2022
V. Isaev et al. (Hrsg.), *Professionsorientierte Fachwissenschaft,* Konzepte und Studien zur Hochschuldidaktik und Lehrerbildung Mathematik, https://doi.org/10.1007/978-3-662-63948-1_1

Hochschuldidaktik und Lehrerbildung Mathematik vorstellen, die eine der folgenden Perspektiven einnehmen:

I. Professionsorientierung in Vorlesungen
II. Professionsorientierung in Übungen
III. Professionsorientierung in Seminaren

Mit dieser Einteilung wird nicht nur die Zuordnung der Beiträge zu dem jeweiligen zugrunde liegenden Veranstaltungsformat und somit der primäre Wirkungsradius der vorgestellten Ideen und Maßnahmen gekennzeichnet, sondern auch die Bandbreite der universitären Lehramtsausbildung in einem kleinen Rahmen abgebildet. Im Sinne der Gesamtkonzeption des Bandes gehen wir weiterhin davon aus, dass sich die theoretische Perspektive auf das Lehren und Lernen von Mathematik in den Veranstaltungsformen unterscheidet. Als weiteres strukturgebendes Element wird zur Reihenfolge der Beiträge der Fokus auf die Beforschung der theoretisch begründeten Lehrkonzepte verwendet.

Auflistung der Teile mit den Beiträgen
I. Professionsorientierung in Vorlesungen
Im ersten Beitrag nähert sich **Thomas Bauer** (Philipps-Universität Marburg) der Bedeutung des mathematischen Fachwissens für das professionelle Handeln von Lehrkräften unter der Fragestellung, wie das Fachwissen einer Lehrkraft beschaffen sein muss, um unterrichtlich wirksam werden zu können. Hierzu werden im Beitrag zwei Fallstudien vorgestellt, die auf Basis eines Literacy-Modells Einblicke in mathematische Wissensarten geben. Einen ebenfalls theoriegeleiteten Zugang zu der Frage nach einer fachmathematischen (Analysis)-Ausbildung von angehenden Lehrkräften, die den Anforderungen des Berufsalltags gerecht wird, wählen **Reinhard Oldenburg & Adrian Schlotterer** (Universität Augsburg). Dabei nehmen sie exemplarisch einige Themen der Analysis in den Fokus und beleuchten diese unter einer fachlichen und didaktischen Perspektive. In dem Beitrag von **Rolf Biehler & Max Hoffmann** (Universität Paderborn) geht es übergeordnet um das mathematische Fachwissen als Grundlage fachdidaktischer Urteilskompetenz von Lehramtsstudierenden. Hierzu werden aus zwei komplementären Perspektiven Beispiele für die Herstellung konzeptueller Bezüge zwischen fachwissenschaftlicher und fachdidaktischer Lehre im gymnasialen Lehramtsstudium gegeben und Bearbeitungen von Studierenden analysiert. Über eine Untersuchung zum Affekt von Lehramtsstudierenden berichten **Andreas Eichler, Elisabeth Rathgeb-Schnierer und Thorsten Weber** (Universität Kassel). In dem Beitrag gehen die Autoren auf ein Veranstaltungskonzept zu mathematischen Erkundungen in der Primarstufe ein und zeigen auf, welche Auswirkungen solch ein fachliches Modul auf die Wahrnehmungen der Studierenden zur doppelten Diskontinuität haben kann.

II. Professionsorientierung in Übungen

Einen Fokus auf Übungsaufgaben nimmt der Beitrag von **Birke Weber & Anke Lindmeier** (Leibniz-Institut für die Pädagogik der Naturwissenschaften und Mathematik Kiel) zu einer Typisierung von Aufgaben zur Verbindung zwischen schulischer und akademischer Mathematik ein. Neben einer Klassifikation von Aufgaben verschiedener Standorte werden exemplarisch auch Bearbeitungen von Aufgaben vorgestellt. Der darauffolgende Beitrag von **Kolja Pustelnik** (Georg-August-Universität Göttingen) beschäftigt sich mit Schwierigkeiten von Studierenden beim Bearbeiten von Übungsaufgaben. Hierzu wird vor dem Hintergrund von Problemlösestrategien eine Unterstützungsmaßnahme für Lehramtsstudierende beschrieben und der Umgang mit Aufgabenbeispielen anhand von Transkripten analysiert. In dem Beitrag von **Viktor Isaev, Andreas Eichler & Thomas Bauer** (Universität Kassel; Philipps-Universität Marburg) werden aus zwei Perspektiven Aufgaben zur Vernetzung von Schul- und Hochschulmathematik vorgestellt und auf ihre intendierte Wirkung auf die Wahrnehmung von Studierenden untersucht. Dabei geht es um ein Fragebogeninstrument, das an den beiden Universitäten jeweils im Längsschnitt quantitativ in einer Grundlagenveranstaltung zur Analysis eingesetzt wurde. Dann stellt **Regula Krapf** (Universität Koblenz-Landau) mit den Koblenzern Methodenblättern ein Übungskonzept vor, das Lehramtsstudierenden im ersten Semester den Einstieg in das wissenschaftliche Arbeiten der Hochschulmathematik erleichtern soll. Hierzu werden erste Ergebnisse einer Evaluierung mithilfe der Bielefelder Lernzielorientierten Evaluation präsentiert. Schließlich widmet sich **Stefanie Rach** (Otto-von-Guericke-Universität Magdeburg) der Fragestellung, ob Aufgaben zur Verknüpfung von Schul- und akademischer Mathematik Auswirkungen auf das Interesse von Lehramtsstudierenden haben. In dem Beitrag werden hierzu aus dem Bereich der Zahlentheorie und der Analysis zwei Aufgabentypen miteinander verglichen und auf eine quantitative Befragung von Studierenden eingegangen.

III. Professionsorientierung in Seminaren

Marvin Titz & Johanna Heitzer (Rheinisch-Westfälische Technische Hochschule Aachen) stellen ein Master-Modul zur Stärkung der Werkzeug- und Beurteilungskompetenz für Studierende des Lehramts vor, das den Fokus auf die die Gestaltung einer Präsenzveranstaltung mit aktiven Arbeitsphasen und einer Prüfungsleistung im Peer-Review-Verfahren stellt. Im Ergebnisteil wird auf qualitative Analysen von Lernpfaden sowie des zugehörigen Begleitmaterials und der verfassten Reviews der Studierenden eingegangen. Der Beitrag von **Carla Cederbaum & Lisa Hilken** (Eberhard Karls Universität Tübingen) geht auf ein Seminar zur Elementaren Differentialgeometrie ein, in dem Lehramtsstudierende sich in Gruppen durch forschungsähnliches Lernen das mathematische Themengebiet der gekrümmten Kurven und Flächen erarbeiten. Die im Beitrag berichtete Begleitforschung widmet sich dabei der mathematikbezogenen Selbstwirksamkeitserwartung der Seminarteilnehmerinnen und Seminarteilnehmer.

Teil I
Professionsorientierung in Vorlesungen

Mathematisches Fachwissen in unterschiedlichen Literacy-Stufen – zwei Fallstudien

2

Thomas Bauer

Zusammenfassung

Wie das mathematische Fachwissen von Lehrkräften beschaffen sein muss, um unterrichtlich wirksam werden zu können, ist eine drängende und intensiv diskutierte Frage der gymnasialen Lehramtsausbildung. Um für die Bearbeitung dieser Frage ein möglichst differenziertes Bild der in der universitären Mathematik relevanten Wissensarten zu erhalten, wurde von Bauer und Hefendehl-Hebeker (Mathematikstudium für das Lehramt an Gymnasien. Anforderungen, Ziele und Ansätze zur Gestaltung, Springer Spektrum, 2019) ein vierstufiges Literacy-Modell entwickelt, das als Orientierungsrahmen dienen kann. Der vorliegende Beitrag leistet einen weiteren Beitrag zur Theorieentwicklung, indem er zum einen die Literacy-Stufen aufgabenbezogen konkretisiert und zum anderen erste Schritte unternimmt, das noch ungeklärte gegenseitige Verhältnis der Stufen zu verstehen. Hierfür werden zwei Fallstudien durchgeführt, in denen durch Aufgabenanalysen das jeweils relevante Fachwissen herauspräpariert und in Bezug gesetzt wird. Die so gewonnenen Erkenntnisse über die Anforderungen werden genutzt, um Folgerungen für die Ausbildung zu ziehen.

2.1 Einleitung

Die Bedeutung des Fachwissens für das professionelle Handeln von Mathematiklehrkräften wird in den letzten Jahren mit zunehmender Intensität diskutiert (z. B. Bass & Ball, 2004; Krauss et al., 2008; Prediger & Hefendehl-Hebeker, 2016). Eine der drängenden Fragen ist

T. Bauer (✉)
Fachbereich Mathematik und Informatik; Mathematik und ihre Didaktik, Philipps-Universität Marburg, Marburg, Deutschland
E-mail: tbauer@mathematik.uni-marburg.de

© Der/die Autor(en), exklusiv lizenziert durch Springer-Verlag GmbH, DE, ein Teil von Springer Nature 2022
V. Isaev et al. (Hrsg.), *Professionsorientierte Fachwissenschaft*, Konzepte und Studien zur Hochschuldidaktik und Lehrerbildung Mathematik, https://doi.org/10.1007/978-3-662-63948-1_2

es, wie das Fachwissen einer Lehrkraft beschaffen sein muss, um unterrichtlich wirksam werden zu können. Als Schritt in diese Richtung scheint es wichtig, zunächst ein möglichst differenziertes Bild der in der universitären Mathematik relevanten Wissensarten zu gewinnen. Als Beitrag hierzu wurde vom Autor zusammen mit Lisa Hefendehl-Hebeker ein Literacy-Modell vorgeschlagen, das als Orientierungsrahmen dienen kann. Es ist auf Basis des sprachwissenschaftlichen Modells von Macken-Horarik (1998) gebildet und ordnet mathematisches Fachwissen in vier Stufen an: Everyday literacy, applied literacy, theoretical literacy, reflexive literacy (Bauer & Hefendehl-Hebeker, 2019).

Der vorliegende Aufsatz leistet unter zwei Aspekten einen Beitrag zur weiteren Theorieentwicklung: Zum einen werden die Literacy-Stufen aufgabenbezogen konkretisiert und zum anderen wird das Verhältnis der Stufen zueinander untersucht. Methodisch geschieht dies anhand von zwei Aufgabenanalysen, in denen relevantes Fachwissen auf den unterschiedlichen Stufen herauspräpariert und in Bezug gesetzt wird. Die Ergebnisse beider Fallstudien werden genutzt, um auf Basis des Literacy-Modells Folgerungen für die Fachausbildung von Lehramtsstudierenden zu ziehen.

Die erste Fallstudie analysiert eine hypothetische Situation im Geometrieunterricht der Sekundarstufe 1 aus drei Perspektiven (Experte, Lehramtsabsolvent, Lehrkraft): Es wird herausgearbeitet, welcher fachliche Gehalt sich aus der jeweiligen Perspektive in der gegebenen Situation erkennen lässt. Um dies zunächst in prinzipieller Hinsicht auszuloten, wird untersucht, wie ein fachmathematischer Experte (etwa ein Mathematikprofessor) die Situation auf Basis seines Wissens deuten könnte. Sodann wird die Perspektive eines (modellhaften) Lehramtsabsolventen eingenommen, um einzuschätzen, welche Deutungsmöglichkeiten als Ergebnis der universitären Fachausbildung prinzipiell erreichbar sind. Schließlich wird betrachtet, was eine (fachlich modellhaft ausgebildete) Lehrkraft situativ erkennen könnte. Hieraus lässt sich eine Einschätzung gewinnen, wie in diesem Fallbeispiel fachliches Wissen in der Praxis wirksam werden könnte.

Die zweite Fallstudie geht der Frage nach, ob – ähnlich, wie es im sprachwissenschaftlichen Kontext angenommen wird – eine „linear and progressive relationship" (Brabazon, 2011) zwischen den Literacy-Stufen besteht. Hierbei geht es um die Frage, ob Lernen auf allen Stufen gleichzeitig möglich ist oder ob (und ggf. inwiefern) die Stufen im Wissenserwerb aufeinander aufbauen. Das analysierte Beispiel betrifft einen Arbeitsauftrag aus einer Veranstaltung zur Didaktik der Geometrie: Beim Vergleich der Arbeitsweisen von synthetischer und analytischer Geometrie wurde in der Veranstaltung exemplarisch untersucht, wie in Schulbüchern der Oberstufe elementargeometrische Aussagen mit Mitteln der linearen Algebra bearbeitet werden. Konkret wurde eine Schulbuchaufgabe betrachtet, die unter der Überschrift „Satz von Pythagoras" den Auftrag enthält, für zwei orthogonale Vektoren a, b in der euklidischen Ebene die Gleichung $\|a\|^2 + \|b\|^2 = \|a+b\|^2$ mit Hilfe des (kanonischen) Skalarprodukts zu beweisen (vgl. Bigalke & Köhler, 2012). In der universitären Veranstaltung war es das Ziel, die Situation aus epistemologischem Blickwinkel zu analysieren: Von welcher Art ist das Wissen über den Satz von Pythagoras, das die in der Aufgabe verlangte Rechnung hervorbringen kann? Kann die Rechnung als Beweis für den elementargeometrischen Satz aufgefasst werden? Es wird herausgearbeitet, welche Anforderungen an das Wissen der Studierenden gestellt werden, wenn sie diese Fragen beantworten sollen. Die Analyse gibt Aufschluss über die beteiligten Wissensstufen und ihr gegenseitiges Verhältnis.

2.2 Hintergrund und Fragestellung

Fachwissen für Lehrkräfte Dass Fachwissen eine wichtige Grundlage für das professionelle Handeln von Lehrkräften ist und wie dieses Wissen beschaffen sein müsse, ist seit langem in der Diskussion. So betont etwa Shulman (1986), dass Lehrkräfte den Fachinhalt *mindestens* so verstehen müssten wie Fachstudierende: Dazu gehörten nicht nur die Sachverhalte, sondern auch deren Begründung sowie ein Verständnis dafür, ob und ggf. wie zentral der Gegenstand für das Fach ist. Bass und Ball (2004) verfolgen das Ziel, genauer zu spezifizieren, welches mathematische Wissen beim Unterrichten erforderlich ist und wie es im Unterricht zum Einsatz kommt. In der COACTIV-Studie (Kunter et al., 2011; Krauss et al., 2008) wurde mathematisches Fachwissen dann insbesondere in seinem Bezug zum fachdidaktischem Wissen untersucht. Hierbei wird allerdings mathematisches Fachwissen nicht im vollen Umfang eines Universitätsstudiums berücksichtigt. Stattdessen konzentriert sich die Studie auf Wissen, das „tieferes Verständnis der Fachinhalte des Curriculums der Sekundarstufe" (z. B. in Bezug auf Elementarmathematik) beinhaltet, während „reines Universitätswissen" ausgeklammert wurde (Krauss et al., 2008, S. 237). Demgegenüber nehmen Laging et al. (2015) die Fachausbildung von Lehramtsstudierenden im Ganzen in den Blick und stellen ein Modellkonzept vor, das in der Lehramtsausbildung das Ziel verfolgt, die Fachausbildung mit unterrichtlichem Handeln in Praxisphasen zu vernetzen. (Das Konzept ist nicht nur bezogen auf Mathematik, sondern auf alle Fächer.) Das Modell basiert auf einem sogenannten *doppelten Praxisverständnis*: Hierbei wird es als *erste Praxis* verstanden, wenn Studierende sich selbst authentisch als Mathematik-Ausübende erleben und ihre Praxis des Mathematiktreibens reflektieren, sowohl in Bezug auf die Arbeitsweisen und Erkenntnisinteressen des Fachs als auch auf die Rolle des Fachverständnisses für das Unterrichten des Fachs. Dieser reflektive Umgang mit dem eigenen Fach wird als Schlüssel zur *zweiten Praxis* gesehen, der eigenen Unterrichtspraxis im Rahmen eines anschließenden Praxissemesters.

Mathematisches Fachwissen in einem vierstufigen Literacy-Modell Als Voraussetzung dafür, um erfolgreich fachliche Lerngelegenheiten für Lehramtsstudierende zu schaffen, scheint es wichtig, ein möglichst differenziertes Bild der in der universitären Mathematik relevanten Wissensarten zu gewinnen, auch über elementarmathematische Veranstaltungen hinaus. Vom Autor wurde zusammen mit Lisa Hefendehl-Hebeker hierfür ein Modell vorgeschlagen. Den Ausgangspunkt bildet ein Literacy-Modell aus der Sprachwissenschaft von Macken-Horarik (1998). In diesem Modell wird Wissen in vier Stufen angeordnet: Everyday literacy, applied literacy, theoretical literacy, reflexive literacy. In Bauer und Hefendehl-Hebeker (2019) wurde gezeigt, dass sich eine mathematikbezogene Interpretation dieses

Modells bilden lässt, die sich als Orientierungsrahmen eignet, um sowohl die von Toeplitz (1928) herausgehobene Spannung zwischen „Stoff" und „Methode" als auch aktuelle verfeinerte Konzepte wie *mathematical sophistication* (Seaman & Szydlik, 2007) einzuordnen. Auf unterster Stufe des Modells *(everyday literacy)* liegen diejenigen Elemente der Mathematik, die im Alltag sichtbar vorkommen und deren Beherrschung für eine gesellschaftliche Teilhabe wichtig ist. Hierzu gehören zum Beispiel elementare Fähigkeiten im Rechnen und im logischen Schließen, wie auch ein Verständnis für Wahrscheinlichkeiten und die Fähigkeit zum Deuten mathematikhaltiger Darstellungen. Wissen auf der zweiten Stufe *(applied literacy)* ist an eine bestimmte Verwendung gebunden – beispielsweise soll ein lineares Gleichungssystem gelöst werden oder das Monotonieverhalten einer Funktion geklärt werden. Es werden bestimmte Informationen über ein mathematisches Objekt ermittelt oder verarbeitet, während die zur Rechtfertigung und Erklärung benötigte Theorie im Hintergrund bleibt. Diese wird erst auf der dritten Stufe *(theoretical literacy)* als Wissensart explizit gemacht. Die in der Mathematik publizierten Forschungsergebnisse sowie das in Lehrbüchern und in Lehrveranstaltungen für Mathematikstudierende Präsentierte haben ihren Schwerpunkt auf dieser Stufe: Es geht um die mathematischen Objekte selbst, um ihre Eigenschaften und die Zusammenhänge, die es zu verstehen gilt. Die Denk- und Arbeitsweisen sowie die Gepflogenheiten der Disziplin, die im Prozess der Entwicklung solcher Ergebnisse zum Tragen kommen, liegen auf der vierten Stufe *(reflexive literacy)*. Das Wissen auf dieser Stufe wird im Fach weit weniger expliziert als das Wissen auf den unteren Stufen – vieles bleibt implizit und wird in der Fachgemeinschaft mündlich an die nächste Generation weitergegeben oder von dieser durch Beobachten gelernt.

Fragestellung Wie beschrieben wurde in Bauer und Hefendehl-Hebeker (2019) gezeigt, dass sich die im sprachwissenschaftlichen Modell von Macken-Horarik gebildeten vier Stufen in angepasster Form auch im Fach Mathematik unterscheiden lassen. Damit ist freilich noch nicht geklärt, wie sich das Wissen, das in in konkreten Anforderungssituationen wirksam werden kann, auf den verschiedenen Literacy-Stufen beschreiben lässt. Ferner ist offen, in welchem gegenseitigen Verhältnis die Literacy-Stufen stehen. Der vorliegende Aufsatz möchte durch Arbeit an zwei Fragestellungen einen Beitrag zur weiteren Theorieentwicklung leisten.

(F1) Wie lassen sich die Literacy-Stufen in unterrichtsbezogenen Anforderungssituationen konkretisieren? Wie sehen Situationen aus, in denen Anforderungen auf mehreren Literacy-Stufen liegen?

Im sprachwissenschaftlichen Kontext spricht Brabazon (2011) von einer „linear and progressive relationship", das zwischen den Literacy-Stufen besteht. Dies lässt sich so interpretieren, dass man davon ausgeht, dass Lernen nicht auf allen Stufen gleichzeitig möglich ist, sondern die Stufen im Wissenserwerb aufeinander aufbauen. Dass es auch im Fach Mathematik Abhängigkeiten zwischen den Literacy-Stufen geben wird, erscheint sicherlich plausibel.

Allerdings wird man nicht eine einfache Relation der Art „Stufe $n-1$ (in vollem Umfang) ist Voraussetzung für Stufe n" erwarten können. So sind durchaus etwa Fähigkeiten auf der theoretischen Stufe vorstellbar, die nicht auf umfangreichen Fähigkeiten auf der angewandten Stufe fußen. Ebenso ist nicht a priori klar, inwieweit Wissen auf reflexiver Stufe von Wissen auf den darunter liegenden Stufen abhängt. Die eigentliche, vermutlich aber sehr schwierige Frage besteht also eher darin, welches spezifische Verhältnis zwischen den Stufen vorliegt. Wir gehen diesbezüglich folgender Frage nach:

(F2) Welches Verhältnis lässt sich in konkreten fachlichen Anforderungssituationen zwischen dem Wissen auf den Stufen applied, theoretical und reflexive finden?

Die beiden Fragen (F1) und (F2) sind sehr weitreichend und entziehen sich daher gewiss einer einfachen Beantwortung. Der vorliegende Aufsatz möchte hier erste Schritte unternehmen. Dazu soll untersucht werden, welche Antworten sich in konkreten Fallsituationen geben lassen. Wir werden zwei Fallstudien durchführen, in denen jeweils eine fachliche Anforderung für Studierende bzw. Lehrkräfte vorliegt. Mit Hilfe von Aufgabenanalysen wird das jeweils relevante Fachwissen auf den unterschiedlichen Stufen herauspräpariert und in Bezug gesetzt, um einerseits Konkretisierungen der Literacy-Stufen zu erarbeiten und andererseits ihr gegenseitiges Verhältnis aufzuklären. Die Ergebnisse beider Fallstudien werden genutzt, um auf Basis des Literacy-Modells Folgerungen für die Fachausbildung von Lehramtsstudierenden zu ziehen. Angesichts der Beschränkung auf zwei Fallstudien muss dies selbstverständlich mit der gebotenen Zurückhaltung erfolgen.

2.3 Fallstudie: Literacy-Stufen im Umgang mit der Schülerlösung zu einer Geometrieaufgabe

Die erste Fallstudie, die in diesem Beitrag ausgeführt werden soll, betrachtet eine hypothetische Situation im Geometrieunterricht. Das Ziel ist es, zu untersuchen, welches fachliche Wissen im Umgang mit der Situation relevant ist, und welchen Literacy-Stufen sich dieses Wissen zuordnen lässt. Hierfür wird nach einer Beschreibung der Anforderungssituation in Abschn. 2.3.1 die Situation aus verschiedenen Perspektiven analysiert (Abschn. 2.3.2), um die fachlichen Wissenselemente herauszuarbeiten und in das Literacy-Modell einzuordnen. In Abschn. 2.3.3 werden mögliche Folgerungen für die Lehramtsausbildung diskutiert.

2.3.1 Fallbeschreibung und methodisches Vorgehen

Fallbeschreibung Ausgangspunkt unserer Untersuchung ist die in Abb. 2.1 dargestellte *Berührkreisaufgabe* (vgl. Schoenfeld, 1985, S. 15). In der Version bei Schoenfeld wird speziell eine Konstruktion mit Zirkel und Lineal verlangt, während die hier verwendete Auf-

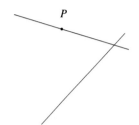

Aufgabe: Gegeben sind zwei sich schneidende Geraden und ein Punkt *P*, der auf einer der beiden Geraden liegt, wie in der nebenstehenden Zeichnung. Beweise, dass es einen Kreis gibt, der durch *P* geht und beide Geraden als Tangenten hat.

Abb. 2.1 Berührkreisaufgabe nach (Schoenfeld, 1985, S. 15)

gabenstellung insofern weiter gefasst ist, als sie nach einer Begründung für die *Existenz* des Kreises fragt (diese kann beispielsweise durch eine Konstruktion erbracht werden, aber auch auf andere Art). Für die Zwecke dieser Untersuchung stellen wir uns ihren Einsatz im Geometrieunterricht der Sekundarstufe I vor. Im Theorierahmen der ebenen euklidischen Geometrie arbeitet die erwartete Lösung mit den Begriffen *Winkelhalbierende* und *Lot*, um den gesuchten Kreis zu erhalten (Abb. 2.2, oberes Bild). In der hypothetischen Situation, die wir hier als Fallbeispiel untersuchen, formuliert Schülerin Claudia eine Lösungsidee (Abb. 2.2, unteres Bild), die von einem kleinen Kreis ausgeht, aus dem durch dynamische Veränderung der gesuchte Kreis hergestellt wird (vgl. Bauer, 2017). Dass eine derartige Situation nicht ganz unrealistisch ist, zeigt eine Studie von Boero und Turiano (2019), in der ein Schüler – in einer anderen geometrischen Situation – ebenfalls mit dynamischer Veränderung argumentiert. Im Sinne der Unterscheidung von prädikativem und funktionalem Denken nach Schwank (2003) ließe sich die erwartete Lösung als prädikativ interpretieren, während sich Claudias Vorschlag als Ausdruck von funktionalem Denken verstehen lässt.

Bei einer Lehrkraft, die im Unterricht mit Claudias Lösungsidee konfrontiert ist, spricht die Situation verschiedene Bereiche des Professionswissens an. (Die *Bereiche* sollen hier im Sinne von Shulman (1986, 1987) und Bromme (1997) verstanden werden.)

- In *pädagogischer* Hinsicht wird die Lehrkraft Claudias Beitrag insofern begrüßen, als eine Vielfalt von Antworten im Unterricht generell erwünscht ist. Falls sich Claudias Ansatz als fehlerhaft erweisen sollte, würde dem mit Verständnis begegnet.
- In *mathematikdidaktischer* Hinsicht geht es darum, verschiedene Lösungsansätze nicht nur zuzulassen, sondern auch darum, sie zu vergleichen und die Beziehungen zwischen ihnen zu verstehen. Es würde versucht werden, eventuelle Fehler als Ausgangspunkt für neues Lernen zu nutzen. Die Unterscheidung zur pädagogischen Sicht liegt hier im Unterschied zwischen sozialen Normen und soziomathematischen Normen (Yackel & Cobb, 1996).
- In *fachlicher* Hinsicht stellt sich die Frage, wie tragfähig Claudias Idee ist, d. h. wie nahe oder fern sie einer korrekten Lösung der Aufgabe steht. Für die Lehrkraft liegt daher die fachliche Herausforderung darin, Claudias Äußerung in ein Spektrum einzuordnen,

das sich zwischen einem Denkfehler und einer korrekten Beweisidee aufspannen lässt (Abb. 2.3).

Das Bewältigen der beschriebenen fachlichen Herausforderung stellt eine Voraussetzung dar, um mathematikdidaktisch adäquat reagieren zu können – so etwa beim erwünschten Vergleich der Lösungen und beim Herstellen von Beziehungen zwischen verschiedenen Ansätzen. Wir zielen darauf ab, das hier relevante fachliche Wissen genau zu spezifizieren, und zu untersuchen, welchen welchen Literacy-Stufen es sich zuordnen lässt.

Methodisches Vorgehen Wir werden die beschriebene Anforderungssituation aus drei verschiedenen Perspektiven analysieren. Dabei arbeiten wir jeweils heraus, welcher fachliche Gehalt sich aus der jeweiligen Perspektive in der gegebenen Situation erkennen lässt und worin das Spezifische der jeweiligen Perspektive besteht.

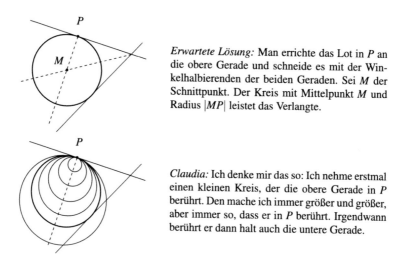

Erwartete Lösung: Man errichte das Lot in P an die obere Gerade und schneide es mit der Winkelhalbierenden der beiden Geraden. Sei M der Schnittpunkt. Der Kreis mit Mittelpunkt M und Radius $|MP|$ leistet das Verlangte.

Claudia: Ich denke mir das so: Ich nehme erstmal einen kleinen Kreis, der die obere Gerade in P berührt. Den mache ich immer größer und größer, aber immer so, dass er in P berührt. Irgendwann berührt er dann halt auch die untere Gerade.

Abb. 2.2 Zwei Lösungen der Berührkreisaufgabe (nach Bauer, 2017): Oben die antizipierte Lösung im Theorierahmen der euklidischen Geometrie; darunter der Lösungsansatz einer Schülerin

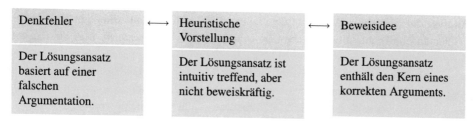

Denkfehler	⟷	Heuristische Vorstellung	⟷	Beweisidee
Der Lösungsansatz basiert auf einer falschen Argumentation.		Der Lösungsansatz ist intuitiv treffend, aber nicht beweiskräftig.		Der Lösungsansatz enthält den Kern eines korrekten Arguments.

Abb. 2.3 Spektrum bei der fachlichen Beurteilung von Claudias Lösungsansatz

1. **Expertenperspektive.** Um zunächst in prinzipieller Hinsicht auszuloten, welcher fachlicher Gehalt sich in der Situation erkennen lässt, wird die Perspektive eines fachmathematischen Experten (etwa eines Mathematikprofessors) eingenommen.

2. **Perspektive eines Lehramtsabsolventen.** Um einzuschätzen, welche Deutungsmöglichkeiten auf Basis der universitären Fachausbildung eines gymnasialen Lehramtsstudiengangs prinzipiell erreichbar sind, wird die Situation aus Perspektive eines modellhaft ausgebildeten Lehramtsstudierenden untersucht. Als *modellhaft ausgebildet* sollen Studierende hierbei bezeichnet werden, wenn sie über das durch die Lehramtsausbildung prinzipiell erreichbare fachmathematische Wissen verfügen. Insbesondere wird für diese Betrachtung keine über ein übliches Lehramtsstudium hinausgehende mathematische Bildung unterstellt.

3. **Perspektive einer Lehrkraft im Unterricht.** Schließlich wird die Perspektive einer (fachlich modellhaft ausgebildeten) Lehrkraft eingenommen, die im Unterricht mit der Situation konfrontiert wird. Hierdurch soll eine Einschätzung gewonnen werden, was eine Lehrkraft in fachlicher Hinsicht situativ, ohne langes Nachdenken, erkennen könnte, und wie fachliches Wissen somit in der Praxis wirksam werden könnte.

Diese drei Perspektiven wurden für die vorliegende Untersuchung gewählt, da sie sich in spezifischer Weise unterscheiden und daher Aufschluss über das jeweils genutzte Fachwissen und die zugehörigen Literacy-Stufen erwarten lassen. So unterscheiden sich Perspektive 1 und 2 offensichtlich im Grad der fachlichen Expertise – man kann von einem Unterschied sowohl in Breite als auch in Tiefe des Fachwissens ausgehen. Zudem ist zu erwarten, dass der Experte eine größere Flexibilität im Umfang mit unbekannten fachlichen Situationen zeigen wird. Ein augenfälliger Unterschied zwischen den Perspektiven 2 und 3 liegt darin, dass es aus Perspektive 2 um eine nachträgliche oder hypothetische Sicht geht, während mit Perspektive 3 der Blick inmitten einer Unterrichtssituation gemeint ist.

2.3.2 Analyse aus verschiedenen Perspektiven

2.3.2.1 Expertenperspektive

Analyse der Situation Aus Sicht des Experten (E) stellt sich die Situation zunächst als mathematische Problemlöseaufgabe dar: *Untersuche, ob (und wenn ja, wie) die Existenz des gesuchten Kreises durch Argumentation mit der von Claudia beschriebenen Schar von Kreisen gezeigt werden kann.* Die fachliche Beurteilung von Claudias Ansatz basiert dann auf der Lösung dieses Problems. In seinem Problemlöseprozess könnte E in der im Folgenden beschriebenen Weise Kenntnisse aus verschiedenen Gebieten kombinieren:

- *Elementargeometrie:* In Claudias Ansatz wird eine Familie von Kreisen (K_t) betrachtet, die wir durch quadratische Gleichungen der Form $(x - a(t))^2 + (y - b(t))^2 = r(t)^2$

beschreiben können. Die konkreten Gleichungen, d. h., die Funktionen a, b und r, hängen von den Ausgangsdaten ab (d. h., von der die Lage der oberen Gerade und der Lage des Punkts P). Im Moment ist für E allerdings nicht eine möglichst konkrete Beschreibung von Interesse, sondern nur die Tatsache, dass es *quadratische* Gleichungen sind.

- *Algebra:* Für jeden der Kreise K_t werden die Schnittpunkte mit der unteren Geraden durch ein Gleichungssystem beschrieben, das aus einer quadratischen und einer linearen Gleichung in x und y besteht. Nach Elimination einer der Unbekannten x oder y verbleibt eine quadratische Gleichung in der anderen Unbekannten (die zudem vom Parameter t abhängt). Die Diskriminante $\Delta(t)$ dieser quadratischen Gleichung entscheidet über die Anzahl der Lösungen. Im Fall $\Delta(t) = 0$ liegt nur ein einziger Schnittpunkt vor, Kreis und Gerade berühren sich.

- *Analysis:* Für die Diskriminantenfunktion $t \mapsto \Delta(t)$ liegt eine „Zwischenwertsatz-Situation" vor: Es gibt offenbar sowohl Kreise, die mit der unteren Geraden keinen Schnittpunkt haben, als auch Kreise, die mit ihr zwei Schnittpunkte haben (Kreise mit sehr kleinem Radius bzw. Kreise mit sehr großem Radius erfüllen dies). Algebraisch bedeutet dies, dass Δ sowohl positive als auch negative Werte annimmt. Da $\Delta(t)$ stetig von t abhängt, muss es einen Parameter t_0 geben, für den $\Delta(t_0) = 0$ gilt. Der Kreis K_{t_0} berührt dann die untere Gerade, wie es in der Aufgabenstellung verlangt ist.

Als Ergebnis dieser Überlegungen ist ein Entwurf eines Beweises entstanden, der auf Claudias Ansatz beruht. Wir sprechen hier von einem *Entwurf* im Sinne der *Levels of Proofness* nach Manin (1977, S. 49): Es liegt noch kein vollständig ausgeführter Beweis vor, aber es besteht für E kein Zweifel, dass die Überlegung zu einem Beweis von größerem Detailgrad ausgebaut werden *könnte* (dieser würde beispielsweise ein Argument für die Stetigkeit von Δ enthalten).

Als Fazit kann E in Claudias Antwort den Ausgangspunkt einer fachlich tragfähigen Argumentation erkennen. Angesichts der eingesetzten Werkzeuge wäre diese zwar von Claudia so wohl nicht ausgeführt worden, aber E könnte ihr über intuitiv treffende Vorstellungen hinaus zusprechen, dass sie den Kern eines völlig korrekten Arguments getroffen hat.

Spezifika der Perspektive Die hier skizzierte Perspektive des fachlichen Experten zeichnet sich durch folgende Merkmale aus, die auch Hinweise darauf geben, wie die Argumentation entstanden sein kann:

a) Der Experte kann auf Kenntnisse aus verschiedenen mathematischen Gebieten zugreifen und hat dadurch die Chance, bestimmte Werkzeuge in die Situationen *hineinzusehen*. Dabei dienen oft frühere Verwendungssituationen als Ausgangspunkt. So darf man beispielsweise davon ausgehen, dass er Stetigkeitsargumente aus vielen Bereichen der Mathematik kennt.

b) Die eingesetzten Mittel sind Spezialfälle von allgemeineren Strategien und Konzepten.
So versteht der Experte die hier vorkommende Diskriminante einer quadratischen Gleichung als Spezialfall des Konzepts *Diskriminante eines Polynoms* (siehe etwa Lang,
2002). Zudem hat der Experte *Übung* in deren Verwendung und wird daher nicht durch
Schwierigkeiten bei der technischen Handhabung der Werkzeuge in seinem Problemlöseprozess aufgehalten.

2.3.2.2 Perspektive eines modellhaften Lehramtsabsolventen

Analyse der Situation Die Annahme eines modellhaft ausgebildeten Lehramtsabvolven-
ten (S) soll hier so verstanden werden, dass nicht davon ausgegangen wird, dass S die
spezielle Aufgabe (oder eine eng verwandte Aufgabe) im Laufe des Studiums kennen
gelernt hat. Jedoch kann S sie mit Situationen vergleichen, in denen ein Funktionsgraph mit
einer Geraden geschnitten wird. Abb. 2.4 zeigt, wie eine Parabel von verschiedenen Geraden geschnitten wird. Dass die Parabelfunktion einen bestimmten Funktionswert annimmt,
bedeutet geometrisch, dass eine waagrechte Gerade auf entsprechender Höhe den Graphen
schneidet. Im ersten der drei Bilder könnte solches Schneiden mit dem Zwischenwertsatz
begründet werden. Solche „Zwischenwertsatz-Bilder" werden traditionell eingesetzt, wenn
in Analysis-Vorlesungen die Aussage des Zwischenwertsatzes geometrisch veranschaulicht
werden soll. Schon Cauchy (1821, S. 44) drückt am Beginn seines Beweises des Zwischenwertsatzes aus, dass es genüge zu zeigen, dass „die Kurve mit der Gleichung $y = f(x)$ die
Gerade mit der Gleichung $y = b$ ein oder mehrere Male schneidet".

Nun könnte S die Situation umdeuten: Die Progression der drei Schnittsituationen in
Abb. 2.4 lässt sich so umdeuten, dass nicht die Gerade sich bewegt, sondern die Parabel

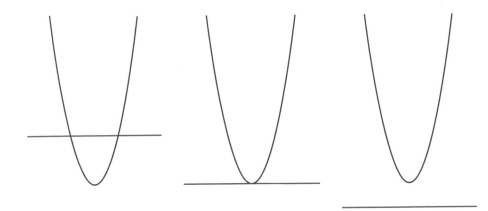

Abb. 2.4 Schnittsituationen bei der Veranschaulichung des Zwischenwertsatzes

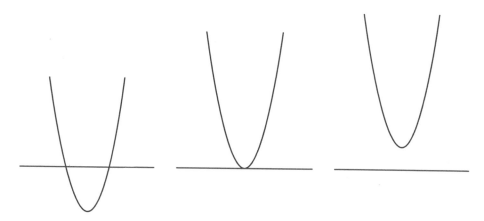

Abb. 2.5 Umdeutung der Schnittsituationen

(Abb. 2.5): Wenn sich die Parabel nach oben bewegt, verringert sich die Anzahl der Schnittpunkte von zwei (linkes Bild) über eins (mittleres Bild) auf Null (rechtes Bild).

Diese geometrisch verstandene Situation kann S mit algebraischen Situationen vernetzen: S weiß, dass quadratische Gleichungen $ax^2 + bx + c = 0$ zwei, eine oder keine Nullstelle haben, abhängig vom Vorzeichen ihrer Diskriminante $\Delta = b^2 - 4ac$. Die Vernetzung mit der geometrischen Schnittsituation gelingt, wenn man sich die Gerade als die x-Achse vorstellt, denn dann gilt für eine nach oben geöffnete Parabel (d. h. für $a > 0$):

- Ist der konstante Term c sehr negativ, so liegt die Parabel weit unten und hat dann zwei Schnittpunkte mit der Geraden. Algebraisch äußert sich dies darin, dass die Diskriminante $\Delta = b^2 - 4ac$ für sehr negative c positiv ist.
- Wird c vergrößert, so bewegt sich die Parabel nach oben. Die Diskriminante wird irgendwann gleich Null, und zwar für genau einen Wert von c (nämlich für $b^2/4a$). Geometrisch bedeutet dies, dass es genau einen Moment in der Bewegung der Parabel gibt, in dem sie die Gerade berührt.
- Bei weiterer Vergrößerung von c wird Δ negativ, die quadratische Gleichung hat dann keine Nullstellen, die Parabel schneidet die Gerade nicht mehr.

Als Ergebnis einer Überlegung dieser Art hat S eine sichere Vorstellung davon, dass sich beim Bewegen einer Parabel der Übergang von einer Phase ohne Schnittpunkte zu einer Phase mit zwei Schnittpunkten über eine Momentansituation vollzieht, in der Kurve und Gerade sich berühren. Die geometrische Vorstellung ist durch algebraische Einsicht gestützt und abgesichert. Obwohl die Situation in Claudias Ansatz von der geschilderten Parabelbewegung verschieden ist (es geht um Kreise, und diese werden nicht nur bewegt, sondern auch vergrößert), sind die Situationen doch verwandt. S kann daher zu der Einschätzung kommen, dass auch in Claudias Ansatz bei der dynamischen Veränderung der Kreise eine Momentansituation entsteht, in der Kreis und Gerade sich berühren. Analog zur Überlegung mit der Parabel erwartet *S,* dass sich dies algebraisch stützen lässt.

Als Fazit kann *S,* ebenso wie *E,* in Claudias Antwort den Ausgangspunkt einer fachlich tragfähigen Argumentation sehen. Im Unterschied zu *E* hat *S* mit der angestellten Überlegung noch keinen Entwurf eines Beweises vorliegen, aber möglicherweise die starke Überzeugung gewonnen, dass eine Ausführung der Idee zu einem Beweis möglich sein sollte. Mit Mason et al. (2010, S. 87) könnte man sagen, dass *S* dem Stadium „convince yourself" nahe ist, während *E* bereits bei „convince a friend" ist; das Stadium „convince an enemy" steht bei beiden noch aus.

Spezifika der Perspektive Die hier skizzierte Perspektive eines Lehramtsabsolventen zeichnet sich – insbesondere in Abgrenzung von der Expertenperspektive – durch folgende Merkmale aus:

a) *S* verfügt nicht über ein so breites mathematisches Wissen und über so viel Erfahrung im Einsatz mathematischer Werkzeuge, dass er die dynamische Veränderung, die durch die Kreisschar gegeben ist, selbständig in technisch sicherer Ausführung beschreiben kann. Es soll damit nicht ausgeschlossen werden, dass *S* eine entsprechende Ausführung, die ein Experte vornimmt, *nachvollziehen* könnte. Auch eine kleinschrittig geführte Übungsaufgabe hierzu könnte er vermutlich erfolgreich bearbeiten.

b) *S* ist aber der Zwischenwertsatz-Konstellation „Kurve wird von Gerade geschnitten" an verschiedenen Stellen begegnet – insbesondere in der Analysis, wo diese etwa beim Nachweis der Existenz von Nullstellen, der Surjektivität von Funktionen oder beim Mittelwertsatz der Integralrechnung auftritt. Diese Erfahrungen legen *S* eine Analogiebetrachtung anhand einer vereinfachten, vertrauten Situation nahe (bewegliche Parabel anstelle von sich vergrößernden Kreisen). Diesen Zugriff auf Vorerfahrungen mit vertrauten Beispielsituationen könnte man mit Watson und Mason (2005) durch die Beschaffenheit des *personal example space* erklären: *S* hat die Kurve-schneidet-Gerade-Situation in genügend vielen Variationen erlebt, um sie als Anker für seine Überlegungen nutzen zu können.

c) Wesentlich für die angestellte Überlegung ist die Umdeutung von Abb. 2.4 zu Abb. 2.5. Wenn Studierende die Fähigkeit zu einer solchen Umdeutung entwickeln, dann lässt sich dies auf verschiedene Weisen erklären: Zum einen lassen sich Perspektivwechsel, bei denen das Bezugssystem geändert wird, in dem eine Situation beschrieben wird, als allgemeine heuristischen Strategie betrachten, die das Individuum im Laufe des Mathematikstudiums entwickelt. In der Klassifikation von Schreiber (2011) lässt sich dies als *Variationsheurismus* deuten. [1] Zum anderen lassen sich Perspektivwechsel im Falle von

---

[1] Schreiber (2011) betrachtet die *Variation des Gegebenen* als einen Variationsheurismus. In der vorliegenden Situation wird zwar nicht im engeren Sinne das *Gegebene* verändert, wohl aber das Bezugssystem, in dem das Gegebene beschrieben wird. Es stellt eine nur geringfügige Erweiterung

geometrischen Objekten mit Erfahrungen aus der Linearen Algebra erklären. Dort tritt ein Wechsel des Bezugssystems auf, wenn dieselbe Situation in verschiedenen Basen beschrieben wird. So kann man in der Linearen Algebra insbesondere die Erfahrung machen, dass das Bewegen eines geometrischen Objekts dessen Koordinaten verändert, während man dieselbe Wirkung auf die Koordinaten aber auch erhält, wenn das Objekt festgehalten wird und stattdessen die Basis transformiert wird.

2.3.2.3 Perspektive einer modellhaften Lehrkraft

Analyse der Situation Wie bereits erläutert, soll der Unterschied zwischen der Perspektive einer (modellhaft ausgebildeten) Lehrkraft (L) im Vergleich zu der eines Lehramtsabsolventen (S) hier als Unterschied zwischen einer situativen Reaktion im Vergleich zu einer nachträglichen/hypothetischen Überlegung betrachtet werden. Daher gehen wir davon aus, dass L zu einer unmittelbaren Reaktion auf Claudias Ansatz gedrängt ist. Vorstellbar ist, dass auch L in Claudias Vorschlag das Vorliegen eines Stetigkeitsarguments sieht. Obwohl L sich in der Unterrichtssituation vermutlich nicht die Zeit nehmen kann, die bei S unterstellte Analogieüberlegung durchzuführen, würde es reichen, wenn L über fachliche Erfahrungen verfügt, die Stetigkeitsargumente im Zusammenhang mit dynamischen Veränderungen beinhalten. Damit wäre es L möglich, jedenfalls die *Möglichkeit* in Betracht zu ziehen, dass fachliches Potential in Claudias Idee steckt (als intuitive Version der S-Perspektive). Hieraus ergeben sich verschiedene Handlungsoptionen:

- L könnte Claudia zunächst das positive, fachlich begründete Feedback geben, dass ihre Idee nach einem Stetigkeitsargument aussieht, wie es in der Mathematik an verschiedenen Stellen mit Erfolg eingesetzt wird. Insofern wäre Claudia hier einer ganz grundlegenden mathematischen Idee auf der Spur – eine schöne Leistung, die als solche gewürdigt werden könnte. Eine solche Würdigung würde sich nicht nur auf Claudias Beteiligung an sich beziehen, sondern wäre auf (wenn auch vorläufig gebildeter) fachlicher Einschätzung gegründet. Eine fachlich tiefergehende Analyse könnte die Lehrkraft nach eigenem Überlegen in Aussicht stellen.
- L könnte Claudia zu einer genaueren Erläuterung ihrer Vorstellung auffordern, indem sie beispielsweise fragt, warum es wohl nicht vorkommen kann, dass es erst keinen und dann gleich zwei Schnittpunkte gibt. Dies wäre ein Zug von *high press* im Sinne von Kazemi und Stipek (2001) in dem Sinne, dass Claudia hierdurch zu einer Weiterführung und Vertiefung ihrer Überlegung angeregt würde. Um Claudia zu unterstützen, könnte L einen Perspektivwechsel vornehmen, bei dem nicht mit einem kleinen Kreis begonnen wird, der gedanklich vergrößert wird, sondern mit einem sehr großen Kreis, der gedanklich verkleinert wird. L könnte versuchen, bei Claudia diesen Perspektivwechsel anzustoßen:

---

von Schreibers Klassifikation dar, auch einen Perspektivwechsel dieser Art als Variationsheurismus aufzufassen.

„Wenn wir mit einem sehr großen Kreis beginnen, dann hat dieser zwei Schnittpunkte mit der unteren Gerade. Wie verändern sich diese Schnittpunkte, wenn wir den Kreis kleiner machen?" Wenn Claudia nun erläutern kann, dass die beiden Schnittpunkte immer weiter zusammenrücken und schließlich zu einem Punkt zusammenfallen, dann wäre die Diskussion dem mathematische Kern deutlich näher gerückt – es ist dieses Zusammenfallen von Schnittpunkten, das zur Berührsituation führt und sich algebraisch in einer Nullstelle der Diskriminante äußert.

Spezifika der Perspektive Die skizzierte modellhafte Perspektive zeichnet sich durch zwei Merkmale aus:

a) Die Lehrkraft verfügt nicht nur über das prinzipielle Verständnis, dass es für mathematische Probleme verschiedene Lösungswege geben kann, sondern hat darüberhinaus Wissen über mathematischen Theorieaufbau – sie ist sich bewusst, dass Lösungswege verschiedenen mathematischen Theoriegebäuden entstammen können und dass die jeweils verfügbaren Argumentationsmittel verschieden sind. Dass Claudias Ansatz nicht im eigentlich vorgesehenen Theorierahmen liegt, wird daher nicht vorschnell als disqualifizierend gewertet. Zudem verfügt die Lehrkraft über Erfahrung mit mathematischen Ideen, die an unterschiedlichen Stellen in der Mathematik eingesetzt werden – dies legt ihr hier den Gedanken an ein mögliches Stetigkeitsargument nahe.

b) Die Idee, anstelle eines kleinen Kreises, der vergrößert wird, einen großen Kreis zu betrachten, der verkleinert wird, kann als Ausdruck von Flexibilität im Umgang mit mathematischen Problemen gesehen werden, die sich im Einsatz von heuristischen Strategien äußert. Im konkreten Fall eröffnet ein solcher Perspektivwechsel die Möglichkeit, die Veränderung der Schnittpunkte des Kreises mit der Geraden in den Blick zu nehmen, wodurch Claudia zum Weiterdenken ihres Ansatzes angeregt werden kann.

2.3.3 Diskussion: Verortung der Anforderungen im Literacy-Modell – Folgerungen für die Ausbildung

Die Analyse der Situation aus den drei Perspektiven hat gezeigt, dass ihre Bewältigung verschiedenartige Wissenselemente erfordert. Ein Teil davon liegt auf der theoretischen Stufe und ein Teil auf der reflexiven Stufe. Wissen auf der Stufe des Alltagswissens oder des angewandten Wissens spielen bei der Bearbeitung dieser auf mathematisches Argumentieren ausgerichteten Aufgabe keine wesentliche Rolle.

Wissen auf Stufe 3 (Theoretical Literacy) Wie die Analyse in Abschn. 2.3.2 zeigt, kann der Lehramtsabsolvent auf Basis des im Studium erworbenen Wissens die Situation so weit einschätzen, dass er Claudias Ansatz das Potential zusprechen kann, als Ausgangspunkt eines vollständigen Beweises zu dienen. Auf theoretischer Stufe setzt er hierzu einerseits

Wissen ein, dass im Bereich Analysis an verschiedenen Stellen von Bedeutung ist, und er kann dies mit algebraischen Überlegungen vernetzten und dadurch abstützen. Während der Experte eine Problemlösung mit Hilfe von Werkzeugen gewinnt, die für ihn Spezialfälle von allgemeinen Strategien und Konzepten sind, ist der Lehramtsabsolvent auf Analogiebetrachtungen angewiesen. Damit dies gelingt, muss das Wissen auf theoretischer Stufe in ausgesprochen flexibler Form vorliegen: Die bloße Fähigkeit, den Zwischenwertsatz zu formulieren und einen Beweis wiedergeben zu können, würde kaum ausreichen. Benötigt wird stattdessen konsolidiertes Wissen über Sinn und Bedeutung des Satzes, sowie über verschiedene Verwendungsmöglichkeiten des Satzes. Es wird also ein gut ausgebautes *theorem image* benötigt (im Sinne von Bauer, 2019), das nicht nur die *Durchführung* von Stetigkeitsargumenten ermöglicht, sondern das *Hineinsehen* solcher Argumente in eine gegebene Situation.

Wissen auf Stufe 4 (Reflexive Literacy) Claudias Lösungsansatz unterscheidet sich von der antizipierten Lösung sowohl hinsichtlich des Theorierahmens als auch hinsichtlich der heuristischen Strategie: Die im Kontext der Unterrichtssituation antizipierte Lösung sah eine Argumentation im Theorierahmen der ebenen euklidischen Geometrie vor, während sich Claudias dynamischer Ansatz in einem analytisch-algebraischen Rahmen verstehen lässt. In strategischer Hinsicht erfordert die antizipierte Lösung eine Reduktionsstrategie: Die Lösung wird vom fertigen Bild aus erschlossen (Pappos-Prinzip, vgl. Schreiber, 2011). Claudias Lösungsansatz lässt sich dagegen als Induktionsheurismus deuten: Ausgehend von der gegebenen Situation wird eine schrittweise Annäherung an eine Lösung angestrebt.

Um als Lehrkraft mit dem Wechsel von der antizipierten Lösung zu Claudias Ansatz umgehen zu können, ist es zum einen erforderlich, über Wissen um verschiedene *Möglichkeiten des mathematischen Theorieaufbaus* zu verfügen. Dazu gehört die Einsicht, dass in einer mathematischen Theorie jeweils bestimmte Begriffe und Eigenschaften als Ausgangspunkt gewählt werden, die dann im Theorieaufbau jeweils spezifische Argumentationsmöglichkeiten eröffnen, aber auch Zwänge mit sich bringen. Eine solche reflexive Sicht auf mathematischen Theorieaufbau ist geradezu Voraussetzung dafür, um Claudias Ansatz überhaupt als Ausgangspunkt einer korrekten Lösung in Betracht zu ziehen. In der Fallanalyse wurde deutlich, dass der Wechsel des Theorierahmens für den Experten kein Problem darstellt. Auch vom Lehramtsabsolventen und der Lehrkraft kann dies bewältigt werden, wenn diese über entsprechendes Wissen auf der reflexiven Stufe verfügen.

Folgerungen für die Ausbildung Durch die Analyse der Situation aus den drei verschiedenen Perspektiven ließ sich eine Einschätzung gewinnen, wie in diesem Fallbeispiel fachliches Wissen in der Praxis wirksam werden könnte. Das Ergebnis dieser Untersuchung hat gezeigt, dass die zum adäquaten Umgang mit der Situation erforderlichen fachlichen Kenntnisse sowohl auf der theoretischen als auch auf der reflexiven Literacy-Stufe liegen. Dieser Befund unterstützt die Forderung (vgl. Bauer & Hefendehl-Hebeker, 2019), in der

Ausbildung beide Stufen angemessen zur Geltung zu bringen und den Schwerpunkt der Ausbildung nicht auf die angewandte Stufe zu legen.

Wie die Analyse gezeigt hat, ist der Experte in einer ungleich günstigeren Situation bei der Beurteilung von Claudias Ansatz, da er bei der zugrunde liegenden mathematischen Problemlöseaufgabe auf ein breites Wissens- und Erfahrungsspektrum zugreifen kann. Aber auch dem Lehramtsabsolventen und der Lehrkraft kann ein adäquater Umgang mit der Situation gelingen, wenn ihr mathematisches Wissen bestimmte Voraussetzungen erfüllt – dies soll nachfolgend ausgeführt werden.

Bezüglich des Wissens auf theoretischer Stufe wurde deutlich, dass es einerseits auf ein genügend reichhaltiges Repertoire an fachlichen Wissensbeständen ankommt. Die Fähigkeit, an fachliches Wissen andocken zu können, setzt ein Wissen um mögliche Andockstellen voraus. Wie sich in der Analyse ebenfalls gezeigt hat, ist aber nicht die schiere Wissens*menge*, sondern die Fähigkeit zur *flexiblen Verwendung* entscheidend. Zudem wurde in der Analyse die Bedeutung von zweierlei Vernetzungen sichtbar: zum einen zwischen verschiedenen mathematischen Teilgebieten (im Fallbeispiel: Analysis und Algebra), und zum anderen zwischen Hochschulmathematik und Schulmathematik (im Fallbeispiel: die Verwendung des Zwischenwertsatzes für eine schulmathematische Aufgabenstellung). Für Letztere versprechen explizite Vernetzungsaktivitäten (etwa in Schnittstellenaufgaben im Sinne von Bauer, 2013a, b) motivationale Vorteile, wenn hierdurch für Studierende deutlich wird, welche erweiterten Handlungsspielräume ihnen dies eröffnet. Demgegenüber stehen für die Vernetzung zwischen verschiedenen mathematischen Teilgebieten noch wenig Konzepte bereit. Tatsächlich stellt dies für die Ausbildung eine nicht zu unterschätzende Herausforderung dar: Dozenten machen oft die Erfahrung, dass Vernetzungen zwischen mathematischen Teilgebieten Studierenden Schwierigkeiten bereiten. In der Folge greifen Dozenten manchmal zu einer defensiven Strategie und vermeiden es ganz bewusst, solche Anforderungen überhaupt zu stellen.

Im Hinblick auf das Wissen auf reflexiver Stufe war im hier untersuchten Fallbeispiel Wissen über mathematischen Theorieaufbau erforderlich. Dies gehört zu einer Vertrautheit mit dem „Getriebe" der Mathematik, die bereits von Toeplitz (1928) als wesentliches Ziel der universitären Mathematikausbildung formuliert wurde. Seaman und Szydlik (2007) sprechen von *mathematical sophistication* und weisen zugehörige Wissensfacetten aus. Aus ihrer Sicht ist die Entwicklung von mathematical sophistication geradezu ein Hauptziel fortgeschrittener Mathematikveranstaltungen im Lehramtsstudium. Prediger und Hefendehl-Hebeker (2016) betonen ebenfalls die Relevanz reflexiven Wissens und arbeiten die Bedeutung von *epistemologischer Bewusstheit* bei Mathematiklehrkräften heraus. Wie bei der Vernetzung von hochschulmathematischem und schulmathematischem Wissen, das durch Schnittstellenaufgaben angestrebt wird, liegt auch in Bezug auf die reflexive Stufe die Vermutung nahe, dass explizite Aktivitäten, die reflexives Mathematikwissen mit unterrichtlichem Handeln vernetzen, wichtig – oder gar entscheidend – für den Ausbildungserfolg sein können. Im Projekt ProPraxis wurde ein Ansatz entwickelt, um in einem Modul, dass dem Praxissemester vorgelagert ist, solche Vernetzungen gezielt aufzubauen (Bauer et al., im Druck).

2.4 Fallstudie: Die Frage des Verhältnisses zwischen den Literacy-Stufen

Brabazon (2011) interpretiert das sprachwissenschaftliche Literacy-Modell von Macken-Horarik (1998) so, dass eine „linear and progressive relationship between literacy modes" vorliegt, was insbesondere bedeute, dass Individuen nicht Lesen lernen und gleichzeitig das Gelesene kritisch hinterfragen können. Es erscheint einerseits als naheliegende Hypothese, dass ein solches aufeinander aufbauendes Verhältnis auch zwischen den in Bauer und Hefendehl-Hebeker (2019) für das Fach Mathematik beschriebenen Literacy-Stufen besteht. Andererseits kann dies gewiss nicht uneingeschränkt so behauptet werden, da durchaus Fähigkeiten auf theoretischer Stufe vorstellbar sind, die ohne umfangreiches Wissen auf angewandter Stufe auskommen. Es muss daher als offene Frage betrachtet werden, wie genau die Literacy-Stufen aufeinander bezogen sind und in welchem Maße sie aufeinander aufbauen. Um diesen Fragen nachzugehen, soll in der nun folgenden Fallstudie die Hypothese eines linear-progressiven Verhältnisses in einer mathematikdidaktisch relevanten Situation untersucht werden.

2.4.1 Fallbeschreibung und methodisches Vorgehen

Fallbeschreibung Den Kontext der Untersuchung bildet eine Vorlesung mit integrierten Übungen zur Didaktik der Geometrie, die der Verfasser im Wintersemester 2019/20 an der Universität Marburg gehalten hat. Die Veranstaltung war für Hörer mittlerer Semester vorgesehen, die die Basismodule in Linearer Algebra und Analysis abgeschlossen haben und wurde von 12 Studierenden besucht.

In dem Teilabschnitt, auf den hier fokussiert wird, war es das Ziel, die spezifischen Arbeitsweisen bei einem synthetischen Aufbau der Geometrie mit denen des analytischen Zugangs zu vergleichen. Konkret wurden Beweise elementargeometrischer Aussagen mit Methoden der linearen Algebra in den Blick genommen, wie sie sich in Schulbüchern der Oberstufe finden. So stellen beispielsweise Bigalke und Köhler (2012) unter dem Titel „Satz des Pythagoras" eine Aufgabe, die für ein rechtwinkliges Dreieck mit den Seitenlängen a, b, c und einem rechten Winkel bei C zu einem vektoriellen Beweis der Gleichung $a^2 + b^2 = c^2$ auffordert (Abb. 2.6). Aufgabenstellungen solcher Art finden sich auch in der universitären Lehrbuchliteratur zur Linearen Algebra. So wird die für orthogonale Vektoren $v, w \in \mathbb{R}^n$ gültige Aussage $\|v\|^2 + \|w\|^2 = \|v + w\|^2$ in verschiedenen Lehrbüchern als „Satz von Pythagoras" bezeichnet. Exemplarisch können hier Fischer (1987, S. 10), Gel'fand (1961, S. 18), sowie Grauert und Grunau (1999, S. 195) genannt werden.

Aufgabe: Satz des Pythagoras
Beweisen Sie:

a) In einem rechtwinkligen Dreieck mit der Hypotenuse c und den Katheten a und b gilt: $a^2 + b^2 = c^2$.
b) Gilt in einem Dreieck mit den Seiten a, b und c die Gleichung $a^2 + b^2 = c^2$, so ist das Dreieck rechtwinklig.

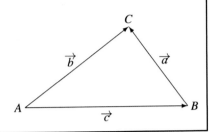

Abb. 2.6 Schulbuchaufgabe zum Satz von Pythagoras in der analytischen Geometrie (nach Bigalke und Köhler 2012)

Das Ziel dieses Teilabschnitts der Lehrveranstaltung bestand weniger in der Durchführung solcher Beweise, sondern in einer epistemologischen Betrachtung: Die Studierenden sollten sich bewusst machen, von welcher Art das Wissen über den *elementargeometrischen* Satz von Pythagoras ist, das analytische (vektorielle) Rechnungen erbringen können, wie sie in Abb. 2.6 oder in den genannten universitären Lehrbüchern verlangt werden. Dazu wurde für eine Arbeitsphase innerhalb des Übungsanteils der Präsenzveranstaltung der in Abb. 2.7 gezeigte Arbeitsauftrag erteilt, der in Kleingruppen bearbeitet wurde.

Methodisches Vorgehen Der Verfasser kann auf konkrete Erfahrungen mit dem beschriebenen Arbeitsauftrag zugreifen. Allerdings bezieht sich die Fallanalyse, die hier durchgeführt werden soll, nicht auf den konkreten Einsatz der Aufgabe, sondern auf die Aufgabe selbst. Es wird eine Aufgabenanalyse durchgeführt, die Aufschluss geben soll über die Anforderungsstruktur der Aufgabe in Bezug auf a) die erforderlichen Wissenselemente und b) über deren Zuordnung zu Literacy-Stufen, sowie c) deren Stufung und Verflechtung. Der konkrete Einsatz dieser Aufgabe in einer Lehrveranstaltung bildet somit den Ausgangspunkt dieser Untersuchung, ist aber nicht ihr eigentlicher Gegenstand.

2.4.2   Anforderungsanalyse

Im Folgenden sollen die Anforderungen herausgearbeitet werden, die sich für Studierende bei der Bearbeitung des Arbeitsauftrags aus Abb. 2.7 stellen. Insbesondere soll eine Zuordnung dieser Anforderungen zu Literacy-Stufen erreicht werden, um auf diese Weise Einsicht in mögliche Stufungen zu erhalten.

Wissen auf angewandter Stufe Um zunächst die im Arbeitsauftrag formulierte Aussage (∗) verstehen zu können, muss man das kanonische Skalarprodukt und die daraus abgeleitete euklidische Norm kennen (im $\mathbb{R}^n$ oder im Spezialfall des $\mathbb{R}^2$). Als Erinnerung an die

Der Satz von Pythagoras in der Linearen Algebra – epistemologische Aspekte

In manchen Lehrtexten zur Linearen Algebra findet sich folgende Aussage als »Satz von Pythagoras«

Sind v und w Vektoren in $\mathbb{R}^2$ mit v · w = 0, so gilt

$$\|v + w\|^2 = \|v\|^2 + \|w\|^2 \ . \tag{$*$}$$

Diese Aufgabe will zunächst den Erkenntniswert dieses Satzes im Rahmen der analytischen Geometrie beleuchten.

a) Demonstrieren Sie, wie die Gleichung $(*)$ im Begründungsrahmen der Linearen Algebra (d.h. auf Grundlage der Definition und Eigenschaften von Normen) bewiesen werden kann.

b) Wie ist die Definition der Norm $\|v\|$ eines Vektors v im Rahmen der analytischen Geometrie motiviert?

c) Diskutieren Sie nun kritisch, ob der in a) diskutierte Beweis als »Beweis für den Satz von Pythagoras« (als Satz über ebene Dreiecke) aufgefasst werden kann – aus erkenntnistheoretischer Perspektive.

Abb. 2.7 Arbeitsauftrag an Studierende zum „Satz von Pythagoras"

grundlegenden Definitionen wurden in der Lehrveranstaltung vor der Arbeitsphase folgende Formeln bereitgestellt:

- Kanonisches Skalarprodukt im $\mathbb{R}^2$: $v \bullet w = v_1 w_1 + v_2 w_2$
- Davon induzierte euklidische Norm: $\|v\| = \sqrt{v \bullet v}$
- Orthogonalität: $v \perp w \iff v \bullet w = 0$

Insoweit diese Formeln rechnerisch verwendet werden, ordnen wir solches Wissen der angewandten Stufe zu.

Wissen auf theoretischer Stufe Die antizipierte Lösung von Aufgabenteil (a) besteht in folgender Rechnung mit Normen und Skalarprodukten:

$$\|v + w\|^2 = (v + w) \bullet (v + w) = v \bullet v + 2v \bullet w + w \bullet w = \|v\|^2 + \|w\|^2$$

Für diese Lösung ist Wissen um die Bilinearität des Skalarprodukts erforderlich, $(v+w) \bullet z = v \bullet z + w \bullet z$, sowie die Fähigkeit, die Bilinearität inmitten einer Rechnung zu nutzen, hier zum Zwecke des Ausmultiplizierens. (Da diese Wissenselemente hier für eine strukturelle Argumentation verwendet werden, ordnen wir sie der theoretischen Stufe zu.) Ebenfalls möglich, wenn auch weniger elegant, ist es, die Aufgabe mit Wissen auf der angewandten Stufe zu lösen, indem man die Definitionen einsetzt und elementar-algebraische Umformungen vornimmt. (Solche elementar-algebraischen Rechnungen werden hier der angewandten Stufe zugeordnet, da sie – anders als die antizipierte Lösung – nicht die Theorie der Bilinearformen erfordern.) Über weitergehendes Wissen auf theoretischer Stufe verfügt, wer das kanonische Skalarprodukt als Spezialfall einer positiv-definiten symmetrischen Bilinearform auf einem reellen Vektorraum einordnen kann.

Wissen auf reflexiver Stufe In Aufgabenteil (b) wird Wissen auf reflexiver Stufe erforderlich, nämlich Wissen über die Absicht, die hinter der Definition der Norm $\|v\|$ steckt. Generell dienen Normen auf reellen Vektorräumen der Längenmessung, wobei die axiomatisch geforderten Normeigenschaften das grundlegende Verhalten der Normfunktion $v \mapsto \|v\|$ festlegen, aber nicht ihre Werte. Die vom kanonischen Skalarprodukt induzierte Norm $\|v\| = \sqrt{v \bullet v} = \sqrt{v_1^2 + v_2^2}$ stimmt mit demjenigen Wert überein, den man mit dem elementargeometrischen Satz des Pythagoras als Länge der Hypotenuse des Dreiecks mit den Ecken $(0, 0)$, $(v_1, 0)$, $(0, v_2)$ erhält. Als Antwort auf die Frage in Aufgabenteil (a) lässt sich also sagen, dass die Definition von $\|v\|$ so gewählt ist, dass sie mit der elementargeometrischen Länge der Strecke von $(0, 0)$ nach (v_1, v_2) übereinstimmt.

Hieran schließt sich recht direkt eine Antwort auf Aufgabenteil (c) an: Da die Interpretation von $\|v\|$ als elementargeometrische Länge auf dem elementargeometrischen Satz von Pythagoras beruht, wäre es ein Zirkelschluss, die Rechnung aus Teil (a) nun als Beweis für ebendiesen Satz aufzufassen. Mit anderen Worten: Die in (a) bewiesene Formel lässt sich nur dann als Aussage über Seitenlängen in rechtwinkligen Dreiecken interpretieren, *wenn* man den elementargeometrischen Satz von Pythagoras zur Rechtfertigung dieser Interpretation bereits zur Verfügung hat.

Über die unmittelbar gestellte Aufgabe hinaus ließe sich auf reflexiver Stufe noch noch weiter überlegen, worin denn die Erkenntnis besteht, die durch die Rechnung in (a) entsteht – was also leistet diese Rechnung, wenn zirkuläre Schlüsse vermieden werden? Unter Einsatz des oben erwähnten Wissens auf theoretischer Stufe über abstrakte Skalarprodukte lässt sich hierzu Folgendes erkennen: Die Rechnung zeigt, dass die „Pythagoras-Gleichung" $(*)$ in beliebigen euklidischen Vektorräumen gilt, unabhängig davon, welches Skalarprodukt (und damit verbunden: welche Längenmessung) dort verwendet wird. Diese positive Aussage widerspricht nicht der negativen Antwort zu Aufgabenteil (c): Es ist die *Interpretation* als elementargeometrische Länge, die im $\mathbb{R}^2$ den elementargeometrischen Satz des Pythagoras erfordert. Die abschlägige Antwort zu Aufgabenteil (c) besteht darin, dass die Gleichung $(*)$ eine Aussage über abstrakte Normen macht, die nicht als Gleichung über elementargeometrische Längen interpretiert werden kann, ohne den elementargeometrischen Satz von Pythagoras für gerade diese Interpretation schon vorauszusetzen.[2]

---

[2] Im Gegensatz zu Fischer (1987) wird in Fischer (2011, S. 20) ausdrücklich auf die implizite Verwendung des klassischen Satzes von Pythagoras hingewiesen.

2.4.3 Ergebnis und Diskussion

Das eigentliche Ziel des Arbeitsauftrags liegt in einer Überlegung auf reflexiver Stufe. Wie die obige Anforderungsanalyse zeigt, stellt die Aufgabe allerdings Anforderungen auch auf angewandter und theoretischer Stufe. Es ist schwer vorstellbar, wie die reflexive Stufe in dieser Situation erreicht werden kann, ohne über die in der Analyse ermittelten Wissenselemente auf den darunter liegenden unteren Stufen zu verfügen.

Beim Einsatz der Aufgabe in der genannten Lehrveranstaltung zeigte sich, dass die Mehrheit der Teilnehmer bereits bei Aufgabenteil (a) auf Schwierigkeiten stießen. Ihnen stand nicht das Wissen auf theoretischer Stufe (Umgang mit Bilinearität) zur Verfügung, um die antizipierte Lösung so erarbeiten zu können. Einige Teilnehmer versuchten stattdessen, den oben angesprochenen Lösungsweg zu verfolgen, der mit Wissen auf angewandter Stufe auskommt (Einsetzen und elementar-algebraisches Umformen), stießen dabei allerdings auf Probleme in der prozeduralen Ausführung. So gelangte keine der Arbeitsgruppen zu einer Lösung des eigentlich anvisierten Aufgabenteils (c). Da es sich um eine Präsenzveranstaltung handelte, konnten die Aufgabenteile (b) und (c) in einer Plenumsdiskussion mit geeigneten Impulsen letztlich zufriedenstellend bearbeitet werden. Eine selbständige Erarbeitung durch die Teilnehmer schien jedoch nicht erreichbar.

In Bezug auf die Frage (F2) hat sich im vorliegenden Fallbeispiel gezeigt, dass ein Arbeitsauftrag für Studierende, der auf Wissen in reflexiver Stufe abzielt, Wissen auf darunterliegenden Stufen erfordert, und dass fehlendes Wissen auf diesen Stufen die Arbeit auf der darüberliegenden Stufe behindert oder gar unmöglich machen kann. Sowohl in der Anforderungsanalyse als auch in der Durchführung mit Studierenden hat sich gezeigt, dass Wissen auf allen Stufen, aufeinander aufbauend, zur erfolgreichen Bearbeitung benötigt wird. Die Hypothese eines linear-progressiven Verhältnisses der Literacy-Stufen lässt sich in dieser Situation bestätigen. Bei Verwendung eines einzelnen Fallbeispiels ist selbstverständlich Zurückhaltung in Bezug auf mögliche verallgemeinernde Aussagen geboten. Es scheint aber nicht unvernünftig, wenn man erwartet, dass sich ähnliche Ergebnisse auch in anderen Situationen von vergleichbarer Anforderungsstruktur zeigen werden.

2.5 Fazit

Ziel dieser Untersuchung war es, das Literacy-Modell aus Bauer und Hefendehl-Hebeker (2019) weiterzuentwickeln. Dazu wurde in zwei Fallstudien untersucht, wie sich die Literacy-Stufen in unterrichtsbezogenen Anforderungssituationen konkretisieren lassen (F1), und wie sich das gegenseitige Verhältnis der Literacy-Stufen in solchen Situation darstellt (F2).

Hinsichtlich (F1) zeigen die Ergebnisse der ersten Fallstudie, dass die zum adäquaten Umgang mit der Situation erforderlichen fachlichen Kenntnisse sowohl auf der theoretischen als auch auf der reflexiven Literacy-Stufe liegen. Dass das analysierte Beispiel in

Bezug auf den geometrischen Inhalt Ähnlichkeit mit einer von Boero und Turiano (2019) betrachteten Unterrichtssituation hat, deutet darauf hin, dass die Beispiele repräsentativ für eine ganze Klasse von Fällen sein könnten. Im Hinblick auf die Lehramtsausbildung (siehe Abschn. 2.3.3) wurde die Notwendigkeit unterstrichen, sowohl die theoretische als auch die reflexive Stufe in der Ausbildung angemessen zu berücksichtigen. Dies bringt nicht zu unterschätzende Herausforderungen für die Gestaltung des universitären Curriculums mit sich: Damit das Wissen auf der theoretischen und der reflexiven Stufe unterrichtlich wirksam werden kann, scheinen explizite Vernetzungsaktivitäten erforderlich, sowohl zwischen Gegenständen verschiedener Fachmodule als auch zwischen fachlichem und fachdidaktischem Wissen bis hin zu unterrichtlichem Handeln (Bauer, 2013a, b; Bauer et al., im Druck).

In Bezug auf (F2) lassen sowohl die A-priori-Analyse der Aufgabe als auch die Bearbeitung durch die Studierenden im zweiten Fallbeispiel auf ein linear-progressives Verhältnis der Stufen schließen, wie es auch im sprachwissenschaftlichen Kontext angenommen wird. Im Fallbeispiel wurde herausgearbeitet, welches Wissen auf der angewandten Stufe (applied literacy) erforderlich ist, um auf theoretischer Stufe (theoretical literacy) argumentieren zu können, und welches Wissen wiederum auf theoretischer Stufe sich dann als Voraussetzung für die letztlich geforderten Überlegungen auf reflexiver Stufe erweist.

Bei Verallgemeinerungen auf Basis von zwei Fallstudien ist selbstverständlich höchste Vorsicht geboten – das gegenseitige Verhältnis der Literacy-Stufen ist hiermit sicherlich noch bei weitem nicht geklärt. Wichtig wäre es, in weitergehenden Untersuchungen Antworten auf folgende Fragen zu finden:

1) Wie stark müssen Fähigkeiten auf angewandter Stufe ausbildet sein, um Anforderungen auf theoretischer oder reflexiver Stufe erfüllen zu können? – Für die Lehramtsausbildung stellt sich diese Frage ganz konkret, wenn entschieden werden muss, welches Gewicht (und welche Investition an Lernzeit) auf das Üben prozeduraler Fähigkeiten zum jeweiligen Gegenstand gelegt werden soll. (In Fallbeispiel 2 betraf dies elementar-algebraische Rechenfähigkeiten.)
2) In welcher Tiefe und Breite ist Wissen auf theoretischer Stufe erforderlich, um Wissen auf reflexiver Stufe aufbauen zu können? (In Fallbeispiel 2 erwies sich Theoriewissen zu Normen und Skalarprodukten als Voraussetzung für die Bearbeitung der eigentlich als Ziel anvisierten epistemologischen Frage.)

Für die Gestaltung des gymnasialen Lehramtsstudium sind diese Fragen höchst relevant, da diese Studiengänge mit einem im Vergleich zum Vollfachstudium sehr geringen Studienvolumen auskommen müssen. Eine große Herausforderung besteht daher darin, diese Studiengänge so zu gestalten, dass ein Vordringen zur reflexiven Stufe auf einem schmalen Pfad möglich wird, ohne dass dabei Defizite, die aufgrund der komplexen wechselseitigen Abhängigkeiten der Stufen entstehen, das Voranschreiten verhindern.

Literatur

Bass, H., & Ball, D. L. (2004). A practice-based theory of mathematical knowledge for teaching: The case of mathematical reasoning. In W. Jianpan & X. X. Binyan (Eds.), *Trends and challenges in mathematics education* (pp. 107–123). East China Normal University Press.

Bauer, T. (2013a). Schnittstellen bearbeiten in Schnittstellenaufgaben. In Ch. Ableitinger, J. Kramer, & S. Prediger (Hrsg.), *Zur doppelten Diskontinuität in der Gymnasiallehrerbildung* (S. 39–56). Springer Spektrum.

Bauer, T. (2013b) Schulmathematik und universitäre Mathematik – Vernetzung durch inhaltliche Längsschnitte. In H. Allmendinger, K. Lengnink, A. Vohns & G. Wickel (Hrsg.), *Mathematik verständlich unterrichten. Perspektiven für Unterricht und Lehrerbildung* (S. 235–252). Springer Spektrum.

Bauer, T. (2017). Schulmathematik und Hochschulmathematik - was leistet der höhere Standpunkt? *Der Mathematikunterricht, 63,* 36–45.

Bauer, T. (2019). Peer Instruction als Instrument zur Aktivierung von Studierenden in mathematischen Übungsgruppen. *Mathematischen Semesterberichte, 66*(2), 219–241.

Bauer, T., & Hefendehl-Hebeker, L. (2019). *Mathematikstudium für das Lehramt an Gymnasien. Anforderungen, Ziele und Ansätze zur Gestaltung.* Springer Spektrum.

Bauer, T., Müller-Hill, E., Weber, R. (2021). Fostering subject-driven professional competence of pre-service mathematics teachers - a course conception and first results. In: Marc Zimmermann, Walter Paravicini, Jörn Schnieder (Hrsg.), Hanse-Kolloquium zur Hochschuldidaktik der Mathematik 2016 und 2017: Beiträge zu den gleichnamigen Symposien am 11. & 12. November 2016 in Münster und am 10. & 11. November 2017 in Göttingen (pp. 11–26). Münster: WTM-Verlag.

Bigalke, A., Kohler, N. (2012). Mathematik 2.1, Gymnasiale Oberstufe, Hessen, *Leistungskurs. Cornelsen.*

Boero, P., & Turiano, F. (2019). Integrating Euclidean rationality of proving with a dynamic approach to validation of statements: The role of continuity of transformations. Preprint.

Brabazon, T. (2011). „We've Spent too Much Money to Go Back Now": Credit-crunched literacy and a future for learning. *E-Learning and Digital Media, 8*(4), 296–314.

Bromme, R. (1997). Kompetenzen, Funktionen und unterrichtliches Handeln des Lehrers. In F. E. Weinert (Hrsg.), *Encyklopädie der Psychologie. Pädagogische Psychologie. Bd. 3: Psychologie des Unterrichts und der Schule* (S. 177–212). Hogrefe.

Cauchy, A.-L. (1821). *Cours d'analyse de l'école royale polytechnique* (1re partie.). Analyse algébrique. De l'Imprimerie royale.

Fischer, G. (1987). *Lineare Algebra.* Vieweg.

Fischer, G. (2011). *Lernbuch Lineare Algebra und Analytische Geometrie.* Springer Fachmedien.

Gel'fand, I. M. (1961). *Lectures on linear algebra.* Dover.

Grauert, H., & Grunau, H.-Ch. (1999). *Lineare Algebra und Analytische Geometrie.* Oldenbourg.

Kazemi, E., & Stipek, D. (2001). Promoting conceptual thinking in four upper-elementary mathematics classrooms. *The Elementary School Journal, 102*(1), 59–80.

Krauss, S., Neubrand, M., Blum, W., Baumert, J., Brunner, M., Kunter, M., & Jordan, A. (2008). Die Untersuchung des professionellen Wissens deutscher Mathematik-Lehrerinnen und -Lehrer im Rahmen der COACTIV-Studie. *Journal für Mathematik-Didaktik, 29*(3–4), 233–258.

Kunter, M., Baumert, J., & Blum, W. (Eds.). (2011). *Professionelle Kompetenz von Lehrkräften: Ergebnisse des Forschungsprogramms COACTIV.* Waxmann.

Laging, R., Hericks, U., & Saß, M. (2015). Fach: Didaktik – Fachlichkeit zwischen didaktischer Reflexion und schulpraktischer Orientierung. Ein Modellkonzept zur Professionalisierung in der Lehrerbildung. In S. Lin-Klitzing, D. Di Fuccia, & R. Stengel-Jörns (Hrsg.), *Auf die Lehrperson kommt es an? Beiträge zur Lehrerbildung nach John Hatties, Visible-Learning* (S. 91–116). Klinkhardt.

Lang, S. (2002). Algebra. Revised third edition. New York: Springer.

Macken-Horarik, M. (1998). Exploring the Requirements of Critical School Literacy: a view from two classroom. In F. Christie & R. Mission (Hrsg.), *Literacy and schooling* (S. 74–103). Routledge.

Manin, Yu. I. (1977). *A course in mathematical logic*. Springer.

Mason, J., Burton, L., & Stacey, K. (2010). *Thinking mathematically*. Prentice Hall.

Prediger, S., & Hefendehl-Hebeker, L. (2016). Zur Bedeutung epistemologischer Bewusstheit für didaktisches Handeln von Lehrkräften. *Journal für Mathematik-Didaktik, 37*(1), 239–262.

Schoenfeld, A. H. (1985). *Mathematical problem solving*. Academic Press.

Seaman, C., & Szydlik, J. (2007). Mathematical sophistication among preservice elementary teachers. *Journal of Mathematics Teacher Education, 10*(3), 167–182.

Schreiber, A. (2011). *Begriffsbestimmungen: Aufsätze zur Heuristik und Logik mathematischer Begriffsbildung*. Logos.

Schwank, I. (2003). Einführung in prädikatives und funktionales Denken. *ZDM, 35*(3), 70–78.

Shulman, L. S. (1986). Those who understand: Knowledge growth in teaching. *Educational Researcher, 15*(2), 4–14.

Shulman, L. S. (1987). Knowledge and teaching: Foundations of the new reform. *Harvard Educational Review, 57*, 1–22.

Toeplitz, O. (1928). Die Spannungen zwischen den Aufgaben und Zielen der Mathematik an der Hochschule und an der höheren Schule. *Schriften des deutschen Ausschusses für den mathematischen und naturwissenschaftlichen Unterricht, 11*(10), 1–17.

Watson, A., & Mason, J. (2005). *Mathematics as a constructive activity: Learners generating examples*. Lawrence Erlbaum Associates.

Yackel, E., & Cobb, P. (1996). Sociomathematical norms, argumentation, and autonomy in mathematics. *Journal of Research in Mathematics Education, 27*(4), 458–477.

(Analysis-)Ausbildung im Lehramt: Fachliche und didaktische Aspekte

3

Reinhard Oldenburg und Adrian Schlotterer

Zusammenfassung

Die Frage nach der optimalen fachmathematischen Ausbildung von angehenden Lehrkräften, die den Anforderungen des Berufsalltags gerecht wird, erfordert eine deskriptiv-empirische und eine normative Antwort. Ebenso müssen fachliche und didaktische Aspekte bedacht werden. Der Beitrag stellt vor, wie die Verzahnung dieser verschiedenen Aspekte in den hochschuldidaktischen Aktivitäten der Mathematikdidaktik in Augsburg sich niederschlägt.

3.1 Unser Ansatz für eine professionsorientierte Ausbildung von Mathematiklehrkräften

Didaktische Entscheidungen beim Lehren von Mathematik sind von enormer Komplexität und der aktuelle Stand der empirischen Forschung erlaubt längst nicht in allen Situationen eindeutige Antworten. Schon von daher ist es schwierig zu bestimmen, wie optimale Lehrerausbildung aussieht. Während es einen groben Konsens dazu gibt, was guten Unterricht in der Schule ausmacht (z. B. Kompetenzorientierung und konstruktivistische

R. Oldenburg (✉) · A. Schlotterer
Mathematisch-Naturwissenschaftlich-Technische Fakultät; Didaktik der Mathematik,
Universität Augsburg, Augsburg, Deutschland
E-Mail: reinhard.oldenburg@math.uni-augsburg.de

A. Schlotterer
E-Mail: adrian.schlotterer@math.uni-augsburg.de

Betonung der Verantwortung der Studierenden für den Lernprozess, u. a. bei Blum et al., 2006), ist weit weniger klar, welche Kompetenzen Lehramtsstudierende erwerben müssen, um einen solchen Unterricht umzusetzen. Mittlerweile gibt es sehr viel Forschung, die sich mit der Lehrerprofessionalität und insbesondere auch dem Aspekt der Entscheidungsfindung in didaktischen Handlungssituationen beschäftigt. Die Arbeit von Stahnke et al. (2016) gibt einen Überblick. Auch wenn die dort vorgestellten Studien eine große Diversität aufweisen, stimmen sie doch weitgehend darin überein, globale Antworten zu suchen und zu geben. Charakteristisch dafür sind die großen Kategorien, wie sie sich in der Begriffsbildung von Shulmann (1986) finden.

Bei den Bemühungen der Didaktik-Arbeitsgruppe an der Universität Augsburg setzen wir stattdessen auf einen lokalen Zugang, d. h. wir versuchen aus vielerlei Praxiserfahrungen solche Situationen zu gewinnen und zu analysieren, in denen das mathematische Verständnis der Lehrperson für das Gelingen oder Misslingen von Unterrichtsstunden entscheidend ist. Die noch weitergehende normative Frage, welche mathematischen Kompetenzen von Lehrkräften einen reformierten Unterricht ermöglichen, der für die heutige digitalisierte Gesellschaft den Allgemeinbildungsanspruch umsetzt, soll dabei auch nicht aus dem Auge verloren werden.

Bei den Projekten zur Verbindung von Didaktik und Fachmathematik an der Universität Augsburg nehmen wir exemplarisch einige Themen in den Fokus, bei denen es sowohl Hinweise aus der Praxis gibt, dass diese relevant sind, als auch übergeordnete Überlegungen dafürsprechen, sich mit diesen Themen intensiver zu beschäftigen, um ein angemessenes Bild der Mathematik zu erlangen. Bei diesen Ansätzen gehen wir konkret von bestimmten mathematischen Inhalten und Themenfeldern aus. Der Ansatz ist damit komplementär zu allgemein pädagogischen Theorien wie denen von Shulman (1986). Im Folgenden zeigen wir an einigen Lehrveranstaltungen und Themen daraus auf, wie sich unser Ansatz in der Praxis darstellt.

Unsere Angebote orientieren sich dabei an vier Leitlinien:

- **Bezüge zwischen Fachwissenschaft und Didaktik:** Entwicklung geeigneter Lernmaterialien zu fachwissenschaftlichen Themenbereichen.
- **Vernetzung des schulbezogenen Fachwissens:** Berufsrelevanz der universitären fachlichen Inhalte wird durch das explizite Vernetzen mit dem Schulwissen deutlicher herausgestellt.
- **Anregung von Eigenaktivität und Kooperation:** u. a. Gestaltung der Sitzungen durch Studierende (LdL) und in einigen Seminaren das Erstellen von Wissens-Maps in Einzel- und Gruppenarbeit zu den Seminarinhalten.
- **Verbindung von Lehre und eigener Forschung:** Eigene Forschungsarbeiten fließen unmittelbar in die Lehre ein und werden ihrerseits durch Erfahrungen in der Lehre beeinflusst. So können hochaktuelle praxisrelevante Lehrangebote gemacht werden.

3.2   Beispiele aus der Analysis I

In diesem Abschnitt werden im Sinne eines Best-Practice Berichtes zwei Beispiele dargestellt, um zu illustrieren, wie die genannten Ziele im Rahmen der Vorlesung Analysis I angestrebt werden können. Ein Beispiel, das auch wissenschaftlich ausgewertet wird, bringt dann der nächste Abschnitt.

Ein wichtiges meta-mathematisches Themenfeld ist das der Definition. Eigene Forschungen im Rahmen von Schnittstellenseminaren und in Kooperation mit schulischen Lehrkräften haben gezeigt, dass auch Studierende in höheren Semestern elementare mathematische Objekte wie etwa Vierecke oder Rechtecke kaum besser definieren können als dies Schülerinnen und Schüler können. Zum Beleg dieser These hier eine Liste von Definitionen von Schüler*innen zweier 10. Klassen einer Realschule (A), von 17 Erstsemestern Lehramt Gymnasium (B) und 14 fortgeschrittenen Studierenden des Lehramts Mittelschule (C), die nach empfohlenem Studienplan bereits Geometriedidaktik belegt hatten:

- Ein räumliches Gebilde, das vier Ecken haben muss und durch zwei sich schneidende Diagonalen gekennzeichnet ist (B)
- Ein Viereck ist eine Fläche, die vier Ecken hat (A)
- Alles was vier Ecken besitzt. (C)
- Ein Viereck besteht aus vier geraden Linien, die durch Winkel verbunden sind, die in $[0°;180°]$ liegen. (B)
- Eine Zusammensetzung aus vier Geraden, die so verbunden sind, dass $360°$ entstehen (B)
- Eine geschlossene Figur mit 4 Seiten (C)
- Eine graphische Form mit 4 Eckpunkten (A)
- Ein Viereck ist eine Fläche mit vier geraden Seiten, welche durch vier Ecken verbunden sind (A)
- Ein Viereck hat 4 Ecken, die mit Strecken miteinander verbunden sind. (C)
- Vier gleichlange Seiten mit je 90Grad Winkeln. (C)
- Ein Viereck nennt man eine Figur mit 4 Ecken (A)
- Ein Viereck ist eine Abbildung auf einer Ebene, die aus 4 Linien besteht. (B)

In den Lehrveranstaltungen wird daher versucht, logische und pragmatische Aspekte von Definition erfahrbar zu machen. Mögliche Übungsgegenstände aus dem Bereich der Analysis sind beispielsweise alternative Definitionen der Ableitung, der Extrem- und Wendestellen (siehe z. B. Oldenburg & Weygandt, 2015) und von Sprungstellen. Es folgen vier Beispiele von Lehramtsstudierenden Gymnasium am Ende des ersten Fachsemesters. Der Auftrag war, den in der Analysis I nicht behandelten Begriff der Sprungstelle zu definieren:

- g hat Sprungstelle in x_0 bedeutet: $\exists \in > 0 : g(x) = \{f(x), x \leq x_0 \, f(x) + \in, x > x_0$
- Punkt an dem x-Wert der Funktion einen unterschiedlichen y-Wert hat.

- Wenn zwar der Abstand $\in$ auf der x-Achse klein ist, jedoch δ von der y-Achse sehr groß ist.
- g hat Sprungstelle in x_0, wenn $f(x_0) \neq f(x_0)$

Die große Varianz in der Brauchbarkeit dieser Definitionen ist insbesondere deswegen überraschend, weil die Autoren dieser Definitionen keine großen Probleme hatten, die Stetigkeitsdefinition aus der Vorlesung zu reproduzieren und zu erklären. Das Fazit ist klar: Ohne Anleitung können Studierende auch schulrelevante Konzepte weder formal noch umgangssprachlich klar definieren. Deswegen muss es Definitionsübungen geben, bei denen die Studierenden an den Definitionsprozessen aktiv beteiligt werden. Es geht darum, die Eigenschaften von Definitionen bewusst zu machen (etwa die pragmatische Dimension: Sätze hängen davon ab, aber Definitionen selbst sind nicht „wahr" oder „falsch") und die verschiedenen Typen (rekursiv, direkt; Wohldefiniertheit) zu klären.

Eine weitere sehr produktive Definitionsaufgabe ist die, wie 0^0 definiert sein sollte (und natürlich die Frage, ob das eine Definition oder ein Satz ist!). Die Kandidaten 0, 1 und auch „nicht definiert" finden üblicherweise alle Anhänger und es kommt zu einer lebhaften Diskussion. Pragmatische Argumente für die Konvention $0^0 = 1$ sind der „Lückenschluss" durch Ausdehnung der Aussage: $\forall a \in R \setminus \{0\} : a^0 = 1$ auf $0^0 = 1$ und die Beobachtung, dass für Polynomfunktion $f(x) = a_0 + a_1 \cdot x + \cdots = \sum_{k=0}^{n} a_k \cdot x^k$ die Auswertung $f(0) = a_0$ sein soll, was nur stimmt, wenn $0^0 = 1$ gilt. Es gibt auch inhaltliche Argumente für $0^0 = 1$:

$a_n \to 0 \Rightarrow a_n^{a_n} \to 1$ und weitere Folgen.

Aber es gibt auch Gegenargumente: $\forall b \in R \setminus \{0\} : 0^b = 0$ und deswegen sollte man konsistent fortfahren zu $0^0 = 0$. Die Umschreibung $a^b = exp\,exp(b \cdot ln\,ln(a)) \Rightarrow 0^0 = exp(0 \cdot ln(0))$ wiederum legt nahe, diesen Zahlterm als undefiniert stehen zu lassen.

Ein drittes Thema, das hier aber nicht mehr im Detail ausgeführt wird, ist die Frage der Definition dritter Wurzeln auch für negative Zahlen.

Mit einer solchen Behandlung des Themas des Definierens wird den obigen Leitlinien genüge getan: Bezüge zwischen Fachwissenschaft und Didaktik und die Vernetzung des schulbezogenen Fachwissens ergeben sich aus dem Spektrum der definierten Objekte, das tief in die Schulmathematik hineinragt. Die Anregung zum Aufstellen von eigenen Definitionen und dem kooperativen Bewerten entspricht der dritten Leitlinie.

Bei diesen Lehraktivitäten hat sich eine allgemeine Erkenntnis eingestellt: die verbreiteten mathematikdidaktischen Theorien zum Thema Erklären sind unzureichend (z. B. Wagner & Wörns, 2011), weil die pragmatische Dimension der Mathematik oft nur unzureichend darin reflektiert wird. Wir plädieren dafür, neben der üblichen Klassifikation in Erklärungen des „was?", des „wie?" und des „warum?" noch die pragmatische Frage des „wozu?" aufzunehmen (dall'Armi & Oldenburg, 2020).

Die Bedeutung von Vorstellungen für den Lernprozess sind in der Mathematikdidaktik spätestens seit Tall und Vinner (1981) breit akzeptiert. Gueudet (2008) stellt eine Reihe von Quellen zusammen, die die Schwierigkeiten mathematischer Konzepte

Satz	**Kettenregel**
5.3	Ist $f: x \mapsto f(x) = u(v(x))$, $x \in D_f$ die Verkettung zweier differenzierbarer Funktionen u und v, so gilt: $f(x) = u(v(x)) \Rightarrow f'(x) = u'(v(x)) \cdot v'(x)$ für $x \in D_{f'}$.

Abb. 3.1 Kettenregel aus Fokus Mathematik 11, Gymnasium Bayern, Cornelsen

umreißen. In der universitären Mathematik kommt es nach unserer Erfahrung insbesondere auch darauf an, dass man die Vorstellungen mit formalen Aspekten verbinden kann. Erst in der Kombination zeigt sich echte Kompetenz in der Mathematik. In Interviews mit Studierenden hat sich gezeigt, dass es sowohl Studierende gibt, die formale Beschreibungen notieren können, ohne ihnen eine inhaltliche Interpretation geben zu können, als auch umgekehrt solche, die gute intuitive Vorstellungen haben, aber nicht in der Lage sind einen formalen Beweis zu geben.

Ein typisches Beispiel etwa ist zu argumentieren, dass eine Funktion $f : [0,2] \to R, f(0) = -5, \forall x \in [0,2] : |f'(x)| < 2$ keine Nullstelle besitzt. Viele Studierende können argumentieren, dass die Funktion nicht ausreichend schnell wachsen kann, „um die x-Achse zu erreichen", aber eine formale Begründung zum Beispiel mit dem Schrankensatz oder dem Mittelwertsatz gelingt nicht ansatzweise.

Auch im passiven Bereich, d. h. in der genauen Analyse von formalen Beschreibungen, sind zusätzliche Übungen sinnvoll. Ein Beispiel ist die Analyse von Folgen der Formulierung der Kettenregel in einem Schulbuch, die erstaunlicherweise die Hälfte der eigentlichen Aussage des Satzes weglässt, nämlich der Teilaussage, dass die Verkettung differenzierbarer Funktionen wieder differenzierbar ist. Stattdessen wird die Differenzierbarkeit der Verkettung vorausgesetzt, indem die Gültigkeit eingeschränkt wird auf diejenigen x, die in der Definitionsmenge der Ableitung der Verkettung liegen (Abb. 3.1).

Ein weiteres Übungsfeld, in dem formale (algebraisch-logische) und inhaltliche (geometrische) Beschreibungen aufeinander bezogen werden können, stellt das Modellieren von Teilmengen des R^2 durch logische Kombinationen von Ungleichungen dar. Das verbreitete Werkzeug Geogebra (www.geogebra.org), mit dem sich Lehramtsstudierende ohnehin vertraut machen sollten, stellt die Möglichkeit bereit, Lösungsmengen von quadratischen und linearen Gleichungen mithilfe aussagenlogischer Junktoren zu verknüpfen. Die Arbeit damit kann den alten didaktischen Prinzipien des operativen Durcharbeitens folgen. Insbesondere ist die Reversibilität von besonderem Interesse. Studierende können einerseits zu vorgegebenen Formeln durch Analyse händig die beschriebene geometrische Form ermitteln, andererseits können Sie auch zu vorgegebener Form eine algebraisch-logische Beschreibung finden (siehe Abb. 3.2).

Solche Übungsaufgaben wurden als fakultativ gestellt. Studierende, die diese Aufgaben bearbeitet haben, schneiden aber hoch-signifikant besser bei einem schriftlichen Test ab, in dem z. B. die Identität von Mengen wie den folgenden zu analysieren war:

c) Finden Sie Beschreibungen der folgenden Flächen:

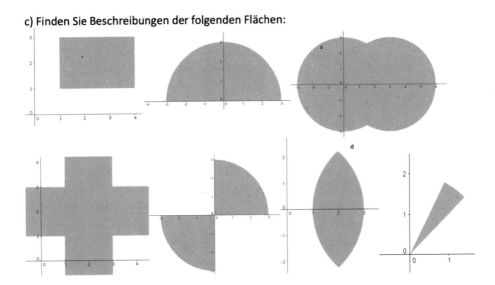

Abb. 3.2 Gebiete, die durch logische Kombinationen von Ungleichungen beschrieben werden können (die zweite in der unteren Reihe etwa durch $x^2 + y^2 < 9 \wedge x \cdot y > 0$)

$$M_1 = \{\neg(x > 2 \wedge x < 3)\} \, M_2 = \{x \cdot y > 0\} \, M_3 = \{(x,y) \mid x > 2 \wedge y > 0 \vee y < 0\}$$

Auch dieses Beispiel charakterisiert die Leitlinien: Die auf Geogebra basierte Lernumgebung wurde entwickelt, um die logischen und mengentheoretischen fachmathematischen Grundlagen korrekt abzubilden. Mit dem Spezialfall von linearen Ungleichungen und Kreisungleichungen wird an die Schulmathematik angeknüpft. Das Thema wurde sowohl mit Schülerinnen und Schülern als auch mit Studierenden mehrfach erprobt und vernetzt damit Forschung und Lehre.

3.3 Schnittstellenseminar für Lehramtsstudierende der Sekundarstufe I

Hochschuldidaktische Projekte und Forschungsarbeiten innerhalb der Literatur zur professionsorientierten Lehrerbildung konzentrierten sich anfangs zum Großteil auf das Gymnasiallehramt (u. a. „Mathematik Neu denken" von Beutelspacher et al., 2011; „Schnittstellenaktivitäten" von Bauer, 2013). Im Rahmen des Promotionsvorhabens eines der Autoren werden spezifisch Mathematik-Lehramtsstudierende der Sekundarstufe I angesprochen, insbesondere der Realschule in Bayern. Dabei werden studentische

Wissens-Maps[1] als Instrument zur Vernetzung von schulspezifischem Fachwissen genutzt und als Methode zur Erfassung von Wissensstrukturen analysiert.

Wie müssen fachliche Lehrveranstaltungen konzipiert sein, dass Lehramtsstudierende Verbindungen zwischen Realschulmathematik (RSM)[2] und Hochschulmathematik (HSM) erkennen (können)? Welche Themenbereiche, welche Gestaltungsprinzipien und welche methodischen Vorgehensweisen eignen sich dafür besonders? Das Seminarkonzept, das auf diese Fragen Antworten geben soll, orientiert sich an den vier Leitlinien, die in der Einleitung gegeben wurden.

Zur theoretischen Fundierung des Schnittstellenaspekts zwischen akademischem und schulischem Fachwissen ist das SRCK-Konstrukt angedacht. Das schulbezogene Fachwissen (SRCK) ist ein berufsspezifisches Fachwissen einer Lehrkraft über Zusammenhänge zwischen schulischer und akademischer Mathematik und lässt sich durch drei Facetten beschreiben (vgl. Heinze et al. 2016, Dreher et al., 2018):

(1) Wissen über Zusammenhänge zwischen akademischer und schulischer Mathematik in **top-down** Denkrichtung,
(2) Wissen über Zusammenhänge zwischen akademischer und schulischer Mathematik in **bottom-up** Denkrichtung,
(3) Wissen über die **curriculare** Struktur der Schulmathematik sowie zu zugehörigen Begründungen.

Um das mathematikspezifische Konstrukt *schulbezogenes Fachwissen* zu schärfen, wird es in Abb. 3.3 in das Modell des allgemeinen Professionswissens von Lehrkräften eingeordnet und als eine von vier Komponenten des mathematischen Fachwissens beschrieben. Dabei wird diese berufsspezifische Komponente des Fachwissens durch die obigen drei Facetten charakterisiert (s. rechter Kasten in Abb. 3.3).

Die vorgestellten Facetten des schulbezogenen Fachwissens, insbesondere top-down und bottom-up Denkmomente (vgl. Hervorhebungen in Abb. 3.3), lassen sich in studentischen Wissens-Maps finden. So ist für vorliegenden Beitrag die Klassifikation von bottom-up und top-down Verbindungen zwischen der schulischen und universitären Mathematik von Interesse, da sie später bei der Analyse der studentischen Wissens-Maps fruchtbar gemacht wird. Gibt es bei den Lehramtsstudierenden der Sekundarstufe I eine Präferenz für eine der beiden Denkrichtungen, die sich durch die Analyse der von ihnen erstellten Wissens-Maps zeigen lässt?

Wissens-Maps sind so nicht nur ein Lerninstrument beim Vernetzen schulbezogenen Fachwissens (vgl. Leitlinie 2), sondern auch ein Forschungsinstrument zur Analyse des SRCK-Ansatzes (vgl. Leitlinie 4).

---

[1] Wissens-Map wird als empirisches Vernetzungsinstrument in Kap. 4 näher vorgestellt.
[2] Mit „Realschulmathematik" sind lediglich die Inhalte des Mathematikunterrichts an der Realschule gemeint; nicht auch eine spezifische Art und Weise der Auseinandersetzung, die sich von der „Gymnasialmathematik" unterscheidet.

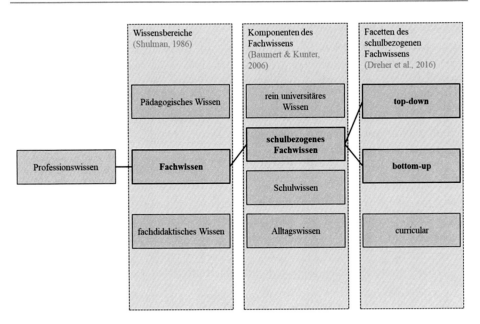

Abb. 3.3 Einbettung des schulbezogenen Fachwissens in das Modell des Professionswissens. (angelehnt an Baumert & Kunter, 2006; Woehlecke et al., 2017, S. 418)

3.3.1 Allgegenwärtigkeit des Äquivalenzkonzepts im Schulwissen der Sekundarstufe I

Der Themenbereich Äquivalenz ist deshalb ein so wichtiges Konzept, da es als Strategie zur Gewinnung neuer mathematischer Objekte (z. B. bei Zahlbereichserweiterungen) und zur Sortierung des Schulwissens der Sekundarstufe I dient. Sinn von Äquivalenz-relationen bzw. Äquivalenzklassen ist es, eine Menge nach einem bestimmten Merkmal zu sortieren, also Elemente aus ebendieser Menge zu finden, die gleichwertig bezüglich einer bestimmten Eigenschaft sind. Beim Übergang von Schule zur Hochschule ist das Thema der Äquivalenz eines der ersten, womit sich die Studierenden am Anfang ihres Mathematikstudiums beschäftigen. Deshalb ist es besonders geeignet, mögliche Schnitt-stellenerfahrungen zu generieren.

Äquivalenz ist eine verallgemeinerte Gleichheit, sowas wie Gleichwertigkeit. Damit ist Ähnlichkeit im alltäglichen Sinn gemeint. Schon im Kindesalter begegnen wir dem Phänomen der Äquivalenz. So läuft der Spracherwerb mit Analogien. Als Kinder lernen wir, alle ähnlichen Objekte zu dem Objekt „Ball" heißen Ball. Das Bilden von Äquivalenz-klassen geschieht also intuitiv von Beginn an und hilft dabei unsere Umwelt zu gruppieren.

Welche mathematischen Wissensbereiche (mit dem Fokus auf der Sekundar-stufe I) durchzieht das Äquivalenzkonzept? Das universitäre Äquivalenzkonzept lässt sich in vielen Wissensbereichen der Sekundarstufe I, insbesondere des bayerischen

Realschul-Curriculums finden (vgl. Abb. 3.4). Die Beispiele einer Äquivalenzklasse im Schulcurriculum sind von verschiedener Art: Das Betrachten von Restklassen bei der Teilbarkeit ganzer Zahlen (eher abstrakt) oder das Aufeinanderlegen kongruenter Drei-ecke (eher intuitiv) ist von unterschiedlicher Qualität. Trotzdem wurde der Versuch unternommen, einen tabellarischen Überblick zu geben.

Folgende Tab. 3.1 (vgl. Schlotterer, 2020) zeigt zu einem jeweiligen Themenbereich die Äquivalenzrelation und ein Beispiel für eine mögliche zugehörige Äquivalenzklasse.

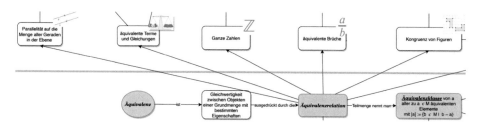

Abb. 3.4 Top-down Verbindungen in einer studentischen Wissens-Map

Tab. 3.1 Äquivalenzkonzept in Themenbereichen der Sekundarstufe I

Themenbereich	Äquivalenzrelation	Äquivalenzklasse
Ganze Zahlen	$(a,b) \sim (c,d): \Leftrightarrow a+d=b+c$	$-1 := [(0,1)] = \{(0,1),(1,2),(2,3),\ldots\}$
Brüche	$(a,b) \sim (c,d): \Leftrightarrow a \cdot d = b \cdot c$	$\frac{1}{2} := [(1,2)] = \{(1,2),(2,4),(3,6),\ldots\}$
Parallelität von Geraden in $\mathbb{R}^2$	$g_1 \sim g_2: \Leftrightarrow$ „g_1 und g_2 haben die gleiche Steigung (auch unendlich möglich)"	$[y=2x]\ \{g: y=2x+t\,|\,t \in \mathbb{R}\}$
Teilbarkeit bei den ganzen Zahlen	$x \sim y: \Leftrightarrow x - y$ durch m teilbar $x \sim y: \Leftrightarrow x \equiv y$ mod m	Sei m = 2. Restklassen: $[0] = \{0,2,4,\ldots\}$ $[1] = \{1,3,5,\ldots\}$
Terme	$T_1 \sim T_2: \Leftrightarrow$ „gleiche Werte bei jeder erlaubten Variablen-belegung (Definitions-menge)"	$z.B.: \mathbb{D} = \mathbb{R} \backslash \{0\}$ $2x - 1 \in [2x - 1]$ $\frac{2x^2-x}{x} \in [2x - 1]$
Gleichungen	$G_1 \sim G_2: \Leftrightarrow$ „gleiche Wahr-heitswerte für jede erlaubte Variablenbelegung"	$z.B.: \mathbb{D} = \mathbb{R}$ $x = 3 \in [x = 3]$ $4x = 12 \in [x = 3]$ $(x - 3)^2 = 0 \in [x = 3]$
Figuren in $\mathbb{R}^2$: Kongruenz und Ähnlichkeit	$F_1 \sim F_2: \Leftrightarrow$ „durch eine Kongruenzabbildung ineinander überführbar"	$[k(0,0); 1] = \{k(M; r) \mid M \in \mathbb{R}^2$ und $r = 1\}$
Pfeile bzw. Parallelver-schiebung	$P_1 \sim P_2: \Leftrightarrow$ „gleiche Länge, Richtung und Orientierung"	Vektor $\vec{v} = (12)$

Beispielhaft wird für ein schulisches Themengebiet eine mögliche Äquivalenzrelation vorgestellt: „Parallelität von Geraden im R^2" ist ein Kriterium für eine Äquivalenzrelation. Alle Geraden mit derselben Steigung (auch unendlich möglich) können so je eine Äquivalenzklasse bilden, d. h. $g_1 \sim g_2 : \iff m_1 = m_2$. In Abb. 3.4 ist als Beispiel eine Geradenschar mit Steigung zwei gewählt. Die zugehörige Äquivalenzklasse auf der Menge aller linearen, reellen Funktionen lautet:

$$[g(x) = 2x] = \{g : R \to R, g(x) = 2x + t | t \in R\}.$$

Als „geeignetster" Repräsentant der Äquivalenzklasse dient die Ursprungsgerade mit ebendieser Steigung zwei. Weitere mögliche Kriterien für Äquivalenzrelationen auf der Menge linearer Funktionen könnten sein, wenn die zugehörigen Graphen den gleichen y-Achsenabschnitt oder auch dieselbe Nullstelle besitzen. Neben diesen eher trivialen Fällen (Äquivalenz lässt sich auf das Gleichheitszeichen zurückführen) entstehen parallele Geraden auch durch folgende Äquivalenzrelation: $g_1 \sim g_2 : \iff$ „$(g_1 = g_2) \vee (g_1 \cap g_2 = \emptyset)$"

3.3.2 Beziehung zwischen Äquivalenzrelation (ÄR) und Äquivalenzklasse (ÄK)

Wie stehen die Definition von Äquivalenzrelationen und darauf aufbauend (im didaktischen Sinne, denn fachlogisch sind beide Konzepte äquivalent) von Äquivalenzklassen zueinander?

Zwischen beiden Konzepten gibt es zwei Denkrichtungen, die anhand von Beispielen aus dem Seminar verdeutlicht werden:

1. Denkrichtung: ÄR → ÄK
Von einer gegebenen Äquivalenzrelation ausgehend sind die dazugehörigen Äquivalenzklassen zu finden. Sie ist eventuell näher am intuitiven Verständnis, da der Vorgang des Sortierens vorgegeben ist und als Ergebnis die zugehörigen Äquivalenzklassen entstehen. Diese Denkrichtung fällt den Studierenden leichter. Sie scheint intuitiver, indem sie an das eher funktionale Denken (z.B.: „Wie finde ich die Lösungsmenge einer Gleichung? Wie finde ich die Maximalstelle(n) des Graphen einer Funktion?") aus der Schule anknüpft – an eine dynamischere Sichtweise von Mathematik.

1. Betrachten wir Zahlenpaare aus $N_0 \times N_0$ und $[(a,b)] \sim [(c,d)] :\Leftrightarrow a + d = b + c$.
2. Seien $(a,b), (c,d) \in Z \times Z \backslash \{0\}$ und $[(a,b)] \sim [(c,d)] :\Leftrightarrow a \cdot d = b \cdot c$.
3. Pfeile mit gleicher Länge, Richtung und Orientierung

Wie sehen jeweils die Äquivalenzklassen dazu aus? Die Klassen sind bei (1) ganze Zahlen, bei (2) äquivalente bzw. wertgleiche Brüche und bei (3) ein Vektor.

2. Denkrichtung: ÄK → ÄR

Es ist eine Äquivalenzrelation gesucht, welche die gegebenen Äquivalenzklassen erzeugt. Diese Denkrichtung fällt den Studierenden aus eigenen Beobachtungen deutlich schwerer. Dies kann darin begründet sein, dass es keine eindeutige Beschreibung der zugehörigen Äquivalenzrelation gibt, wenn die Äquivalenzklassen vorgegeben sind.

1. Welche Äquivalenzrelation steckt hinter der Unterscheidung von spitz-, recht-, stumpfwinkligen Dreiecken?
2. Finden Sie eine Äquivalenzrelation, welche die Zahlenmenge Z in gerade – ungerade Zahlen teilt. Die gesuchte Äquivalenzrelation soll also als Ergebnis die beiden Äquivalenzklassen [0] (enthält alle geraden Zahlen) und [1] (enthält alle ungeraden Zahlen) erzeugen.

Bei Beispiel 2 wäre eine naheliegende Möglichkeit für die zugehörige Äquivalenzrelation vermutlich: „$x \sim y : \iff x - y$ ist durch 2 teilbar".

Man könnte aber auch sagen: „x und y sind beide gerade oder x und y sind beide ungerade". Außerdem ist „x und y liegen in der gleichen Klasse" immer eine zutreffende Relationsbeschreibung.

3.4 Wissens-Maps als empirisches Instrument

Wissens-Maps fokussieren auf die Erfassung deklarativen, möglichst konzeptuellen Wissens.

Methodisch werden sie durch Fragebögen vor und nach dem Seminar sowie persönliche Gespräche gegen Ende des Semesters ergänzt. Ihren Ursprung haben sie in zwei psychologischen Modellen der Wissensrepräsentation: Ausubels hierarchisches Denken und Deeses assoziativer Denktheorie (Jonassen et al., 1993). Sie sind an Concept-Maps angelehnt, die seit den 1980er-Jahren (Novak & Gowin, 1984) weitreichend beforscht sind – zunächst vor allem im schulischen Bereich (z. B. Ruiz-Primo & Brinkmann, 2007; Shavelson, 1996). Neuere Studien zu Concept-Mapping als Forschungsmethode finden sich inzwischen auch in den Hochschuldidaktiken (u. a. Haugwitz & Sandmann, 2009; Stracke, 2004). Afamasaga-Fuata'i (2009) erarbeitete eine Übersicht der mathematischen Forschungslandschaft bezüglich Concept-Maps, von der Schule bis hin zu hochschuldidaktischen Projekten.

Eine Wissens-Map ist eine abgeschwächte Concept-Map: die vorgegebene hierarchische Struktur einer Concept-Map muss beim Erstellen einer Wissens-Map nicht befolgt werden. Weiterhin sind vereinzelte Verbindungslinien ohne Pfeilrichtung und auch ohne Beschriftung erlaubt (vgl. Fischler & Peukert, 2000). Es entstehen semantische Netzwerke, in denen ein Konzept durch die Beziehung(en) zu anderen Konzepten definiert ist. Durch diese Abschwächungen (im Vergleich zu einer Concept-Map) und den damit gewonnenen Freiraum in der Gestaltung der Wissens-Maps haben wir uns ein breiteres Spektrum und einen höheren Grad an Individualität erhofft. Andererseits birgt es die Gefahr des Nicht-Beschriftens, wodurch es möglicherweise schwieriger ist, Fehlvorstellungen aufzudecken.

Es gibt vielfache Gründe für den Einsatz von Wissens-Maps, die sich mit denen für Concept-Maps in Einklang bringen lassen:

- **Mathematik als Strukturlehre**
  Das Nachdenken über Strukturen wird durch den Einsatz von Wissens-Maps verstärkt.
- **langfristiger, struktureller Aufbau von Wissensnetzwerken**
  Das Erstellen von Begriffs-Landkarten über einen längeren Zeitraum beugt isoliertem Inselwissen vor und regt dazu an, unterschiedliche Wissensbereiche und damit verbundene kognitive Strukturen aktiv miteinander zu vernetzen.
- **Experten-Paradigma** (Krauss & Bruckmaier, 2006)
  Experten verfügen über stark vernetztes Wissen; je höher die Vernetzung, desto tiefer das Verständnis. Eine reichhaltige Wissens-Map lässt somit den Rückschluss auf einen hohen Grad an Verständnis und Expertise zu.
- **individuelle und kollaborative Lern- bzw. Vernetzungsmethode** (vgl. Übersichten in Mandl & Fischer, 2000; Nesbit & Adesope, 2006; Renkl & Nückles, 2006)
  Wissens-Maps begleiten die Studierenden während des Semesters beim Vernetzen von universitären Konzepten mit schulmathematischen Phänomenen in Einzel- und Gruppenarbeit. Dies kann leicht mit unserer dritten Leitlinie verknüpft werden.
- **valides Diagnose-Instrument zur Erhebung von Wissensrepräsentationen** (u. a. Fischler & Peukert, 2000; Brinkmann, 2007)
  Wissens-Maps dokumentieren die Intensivierung der Vernetzungen zwischen Realschulmathematik und Hochschulmathematik und fungieren als diagnostische Forschungsmethode, indem sie diese Verknüpfungen analysieren. In den erstellten Wissens-Maps können Facetten schulbezogenen Fachwissens, insbesondere top-down und bottom-up Verbindungen, identifiziert werden. Somit findet eine Verquickung mit dem SRCK-Ansatz statt.

Im Schnittstellenseminar spielen Wissens-Maps also eine Doppelrolle: zum einen als didaktische Methode zur Erreichung der Vernetzung von RSM und HSM und zum anderen als empirisches Instrument zur Analyse dieser Verknüpfungen. Zweiteres wird im nächsten Abschnitt näher erläutert.

3.4.1 Klassifikation der Wissens-Maps

Jeder assoziiert mit dem Begriff „Äquivalenz" etwas Anderes. So ist die Struktur, die Auswahl der Begriffe und deren Anordnung, sowie deren Verbindungen untereinander in den Wissens-Maps, die mit dem digitalen Tool *draw.io* erstellt wurden, stark individuell geprägt.

Die ganzheitliche Clusteranalyse der Wissens-Maps inklusive Ankerbeispielen erfolgte nach den drei Strukturmerkmalen Zentrum (**Z**), Hierarchie (**H**) und Netz (**N**), sowie zwei Facetten des schulbezogenen Fachwissens, nämlich bottom-up (**bu**) und top-down (**td**) Verbindungen. Es gilt in allen Fällen eine Typenzuordnung nach Dominanz: Welches Strukturmerkmal, welche Denkrichtung ist jeweils dominant?

Z: Ein bestimmter Begriff(-sgruppe) steht im Zentrum; Wissens-Map nimmt in der. inhaltlichen Vollständigkeit kreisförmig zu

H: mehrere Ebenen; räumliche Trennung der Fachwelten (nahe an einer Concept-Map).

N: netzartige Struktur; oft farbliche Trennung der beiden Fachwelten RSM und HSM.

Um eine Denkrichtung feststellen zu können, wird angenommen, dass Pfeilrichtungen die Denkrichtung implizieren. Eine Wissens-Map wird dem Denkrichtungstyp top-down zugeordnet, wenn sie dominant top-down ist, also signifikant mehr Verbindungen in top-down Richtung besitzt. Es gibt fast keine Wissens-Maps, in denen ausschließlich top-down bzw. bottom-up Verbindungen vorzufinden sind. Es ist immer eine gewisse Mischung zu beobachten, wobei eine Denkrichtung in der Regel (außer bei der Netzstruktur) präferiert wird.

3.4.2 Unterschied von top-down & bottom-up Verbindungen

Eine top-down Verbindung in einer Wissens-Map geht von einem universitären Begriff aus. Dabei verläuft die Pfeilrichtung hin zu einem oder mehreren realschulrelevanten Begriff(en) (vgl. Abb. 3.5: Äquivalenzrelation in schulischen Themen). Sind fast nur solche Verbindungen vorzufinden, so liegt eine top-down Wissens-Map vor. In einer Wissens-Map mit dominanter bottom-up Denkrichtung hingegen lassen sich vermehrt Pfeilrichtungen weg vom Schulstoff hin zu universitären Konzepten identifizieren (vgl. Abb. 3.6: Äquivalente Brüche und ganze Zahlen als Äquivalenzrelationen).

Abb. 3.4, 3.5 und 3.6 zeigen Ausschnitte aus studentischen Wissens-Maps. Es sind keine Musterbeispiele; sie haben durchaus inhaltliche Schwächen!

Nun lassen sich in der Fülle der individuellen Wissens-Maps zum Themenbereich Äquivalenz bestimmte Typen (Namen sind fiktional) in Tab. 3.2 erkennen. In der obigen Zeile wird nach Strukturmerkmalen unterschieden, seitlich findet sich die jeweilige Denkrichtung.

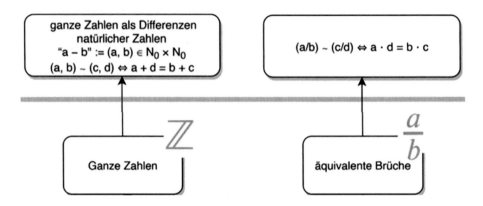

Abb. 3.5 Bottom-up Verbindungen in einer studentischen Wissen-Map

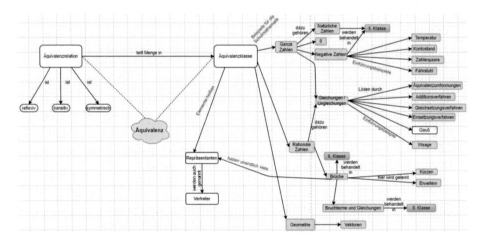

Abb. 3.6 Beispiel für top-down Vernetzungstyp mit hierarchischer Struktur

Tab. 3.2 Unterschiedliche Vernetzungstypen beim Themenbereich „Äquivalenz"

	Zentrum	Hierarchie	Netz
Top-down	Lisa	Amelie	Unmöglich (x)
Bottom-up	Sophie	Eva	Unmöglich (x)
Beide Richtungen	Stefan	Unmöglich (x)	Tanja

3.4.3   Typ: top-down & Hierarchie (Amelie)

Aufgrund der hierarchischen Struktur erinnert dieser Vernetzungs-Typ stark an eine Concept-Map nach herkömmlicher Definition, wie sie Novak in den 1980er-Jahren etabliert hat. Alle Wissens-Maps dieser Kategorie haben gemein, dass sie mehr oder weniger in zwei unterschiedliche Welten unterteilt sind. Ausgehend von den universitären Begriffen Äquivalenz, Äquivalenzrelation und -klassen, welche wohl den Ausgangspunkt und die Basis der Map bilden, verlaufen die Verbindungslinien und Pfeilrichtungen hin zu schulischen Themengebieten, wie rationalen Zahlen und Vektoren (hier in Abb. 3.6 grün eingefärbt). Die Denkrichtung verläuft somit primär in top-down-Richtung, von HS → RS.

Die Intensivierung der Vernetzungen in den erstellten Wissens-Maps auf Basis der Seminarinhalte ist nachweisbar; kann hier aber aus Platzgründen nicht thematisiert werden. Ob reichhaltigere Maps zu stärkeren Prüfungsleistungen oder später gar zu besserem Mathematikunterricht führen, muss an dieser Stelle ebenso unbeantwortet bleiben.

Das universitäre Konzept „Äquivalenz" eignet sich schulmathematische Phänomene der Sekundarstufe I zu sortieren und in vielfältige Zusammenhänge zu bringen. Nun stellt sich die Frage, welche weiteren fachmathematischen Konzepte dabei helfen, die beiden disparaten Fachwelten kohärent miteinander zu verbinden.

3.5   Ausblick

Dass schulbezogenes Fachwissen für die fachmathematische Lehramtsausbildung höchst relevant ist, steht außer Frage. Wie ebendieses theoretische Konstrukt gelehrt und gelernt werden kann, ist bislang (noch) nicht ausreichend geklärt und erfordert weitere Forschungsarbeit. Die hier vorgestellten Augsburger Projekte und Lehrveranstaltungskonzeptionen geben eine praktisch-explorative Antwort.

Danksagung   Die dargestellten Arbeiten wurden teilweise durch das Augsburger Qualitätsoffensive-Projekt Lehet finanziell unterstützt.

Literatur

Afamasaga-Fuata'i, K. (2009). *Concept mapping in mathematics: Research into practice.* Springer Science & Business Media.
Bauer, T. (2013). Schnittstellen bearbeiten in Schnittstellenaufgaben. In C. Ableitinger, J. Kramer, & S. Prediger (Hrsg.), *Zur doppelten Diskontinuität in der Gymnasiallehrerbildung* (S. 39–56). Springer Spektrum.
Baumert, J., & Kunter, M. (2006). Stichwort: Professionelle Kompetenz von Lehrkräften. *Zeitschrift für Erziehungswissenschaft, 9*(4), 469–520.

Beutelspacher, A., Danckwerts, R., Nickel, G., Spies, S., & Wickel, G. (2011). *Mathematik Neu denken. Impulse für die Gymnasial-lehrerbildung an Universitäten.* Vieweg+Teubner/Springer.

Blum, W., Drüke-Noe, C., Gartung, R., & Köller, O. (Hrsg.). (2006). *Bildungsstandards Mathematik: Konkret.* Cornelsen.

Brinkmann, A. (2007). *Vernetzungen im Mathematikunterricht – Visualisieren und Lernen von Vernetzungen mittels graphischer Darstellungen.* Franzbecker.

Dall'Armi, J. v., & Oldenburg, R. (2020, im Druck). Erklären in der Analysis. In H.-S. Siller, W. Weigel, & J. F. Wörler (Hrsg.), *Beiträge zum Mathematikunterricht 2020: 54. Jahrestagung der GDM.* WTM.

Dreher, A., Lindmeier, A., Heinze, A., & Niemand, C. (2018). What Kind of Content Knowledge do Secondary Mathematics Teachers Need? A Conceptualization taking into account Academic and School Mathematics. *Journal für Mathematik-Didaktik, 39*(2), 319–341.

Fischler, H., & Peuckert, J. (Hrsg.). (2000). *Concept Mapping in fachdidaktischen Forschungsprojekten der Physik und Chemie.* Logos Verlag.

Gueudet, G. (2008). Investigating the secondary-tertiary transition. *Educational Studies in Mathematics, 67*(3), 237–254.

Haugwitz, M., & Sandmann, A. (2009). Kooperatives Concept Mapping in Biologie: Effekte auf den Wissenserwerb und die Behaltensleistung. *Zeitschrift für Didaktik der Naturwissenschaften, 15*, 89–107.

Heinze, A., Dreher, A., Lindmeier, A., & Niemand, C. (2016). Akademisches versus schulbezogenes Fachwissen – ein differenzierteres Modell des fachspezifischen Professionswissens von angehenden Mathematiklehrkräften der Sekundarstufe. In: *Zeitschrift für Erziehungswissenschaft, 19*(2), 329–349.

Jonassen, D. H., Beissner, K., & Yacci, M. (1993). *Structural knowledge: Techniques for representing, conveying, and acquiring structural knowledge.* Routledge.

Krauss, S., & Bruckmaier, G. (2014). Das Experten-Paradigma in der Forschung zum Lehrerberuf. In E. Terhart, H. Bennewitz, & M. Rothland (Hrsg.), *Handbuch der Forschung zum Lehrerberuf.* (2., überarbeitete und erweiterte Aufl., S. 241–261). Waxmann.

Mandl, H., & Fischer, F. (Hrsg.). (2000). *Wissen sichtbar machen.* Hogrefe.

Nesbit, J. C., & Adesope, O. O. (2006). Learning with concept maps and knowledge maps: A meta-analysis. *Review of Educational Research, 76*(3), 413–448.

Novak, J. D., & Gowin, D. B. (1984). *Learning how to learn.* Cambridge University Press.

Renkl, A., & Nückles, M. (2006). Lernstrategien der externen Visualisierung. In H. Mandl & H.F. Friedrich (Hrsg.), *Handbuch Lernstrategien* (S. 135–150). Hogrefe.

Ruiz-Primo, M. A., & Shavelson, R. J. (1996). Problems and issues in the use of concept maps in science assessment. *Journal of Research in Science Teaching, 33*(6), 569–600.

Oldenburg, R., & Weygandt, B. (2015). Stille Begriffe sind tief. *Der Mathematikunterricht: Beiträge zu seiner fachlichen und fachdidaktischen Gestaltung, 61*(4), 39–50.

Scholz, D., & Jahnke, T. (Hrsg.) (2009). *Fokus Mathematik 11. Gymnasium Bayern.* Cornelsen.

Schlotterer, A. (2020, im Druck). Schulrelevantes Fachwissen der Sekundarstufe I in studentischen Wissens-Maps. In *Beiträge zum Mathematikunterricht 2020: 54. Jahrestagung der GDM.* WTM.

Stahnke, R., Schueler, S., & Roesken-Winter, B. (2016). Teachers' perception, interpretation, and decision-making: A systematic review of empirical mathematics education research. *ZDM, 48*, 1–27.

Stracke, I. (2004). *Einsatz computerbasierter Concept Maps zur Wissensdiagnose in der Chemie. Empirische Untersuchungen am Beispiel des Chemischen Gleichgewichts.* Waxmann.

Shulman, L. S. (1986). Those who understand: Knowledge growth in teaching. *Educational Researcher, 15*(2), 4–14.

Tall, D., & Vinner, S. (1981). Concept image and concept definition in mathematics with particular reference to limits and continuity. *Educational Studies in Mathematics, 12*(2), 151–169.

Wagner, A., & Wörns, C. (2011). *Erklären lernen – Mathematik verstehen*. Klett-Kallmeyer.

Woehlecke, S., Massolt, J., Goral, J., Hassan-Yavu, S., Seider, J., Borowski, A., Fenn, M., Kortenkamp, U., & Glowinski, I. (2017). Das erweiterte Fachwissen für den schulischen Kontext als fachübergreifendes Konstrukt und die Anwendung im universitären Lehramtsstudium. *Beiträge zur Lehrerinnen- und Lehrerbildung, 35*(3), 413–426.

Fachwissen als Grundlage fachdidaktischer Urteilskompetenz – Beispiele für die Herstellung konzeptueller Bezüge zwischen fachwissenschaftlicher und fachdidaktischer Lehre im gymnasialen Lehramtsstudium

4

Rolf Biehler und Max Hoffmann

Zusammenfassung

Im Artikel geht es um die Funktion mathematischen Fachwissens als Grundlage fachdidaktischer Urteilskompetenz von Lehramtsstudierenden. Wir werden ausgehend vom Problem der zweiten Diskontinuität zunächst theoretisch verorten, wie Fachwissen und fachdidaktische Urteilskompetenz zusammenspielen. Fachdidaktische Urteilskompetenz sehen wir als Zwischenglied auf dem Weg zur professionellen Handlungskompetenz. In universitären Veranstaltungen ist es in der Regel nicht ohne weiteres möglich, letztere zu überprüfen. Hingegen zeigt sich fachdidaktische Urteilskompetenz auch schon in der Betrachtung professionsorientierter Kontexte, wie Schulbuchauszüge oder (fiktive) Äußerungen von Schülerinnen und Schülern. Die Thematik wird aus zwei komplementären Perspektiven beleuchtet. Zum einen wird aufgezeigt, wie in einer Lehrveranstaltung zur Didaktik der Analysis (Lehramt für Gymnasien, 5. Semester), Bezüge zu den Analysis-Fachvorlesungen hergestellt werden, um die fachwissenschaftlichen Grundlagen didaktischer Urteilskompetenz zu aktivieren, zu transformieren und bei der Bearbeitung fachdidaktischer Problem-

R. Biehler · M. Hoffmann (✉)
Fakultät für Elektrotechnik, Informatik, Mathematik; Didaktik der Mathematik, Universität Paderborn, Paderborn, Deutschland
E-Mail: max.hoffmann@math.upb.de

R. Biehler
E-Mail: rolf.biehler@upb.de

V. Isaev et al. (Hrsg.), *Professionsorientierte Fachwissenschaft,* Konzepte und Studien zur Hochschuldidaktik und Lehrerbildung Mathematik, https://doi.org/10.1007/978-3-662-63948-1_4

stellungen einzusetzen. Zum anderen geht es um eine neu konzipierte Lehrver-
anstaltung „Geometrie für Lehramtsstudierende" (Lehramt für Gymnasien, 6.
Semester), in der fachdidaktische Bezüge hergestellt werden, und zusätzlich werden
„Schnittstellenwochen" durchgeführt, in denen sowohl in der Vorlesung wie in den
Übungen explizit Bezüge zu Themen des Geometrieunterrichts hergestellt werden.
Zu beiden Veranstaltungen werden reale Studierendenbearbeitungen als Fallstudien
qualitativ ausgewertet.

Der Artikel schließt mit generellen Überlegungen zur Förderung fachdidaktischer
Urteilskompetenz an verschiedenen Punkten des Lehramtsstudiums.

4.1   Fachdidaktische Urteilskompetenz

Vorschläge zur Beschreibung der Struktur des professionellen Wissens von Mathematik-
lehrerinnen und -lehrern haben in Bildungswissenschaften allgemein und speziell in
der Mathematikdidaktik in den letzten Jahrzehnten eine gewisse Tradition (z. B. Ball
& Bass, 2002; Baumert & Kunter, 2011a; Dreher et al., 2016; Shulman, 1986). Einen
vergleichenden Überblick über verschiedene Ansätze findet man bei Neubrand (2018).
Allen Konzeptualisierungen gemein ist, dass mathematisches Fachwissen als notwendiger Teil des professionellen Wissens von Mathematiklehrerinnen und -lehrern
gesehen wird. Hierzu stellen zum Beispiel Baumert und Kunter (2011b) im Rahmen von
COACTIV fest, dass der Erwerb fachdidaktischen Wissens durch das erworbene Fachwissen begrenzt ist. Dementsprechend wird mathematisches Fachwissen in COACTIV
als Teil professioneller Kompetenz und so als Determinante für professionelles Handeln
betrachtet (Kunter et al., 2011).

Einen Einblick, *wie* mathematisches Fachwissen unmittelbar im Berufsalltag von
Lehrerinnen und Lehrern relevant ist, gibt Prediger (2013) durch die Auflistungen
typischer mathematikhaltiger Handlungsanforderungen an Lehrkräfte (basierend auf
Feldstudien von Ball und Bass (2002)). Die gelernte Mathematik kann die Bewältigung
mathematikbezogener Handlungsanforderungen unterstützen und legitimieren. In der
Literatur werden noch weitere Facetten genannt, in welchem Sinne fachmathematische
Vorlesungen anschlussfähig und nützlich für angehende und fertige Mathematik-
lehrerinnen und -lehrer sind: Über aktiv verfügbare Wissenskomponenten hinaus
können Lehrerinnen und Lehrer durch die fachwissenschaftlichen Studienanteile
einen mathematischen Horizont (Ball & Bass, 2009) aufbauen, der ihnen hilft, schulmathematische Inhaltsfelder in einen größeren fachwissenschaftlichen Rahmen einzuordnen. Eine weitere Funktion fachwissenschaftlicher Studienanteile nennen Bauer und
Hefendehl-Hebeker (2019): Diese Studienanteile ermöglichen eine Enkulturation in
die mathematische Gemeinschaft mit zugehörigen spezifischen Werthaltungen. Diese
Enkulturation ist wiederum Bedingung für den Aufbau epistemologischer Bewusstheit
von Lehrerinnen und Lehrern (Prediger & Hefendehl-Hebeker, 2016).

Es bestand schon immer auch in der Fachdidaktik Einigkeit darin, *dass* mathematisches Fachwissen notwendig für professionelles Handeln von Mathematiklehrinnen und -lehrern ist. Neuere Forschungen belegen und konkretisieren dies weiter. Lehramtsstudierende für das Lehramt Gymnasium besuchen schon lange fachwissenschaftliche Veranstaltungen (meist zusammen mit den Fachstudierenden). Bis in die 70er Jahre des letzten Jahrhunderts hinein geschah dies ohne nennenswerte fachdidaktische Studienanteile. Hinter dieser Art der Studienganggestaltung steht die These, dass die Studierenden durch einen soliden fachmathematischen Hintergrund automatisch die notwendige Mathematik beherrschen, um den fachlich orientierten professionellen Handlungsanforderungen gerecht zu werden. Wu (2011, S. 372) bezeichnet diesen erhofften Mechanismus als „Intellectual Trickle-Down Theory". Der Fachdidaktik wird dann eher eine unterrichtspraktische oder – methodische Funktion zugeschrieben. Schon Klein (1908) bezweifelt aber, dass Studierende von selbst ausreichende professionsrelevante Verbindungen zwischen akademischem Fachwissen und dem Mathematikunterricht sehen und herstellen. Dies bezeichnet er in bekannter Weise als „zweite Diskontinuität der Gymnasiallehrerausbildung". Das Problem ist mittlerweile als solches breit akzeptiert und wird in aktuellen Forschungsprojekten weiter untersucht und bestätigt (z. B. Hoth et al., 2019).

Wenn also mathematisches Fachwissen relevant für professionelles Handeln ist, aber es Lehramtsstudierenden schwerfällt, professionsrelevante Verknüpfungen zwischen Fachmathematik und Schulmathematik herzustellen, ergeben sich daraus mathematikdidaktische Forschungs- und Entwicklungsaufgaben. Wir wollen an dieser Stelle nicht in Diskussionen einsteigen, welche fachinhaltlichen Veranstaltungen im Lehramtsstudium notwendig sind und welche nicht, und ebenso wenig die Verantwortlichkeit für die Überwindung der zweiten Diskontinuität zwischen Fach und Fachdidaktik hin- und herschieben. Stattdessen wollen wir in diesem Beitrag zwei Möglichkeiten aufzeigen, wie im Studium die Nutzung fachmathematischen Wissens in professionsorientierten Situationen expliziert werden kann, um auf diese Weise dem beruflichen Handeln zugrunde liegende Orientierungen (Prediger, 2019, S. 370) der Studierenden auszuschärfen. Dazu zeigen wir, wie Schnittstellenaktivitäten sowohl in fachwissenschaftlichen als auch in fachdidaktischen Veranstaltungen eingesetzt werden können.

Dabei muss berücksichtigt werden, dass tatsächliche professionelle Handlungskompetenz in theoretischen Universitätsvorlesungen nur mittelbar gefördert und nicht getestet werden kann. Wir führen hierfür den Begriff der *fachdidaktischen Urteilskompetenz* ein, den wir als eine Vorstufe zu professioneller Handlungskompetenz sehen und der deutlichmachen soll, dass hier über das reine „Wissen" hinausgegangen wird. Wir möchten diesen Begriff in unserem Artikel exemplifizieren, und zur Diskussion stellen, wie weit sich hiermit die vorliegenden Konzeptualisierungen und Facettierungen von Lehrerwissen und Lehrerkompetenz neu interpretieren und erweitern lassen. Wir verstehen unter fachdidaktischer Urteilskompetenz, die Kompetenz, in einer realen oder fiktiven professionstypischen Situation ein fachdidaktisches Urteil (zum Beispiel über die intellektuelle Ehrlichkeit von Zugängen und Erklärungen im Sinne von Bruners (1970, S. 44) Sprialcurriculum, über das mathematische Potenzial einer Äußerung von

Schülerinnen und Schülern, über existierende Fehlvorstellungen, und insbesondere über weitere Handlungsoptionen einer Lehrkraft) zu fällen. Sieht man professionelle Handlungskompetenz im Sinne von Blömeke et al. (2015) als Kontinuum, bestehend aus Dispositionen, situationsspezifischen Fähigkeiten und Fertigkeiten und dem realen Handeln, so umfasst das Konzept der fachdidaktischen Urteilskompetenz einen Teil dieses Kontinuums, der nicht das reale Handeln erreicht, aber Urteilskompetenz in einer simulierten Situation erfordert, die eine mögliche Unterrichtssituation abbildet, auf die ohne Zeitdruck und ohne direkte Interkation mit Schüler/innen reagiert werden muss. Insofern geht es auch um situationsspezifische Fähigkeiten und Fertigkeiten und nicht nur Dispositionen oder Wissen.

Im Folgenden sollen Erwerbssituationen fachdidaktischer Urteilskompetenz ausgeschärft werden. Entsprechend der obigen Ausführungen sehen wir Fachwissen als wichtige Grundlage. Im Gegensatz zur expliziten Förderung professioneller Handlungskompetenz lässt sich fachdidaktische Urteilskompetenz auch schon in der Betrachtung professionsorientierter Kontexte, wie von Schulbuchauszügen oder (fiktiven) Äußerungen von Schülerinnen und Schülern, fördern und ebenso das damit für die universitäre Lehrerausbildung realistischere Konzept.

Wie erklären nun an zwei Beispielen, wie wir an der Universität Paderborn die Studierenden dabei zu unterstützen versuchen, mathematisches Fachwissen als funktional für das Fällen fachdidaktischer Urteile zu sehen. Dabei berichten wir zunächst aus der Perspektive einer Fachveranstaltung und anschließend aus der Perspektive einer fachdidaktischen Veranstaltung. Wir stellen jeweils theoretische Konzeptionsüberlegungen und anschließend reale Fallstudien vor.

4.2 Perspektive 1: Schnittstellenaspekte in einer Fachveranstaltung *Geometrie für Lehramtsstudierende*

In diesem Abschnitt berichten wir aus der Veranstaltung *Geometrie für Lehramtsstudierende*. Die Gestaltung und Erforschung der Veranstaltung und ihrer Durchführung in den Semestern 2019, 2019/2020 und 2020 ist Gegenstand des Promotionsprojekts des zweitgenannten Autors dieses Artikels. Der Kerngedanke des Projektes ist auszunutzen, dass die Veranstaltung nur von Lehramtsstudierenden besucht wird, und auf verschiedenen Ebenen der Veranstaltung den Studierenden professionsorientierte Lernangebote zu machen.

4.2.1 Veranstaltungsbeschreibung

Die Veranstaltung ist Teil des gymnasialen Lehramtsstudiums und kann auch von den Studierenden des Lehramts für Berufskollegs besucht werden. Das Modulhandbuch (UPB, 2016, S. 20) schlägt die Veranstaltung für das sechste Fachsemester des *Bachelor-of-Education*-Studiengangs vor. Es ist (neben einer Einführungsveranstaltung in mathematisches Denken und Arbeiten im ersten Semester) die einzige Fachlehrveranstaltung, die nur für Lehramtsstudierende gedacht ist. Hierbei wird reflektiert, dass die Geometrie weiterhin ein zentraler Gegenstand des Schulunterrichts ist, aber in der Ausbildung der Mathematik-Masterstudierenden in aktueller Mathematik keinen eigenen Stellenwert haben muss. Der Workload der Veranstaltung ist mit durchschnittlich 150 h angesetzt. Davon entfallen jeweils zwei Semesterwochenstunden auf Vorlesung und Präsenzübung. Die Veranstaltung wurde jedes Semester von durchschnittlich 30 Studierenden aktiv besucht.

Der inhaltliche Fokus der Veranstaltung liegt in der Behandlung euklidischer Geometrie in einer Weise, die den zeitgenössischen fachmathematischen Standards entspricht (axiomatische Methode, mengentheoretische Formulierung von Axiomensystemen). Dieser Thematik wird sich in der Veranstaltung auf zwei Arten genähert. Im ersten Drittel der Veranstaltung wird die Vektorraumaxiomatik zugrunde gelegt und ebene Geometrie im euklidischen Raum $\mathbb{R}^2$ betrieben Der zweite Teil der Veranstaltung beschäftigt sich mit axiomatischer Geometrie aufbauend auf metrischen Räumen. Es wird ein Axiomensystem (mit der Bezeichnung *Saccheri-Ebene*) adaptiert, dass von Iversen (1992) entwickelt wurde.

4.2.2 Designprinzipien zur Erhöhung von Professionsorientierung

Professionsorientierung wird in der Geometrieveranstaltung sowohl auf inhaltlicher als auch auf methodischer Ebene umgesetzt:

1. Das Axiomensystem selbst ist so gewählt, dass es sowohl den Ansprüchen an eine fachmathematische Veranstaltung genügt, aber auch im besonderen Maße dazu geeignet ist, Bezüge zur Schulmathematik herzustellen, einen fachlichen Hintergrund für die Schulgeometrie zu liefern und die Elementargeometrie der Mittelstufe mit der Oberstufengeometrie in Verbindung zu bringen.
2. Es gibt ein veranstaltungsbegleitendes Schnittstellen-ePortfolio (orientiert an Siebenhaar et al., 2013). Schreibaufträge für das ePortfolio werden regelmäßig im Rahmen der wöchentlichen Hausaufgabenblätter gestellt. Im Gegensatz zu den Hausaufgaben werden die ePortfolio-Aufgaben nicht bepunktet, sondern müssen nur bearbeitet werden. Die Aufträge für das ePortfolio sind von dreierlei Art: Ausfüllen von Kompetenzrastern zur Selbsteinschätzung (zum Semesterbeginn und zum Semesterende), Aktivitäten, in denen eine fachmathematische Perspektive auf eine professionsoriente Situation (Schulbuchauszug, (fiktive) Schüleräußerung) eingenommen wird und im obigen Sinne ein fachdidaktisches Urteil gefällt werden muss, Reflexion des eigenen Kompetenzerwerbs bezogen auf die Professionalisierung als angehende Lehrkraft. Im Sinne des *Constructive Alignments* (Passung und Abstimmung von Lehrinhalten und -methoden, Lernzielen und Prüfungen, Biggs,

1996) ist ein Gespräch über die Portfolioaktivitäten auch Teil der mündlichen Abschlussprüfung.

3. Zwei Semesterwochen werden unter der Bezeichnung *Schnittstellenwochen* komplett (in Vorlesung, Präsenzübung und Hausaufgaben) der Herstellung von Bezügen zwischen Schul- und Hochschulmathematik an den ausgewählten Themen *Symmetrie* und *Kongruenz* gewidmet.

In den folgenden Abschnitten werden die Schnittstellenwoche *Symmetrie* und die zugehörigen ePortfolio-Aktivitäten vorgestellt.

4.2.3 Schnittstellenwoche „Symmetrie"

Das Ziel der Schnittstellenwoche zur Symmetrie ist, die in der Veranstaltung behandelten, fachsystematischen Hintergründe zum Symmetriebegriff nutzbar für das Fällen fachdidaktischer Urteile in Kontexten zu machen, in denen Symmetrie im Schulunterricht eine Rolle spielt. Hierzu werden in der Vorlesung zunächst eine didaktisch orientierte Metaperspektive auf das Fachwissen eingenommen, die wir als *Schnittstellenaspekte* zum Symmetriebegriff bezeichnen und explizit thematisieren. Durch diese soll der fachmathematische Hintergrund in reflektierter Weise systematisiert werden, sodass die Kernbestandteile der mathematischen Theorie zur Symmetrie von der speziellen Axiomatik, in der sie beschrieben sind, gelöst werden. Der Begriff *Schnittstellenaspekte* passt im Sinne der Idee der fachinhaltlichen Systematisierung zur Verwendung des Aspekt-Begriffs bei Greefrath et al. (2016), unterscheidet sich aber darin, dass Schnittstellenaspekte im Gegensatz zu Aspekten mathematische Konzepte nicht vollständig charakterisieren müssen. Die nachfolgend vorgestellten drei Schnittstellenaspekte zum Symmetriebegriff verdeutlichen unser Konzept. Eine Übersicht findet man in Abb. 4.1.

- *Invarianzaspekt der Symmetrie:* Symmetrieeigenschaften beschreiben Möglichkeiten, eine Figur bijektiv (durch Isometrien) auf sich selbst abzubilden. Unter solchen Abbildungen ist die Figur *invariant.*
  Der fachliche Hintergrund dieses Aspektes liegt in der Definition von Symmetriegruppen: Sei (X, d) eine Saccheri-Ebene und $F \subset X$ eine beliebige Teilmenge. Dann definieren wir durch
  $Sym(F) := \{\varphi(F) = F\}$
  die Symmetriegruppe von F. Die in einer Symmetriegruppe enthaltenen Abbildungen stellen eine mathematische Präzisierung dessen dar, was man die Symmetrieeigenschaften der Figur bezeichnet.
- *Rekonstruktions- und Reduktionsaspekt der Symmetrie:* Symmetrieeigenschaften beschreiben Möglichkeiten, wie eine Figur in ihrer Komplexität auf eine (nicht eindeutig bestimmte) Teilmenge reduziert und aus dieser Teilmenge rekonstruiert werden kann.

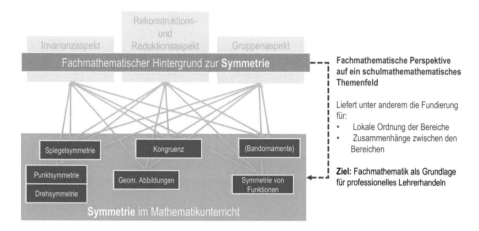

Abb. 4.1 Schnittstellenaspekte zum Symmetriebegriff: Invarianzaspekt, Rekonstruktions- und Reduktionsaspekt und Gruppenaspekt systematisieren fachmathematische Hintergründe zu verschiedenen lokal geordneten Bereichen der Schulmathematik, die mit Symmetrie zu tun haben

Der fachliche Hintergrund dieses Aspekts liegt in den Konzepten *Orbit* und *Fundamentalbereich.* Für eine Teilmenge $F \subset R$ wird der Orbit eines Punktes $P \in F$ unter der Symmetriegruppe von F durch $\{\varphi(P)|\varphi \in Sym(F)\}$ definiert. Fundamentalbereiche sind dann solche Mengen, die aus jedem Orbit von einem Punkt in F, genau ein Element enthalten.

- *Gruppenaspekt:* Verschiedene Symmetrieeigenschaften von Figuren bedingen einander und sind über eine Gruppenstruktur (Symmetriegruppe) miteinander verknüpft. Insbesondere kann aus dem Vorhandensein bzw. Nichtvorhandensein bestimmter Symmetrieeigenschaften auf die Notwendigkeit bzw. Unmöglichkeit anderer Symmetrieeigenschaften geschlossen werden. Weiter liefert der Gruppenaspekt die Grundlage für die systematische Untersuchung von Symmetrieeigenschaften.

4.2.4 Begleitforschung zur Schnittstellenwoche „Symmetrie"

Die Durchführung der Veranstaltung „Geometrie für Lehramtsstudierende" wurde in den Semestern 2019, 2019/2020 und 2020 durch verschiedene Forschungsaktivitäten begleitet. Unter anderem stehen alle ePortfolio-Aktivitäten aus diesen drei Semestern in pseudonymisierter Form zur Verfügung. Diese werden im Rahmen des erwähnten Promotionsprojektes des zweitgenannten Autors unter Verwendung qualitativer Inhaltsanalysen erforscht um Einblicke in die Lernprozesse der Studierenden zu erhalten und das Veranstaltungskonzept darauf aufbauend weiterzuentwickeln. Kern der Kategorisierung aller Bearbeitungen eines Schreibauftrags waren stets kleinschrittige Analysen einzelner Bearbeitungen. Einige dieser Fallanalysen werden im Folgenden vorgestellt.

4.2.5 Studierendenvorstellungen zum Symmetriebegriff

Dies in diesem Abschnitt vorgestellten Analyseergebnisse legitimieren das Potenzials des Themas *Symmetrie,* Bezüge zur Schulmathematik herzustellen und zeigen darüber hinaus, dass dieser Grundbegriff keineswegs unproblematisch für manche Studierenden ist.

Wir stellen nun exemplarisch zwei Fallanalysen von ePortfoliotexten vor. Diesen Schreibaktivitäten zugrunde lag die Frage „Aus der Schule kennen Sie Begriffe wie Spiegel- bzw. Achsensymmetrie, Drehsymmetrie oder Punktsymmetrie. Welches übergeordnete Konzept von Symmetrie steht für Sie hinter den Begriffen?" Die Texte beziehen sich auf das Verständnis des Symmetriebegriffs *vor* der Behandlung in der Vorlesung.

> *„Symmetrie hat für mich etwas mit der Beurteilung von Formen jeglicher Art (auch Funktionen) auf Regelmäßigkeit zu tun. Wenn man Figuren auf Symmetrie prüft, wird geschaut, ob sich Wiederholungen feststellen lassen, wenn man die Figur in zwei Teile teilt. In diesem Sinne geht es darum, Kongruenz zu prüfen, wenn man aus einer Form, zwei Formen macht."* [Aus dem Schnittstellen-ePortfolio von Person N]

Person N beschreibt Regelmäßigkeiten (bzw. Wiederholungen) als kennzeichnend für Symmetrie und argumentiert im Sinne des Rekonstruktions- und Reduktionsaspekt: Es gibt Teilmengen der Figur, die sich in der Figur wiederholen. Dabei denkt N anscheinend ausschließlich an Spiegelsymmetrien, da er in den letzten beiden Sätzen jeweils von einer Zweiteilung spricht.

> *„Symmetrie ist für mich eine besondere Betrachtungsweise von Objekten und Formen unter dem Aspekt der Regelmäßigkeit. […] Man prüft die Figuren […] auf Symmetrie bzw. auf eine Regelmäßigkeit, indem man Kongruenz zur Hilfe nimmt. Das möchte ich anhand eines Dreiecks beschreiben. Unterteilt man ein gleichschenkliges Dreieck so, dass zwei zueinander kongruente Dreiecke entstehen, so haben wir gezeigt, dass das gleichschenklige Dreieck symmetrisch ist mit der Symmetrieachse als der gemeinsamen Kante der zueinander kongruenten Dreiecke."* [Aus dem Schnittstellen-ePortfolio von Person X]

Auch hier wird Symmetrie auf die Rekonstruktionsidee zurückgeführt, aber bei Person X muss man vermuten, dass ein tragfähiges Konzept von Symmetrie noch nicht aufgebaut worden ist. Zum einen bezieht sich X nur auf Spiegelsymmetrien und zum anderen ist die dargestellte Schlussregel nicht korrekt. Zwar stimmt das angegebene Beispiel insofern, dass man ein gleichschenkliges Dreieck (durch die Winkelhalbierende des Scheitelwinkels) in zwei Dreiecke teilen kann, die – wenn man die Kante, die auf der Winkelhalbierende liegt, beiden Dreiecken zuordnet – kongruent sind. Und es stimmt auch, dass das Dreieck spiegelsymmetrisch ist, aber die Implikation stimmt allgemein nicht: Teilt man ein allgemeines Parallelogramm durch eine Diagonale in zwei Dreiecke auf, so sind diese ebenfalls kongruent und haben eine gemeinsame Kante, das Parallelogramm ist aber im Allgemeinen nicht spiegelsymmetrisch zu dieser Diagonalen. Betrachtet man umgekehrt die Figur, die entsteht, wenn man aus einem gleichschenkligen Dreieck die Winkelhalbierende des Basiswinkels entfernt, so ist die entstehende Figur weiterhin spiegelsymmetrisch zu dieser Winkelhalbierenden, zerfällt aber nicht in zwei kongruente Dreiecke mit gemeinsamer Kante.

Beide ePortfolio-Auszüge weisen ein Begriffsverständnis aus, dass weder auf fach- noch auf schulmathematischer Ebene ausreichend ist. In beiden Fallanalysen argumentieren die Studierenden im Sinne des Reduktions- und Rekonstruktionsaspektes. Deswegen ist es zweifelhaft, ob eine rein fachsystematische Behandlung des Symmetriebegriffs den Studierenden helfen würde. Die Definition über Symmetriegruppen betont den Invarianzaspekt und ist damit nicht passend zur Sichtweise der Studierenden. Die professionsorientierte Einordnung im Kontext der geschilderten Schnittstellenwoche könnte hier helfen, die lückenhaften Präkonzepte zur Symmetrie einzuordnen, statt sie vollständig durch eine andere Sichtweise zu überschreiben. Letzteres bärge die Gefahr, der zweiten Diskontinuität zusätzlichen Vorschub zu verleihen.

4.2.6   ePortfolio-Aktivität zur Schnittstelle „Symmetrie"

Folgende Aufgabe war Teil der ePortfolio-Aktivitäten zur Schnittstellenwoche „Symmetrie". Die Aufgabe wurde zweimal gestellt: Zuerst (ohne die kursiv gedruckten Teile der Aufgabenstellung) vor der Behandlung des Themas Symmetrie in der Veranstaltung und dann nach der Schnittstellenwoche.

Antworten Sie differenziert und lernförderlich auf die folgenden beiden fiktiven Lernendenäußerungen (Klasse 7) jeweils in Brief- oder Mail-Form. Nutzen Sie gerne auch visualisierende Elemente. *Mathematisieren Sie dazu die Äußerungen der Schüler zunächst. Lösen Sie das Problem dann fachmathematisch und entwickeln abschließend Ihre Antwort.*

1. „Außer Kreisen bzw. Kreisscheiben kann es keine anderen 100°-drehsymmetrischen Figuren geben."
2. „Ich glaube, dass eine Figur mit zwei Achsensymmetrien, immer auch drehsymmetrisch ist."

Reflektieren Sie anschließend, wie sich durch die letzten beiden Veranstaltungswochen, Ihre Antwort solche Fragen im Vergleich zu ihrer Antwort von vor zwei Wochen verändert hat.

In beiden Aufgabenteilen geht es um das Fällen fachdidaktischer Urteile in einer fiktiven professionsorientierten Situation. Lernendenäußerungen müssen analysiert und bewertet werden. Anschließend soll eine lernförderliche Reaktion entwickelt werden. Damit deckt die Aufgabe eine der von Prediger (2013) genannten mathematikhaltigen Handlungsanforderungen ab. Neben dem zusätzlichen Reflexionsauftrag wird den Studierenden beim zweiten Einsatz der Aufgabe noch explizit die Strategie mit an die Hand gegeben, die Lernendenäußerungen zunächst auf der Ebene der Hintergrundtheorie zu analysieren.

Es wird exemplarisch der Fall von Person G betrachtet. Der folgende (in Rechtschreibung und Grammatik leicht überarbeitete) Auszug entstammt der Bearbeitung der ePortfolioaktivität vor der Behandlung des Themas *Symmetrie* in der Veranstaltung.

[...] Eine Figur ist n-zählig drehsymmetrisch, wenn für den Drehwinkel α gilt $\alpha = \frac{360°}{n}$. Das bedeutet, eine Figur kann zum Beispiel mit $n = 2$ zwei Mal gedreht werden und bleibt dann deckungsgleich. Das gilt bei einem Rechteck. Du kannst es um 180° und um 360° Grad drehen und erhältst eine deckungsgleiche Figur. Abgesehen von $n = 2$ gibt das n dir auch immer an, wie viele Ecken deine regelmäßige Figur haben muss (Es gibt keine Figur mit zur 2 Ecken). Denn wenn es eine regelmäßige Figur ist, kann man sie immer so oft drehen, wie sie Ecken hat, ohne eine andere (nicht deckungsgleiche) Figur zu erhalten. Wenn du um 100° drehen möchtest, gilt also $100 = \frac{360}{n}$. Wenn du das nach n umstellst, erhältst du 3,6 = n. Es gibt aber keine Figur mit 3,6 Ecken. Also gibt es, abgesehen vom Kreis keine 100°-drehsymmetrische Figur. [Aus dem ePortfolio von Person G].

Diese Antwort ist nicht richtig. Person G unterscheidet hier nicht zwischen dem minimalen Drehwinkel – für den das Argument in der Tat korrekt ist – und weiteren Drehwinkeln. Der Fall zeigt, wie gravierend sich subtile fachliche Fehler auf professionelle Handlungen auswirken können. Das Beispiel wurde in den Vorlesungen und Übungen der Schnittstellenwoche nicht explizit aufgelöst. Trotzdem gelingt G zwei Wochen nach der ersten Aufgabenbearbeitung eine korrekte Lösung samt nachvollziehbarer Erklärung. Aus Platzgründen kann die komplette Antwort-E-Mail hier nicht abgedruckt werden. Sie beruht auf dem Ansatz, dass für eine minimale Drehsymmetrie von $\frac{360°}{n}$ mit $n \in N$ alle $k \cdot \frac{360°}{n}$ ebenfalls Winkel von Drehsymmetrien der Figur sind. Dies erklärt G der Schülerin oder dem Schüler am Beispiel des gleichseitigen Dreiecks: Der minimale Winkel der Drehsymmetrie ist 120° und alle Vielfachen sind ebenfalls Winkel von Drehsymmetrien des Dreiecks. Den Ansatz führt G auf die Gleichung $k \cdot \frac{360°}{n} = 100°$ zurück und gibt mit $k = 10$ das regelmäßige 36-Eck als Figur mit einer 100°-Drehsymmetrie an. Dabei nutzt G (und erwähnt das auch in der Reflexion) den Gruppenaspekt der Symmetrie aus.

Der hier exemplarisch dargestellte Fall ist prototypisch für viele der Studierendenbearbeitungen. Oft führt das bewusste Nutzen des neu erworbenen fachlichen Hintergrundes zu korrekten und differenzierteren Reaktionen auf die Schüleräußerungen. Diesen Zuwachs der Urteilskompetenz im Bereich Symmetrie nehmen die Studierenden auch selbst wahr und führen ihn auf die Inhalte der Schnittstellenwoche zurück. Dies wird durch folgende zwei Auszüge aus dem Reflexionsteil der obigen Aufgabe belegt.

Durch die differenzierte Behandlung der Symmetrie in der Vorlesung hat sich vor allem mein fachmathematischer Hintergrund geändert. Um die Aussagen zu beantworten konnte ich nun die Schnittstellenaspekte verwenden, sowie unterschiedliche Eigenschaften von Symmetrie. [Person C]
    Meine Antwort hat sich relativ stark verändert. Vorher hätte ich schwammig argumentiert mit ungenauem Schulwissen, doch jetzt kann man konkret auf Symmetrien und Lemma/Sätze/Proposition eingehen und diese sinnvoll nutzen. Das mit dem Sym(F) hätte ich vorher nie nutzen können und es ergibt sich für mich ein neuer Blickwinkel, um solche

Aufgaben zu lösen. Durch dazugewonnenes Wissen kann man auch besser die SuS-Fragen verstehen und zielgerecht darauf antworten. Man sagt ja: „Man hat es erst verstanden, wenn man es einem Kind erklären kann". Ich denke, dass dieser Satz hier treffend ist und dadurch eine sichere Antwort für die SuS gegeben werden kann. [Person Y]

4.2.7 Zusammenfassung

Die in diesem Abschnitt beschrieben Auszüge aus der Veranstaltung Geometrie für Lehramtsstudierende zeigen Möglichkeiten auf, wie Studierenden dabei unterstützt werden können, professionsorientierte Situationen vor dem Hintergrund ihres mathematisches Fachwissen einzuordnen und diese Einordnung als hilfreich für das Fällen didaktischer Urteile zu erleben. Die analysierten Fälle belegen das Potenzial des Konzepts. Natürlich ist dadurch noch nicht gewährleistet, dass die Studierenden auch in realen Unterrichtssituationen in mehreren Jahren noch auf das Fachwissen der Veranstaltung zurückgreifen können. Man kann aber davon ausgehen, dass die ausformulierten Reaktionen der Studierenden in den ePortfolioaufgaben, für die sie eine Woche Zeit hatten, eine obere Schranke dafür darstellen, wie sie zum Zeitpunkt der Veranstaltung in einer Realsituation reagieren würden. Und diese obere Schranke hat sich durch die Schnittstellenaktivitäten bei den meisten Studierenden nach oben verschoben.

4.3   Perspektive 2: Fachwissenschaftliche Bezüge in einer Veranstaltung *Didaktik der Analysis*

4.3.1   Die Lehrveranstaltung Didaktik der Analysis

Wie schon die Geometrie-Veranstaltung aus Perspektive 1, ist auch die Veranstaltung *Didaktik der Analysis,* Teil des *Bachelor-of-Education*-Studiengangs und stellt den ersten von zwei Teilen des Moduls *Didaktik der Sekundarstufe II* dar. Die Veranstaltung ist im fünften Fachsemester angesiedelt und mit einer Präsenzzeit von $2 + 1$ SWS für Vorlesung und Übung angesetzt. Der Workload wird mit 120 h angesetzt. Die Modulabschlussprüfung umfasst dann noch den zweiten Teil (Didaktik der Stochastik und der Linearen Algebra/Analytischen Geometrie). Die Lehrveranstaltung wurde in den vergangenen Jahren von Erstautor dieses Beitrags konzipiert und gehalten. Die folgenden Grundlagen und Beispiele gelten für jede der Durchführungen. Die gestellten Aufgaben variieren und die Beispiele aus den Studierendenbearbeitungen entstammen alle einer der Durchführungen. Den Studierenden werden besonders die fachdidaktischen Bücher von Greefrath et al. (2016) sowie Danckwerts und Vogel (2006) empfohlen. Als fachmathematische Referenzliteratur wird Forster (2013) und Heuser (2001) herangezogen und durch das Buch von Büchter und Henn (2010) ergänzt. Letzteres nimmt eine Mittlerolle zwischen Hochschulmathematik und Schulmathematik ein, indem zum

Beispiel verschiedene Exaktifizierungsstufen mathematischer Begriffe unterschieden und historische und anwendungsbezogene Aspekte einbezogen werden. An verschiedenen Stellen der Veranstaltung wird außerdem auf Arbeiten der Kasseler Schule der Analysisdidaktik (Blum & Kirsch, 1979; Blum & Törner, 1983) zurückgegriffen.

Folgende Ziele der Lehrveranstaltung werden explizit angegeben:

1. Ziele und ihre Begründung: Kompetenzorientierter MU (Was soll gelernt werden und warum?)
2. Welche Zugänge gibt es in aktuellen Schulbüchern? Auf welchen fachdidaktischen Konzepten (Literatur) beruhen diese? – Beurteilung, Kritik und didaktische Variation.
3. Was sind sinnvolle Lernaufgaben – Leistungsaufgaben?
4. Welche Möglichkeiten für sinnvollen Computer/GTR-Einsatz gibt es?
5. Welche Verständnisschwierigkeiten von Schülern sind zu erwarten? Wie kann man Diagnose und Förderung realisieren?

Als ein beabsichtigter „Nebeneffekt" der Lehrveranstaltung wird in der ersten Vorlesung auch herausgestellt, dass ein „flexibles Verständnis von Schulmathematik aufbauend auf hochschulmathematischer Kompetenz" entwickelt werden soll.

4.3.2 Fachdidaktische Urteilskompetenz am Beispiel des Hauptsatzes der Differential- und Integralrechnung

Aus dem Themenprogramm der Vorlesung soll als Thema die fachdidaktische Urteilsfähigkeit zum Hauptsatz der Differential- und Integralrechnung genauer betrachtet werden. Die Bildungsstandards fordern, dass die Schülerinnen und Schüler „geometrisch-anschaulich den Hauptsatz als Beziehung zwischen Ableitungs- und Integralbegriff begründen" können (KMK, 2012, S. 20). In der Vorlesung wurden die Beweise in den Schulbüchern *Neue Wege* (Schmidt et al., 2015) und *Elemente der Mathematik* (Griesel et al., 2015) analysiert. Eine fachdidaktische Beurteilung erfolgt auf Basis von Dankwerts und Vogel (2006 S. 104 ff.) und den Arbeiten von Kirsch (1976) zur Einführung des Integralbegriffs.

In dem Schulbuch Neue Wege (Schmidt et al., 2015) findet sich folgende Darstellung von Formulierung und Beweis des Hauptsatzes (Abb. 4.2 und 4.3):

Ergänzend wird vermerkt später folgendes vermerkt (Abb. 4.4).

> **Hauptsatz der Differenzial- und Integralrechnung** (Teil 1)
> Für den Zusammenhang von Funktion f und Integralfunktion I_a gilt: $I'_a(x) = f(x)$.
> Integralfunktionen sind also Stammfunktionen.

Abb. 4.2 Formulierung des Hauptsatzes im Schulbuch *Neue Wege*. (Text und Darstellung analog zu Schmidt et al., 2015, S. 144)

Ein anschaulicher „Beweis" des Hauptsatzes

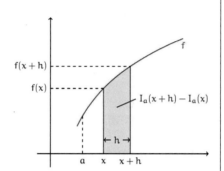

Den Zugang zur Ableitung finden wir über den Differenzenquotienten. Der Differenzenquotient von $I_a(x)$ an der Stelle x ist $\frac{I_a(x+h)-I_a(x)}{h}$.

Der Zähler des Differenzenquotienten kann als Inhalt des Flächenstücks unter dem Graphen von f von x bis $x + h$ interpretiert werden. Dieses Flächenstück lässt sich durch Rechtecksflächen abschätzen. Wenn f monoton wächst, gilt:

$$f(x) \cdot h \leqslant I_a(x+h) - I_a(x) \leqslant f(x+h) \cdot h.$$

Wenn wir diese Ungleichung durch h dividieren ($h > 0$), so erhalten wir eine Abschätzung für den oben angegebenen Differenzquotienten, der die mittlere Änderungsrate von I_a im Intervall $[x; x + h]$ beschreibt:

$$f(x) \leqslant \frac{I_a(x+h) - I_a(x)}{h} \leqslant f(x+h)$$

Beim Grenzübergang für $h \to 0$ strebt $f(x + h)$ gegen $f(x)$ (wegen der Stetigkeit von f). Der entsprechende Grenzwert des Differenzquotienten ist die Änderungsrate $I'_a(x)$ an der Stelle x. Damit gilt

$$f(x) \leqslant \lim_{h \to 0} \frac{I_a(x+h) - I_a(x)}{h} \leqslant f(x) \text{ und somit } I'_a(x) = f(x).$$

Abb. 4.3 Anschaulicher Beweis des Hauptsatzes. (Text und Darstellung analog zu Schmidt et al., 2015, S. 146)

---

10 *Genauer hingeschaut*

Bei dem obigen Beweis des Hauptsatzes wurde von der Stetigkeit von $f(x)$ Gebrauch gemacht. Angenommen, $f(x)$ hat eine Sprungstelle an der Stelle 2 (siehe Abbildung). Skizzieren Sie die zugehörige Integralfunktion. Begründen Sie, warum die Integralfunktion I_0 an der Stelle 2 nicht differenzierbar ist.

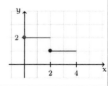

Abb. 4.4 Ergänzung zum Hauptsatz. (Text und Darstellung analog zu Schmidt et al., 2015, S. 146)

Die Hausaufgabe zu dem Thema lautete:

Die Schüler*innen sollen einen anschaulichen Beweis für den Hauptsatz der Differenzial-
und Integralrechnung kennenlernen. In Anlehnung an Danckwerts und Vogel (2006) passiert
dies in „Neue Wege" auf die folgende Weise: (Es folgt Abb. analog zu 4.1 bis 4.4.)

a) Bewerten Sie diesen „Beweis" aus hochschuldidaktischer Sicht: Benennen Sie die
   Lücken und Vereinfachungen. Erörtern Sie, inwiefern Sie diese für didaktisch vertretbar
   halten.
b) Erstellen Sie zu dem „Beweis" eine GeoGebra-Datei, […] Geben Sie Erläuterungen und
   aussagekräftige Screenshots ab, die den Aufbau der GeoGebra-Datei erläutern. Äußern
   Sie sich hier insbesondere zum Einsatzszenario und zu den angestrebten Lernzielen.
c) Wie würden Sie auf der Basis Ihrer kritischen Auseinandersetzung mit diesem Thema
   einen Beweis des Hauptsatzes in der Schule vermitteln?

Für eine fachdidaktische Analyse müssen sich Studierende u. a. die folgenden fach-
bezogenen Fragen beantworten können:

- Ist der Satz korrekt formuliert?
- Wie wird der Satz in der Fachwissenschaft bewiesen?
- Wo im Beweis geht die Stetigkeit ein? Warum ist sie eine wichtige Voraussetzung?

4.3.2.1 Stetigkeit und Differenzierbarkeit in der Hauptsatzformulierung

Zunächst ist zu analysieren, welche Wissensvoraussetzungen eingehen. Dazu gehört
der Begriff der Stetigkeit und der Begriff der Differenzier*barkeit*. Letzterer muss als
Eigenschaft einer Funktion von der Ableitung (zunächst an einer Stelle) unterschieden
werden. In der Lehrveranstaltung wurde der Umgang von Schulbüchern mit diesem
Begriff diskutiert. In *Neue Wege* stellt der Differenzierbarkeitsbegriff – wie in anderen
Schulbüchern auch - ein Randthema dar, das in Aufgaben vom Typ „Genau hingeschaut"
ausgelagert wird. Die Studierenden haben in der Lehrveranstaltung Argumente und
Möglichkeiten kennen gelernt, wie der Differenzierbarkeitsbegriff trotzdem im Unterricht behandelt werden kann. Dies führt zu besseren Voraussetzungen für die Behandlung
des Hauptsatzes.

Der Stetigkeitsbegriff wird in *Neue Wege* vor der der Behandlung des Hauptsatzes
nicht erwähnt, muss für diesen aber mindestens im Sinne der Fassung „Graph hat keine
Sprünge und Lücken" verfügbar sein, ggf. muss der Begriff jetzt beim Hauptsatz-
beweis eingeführt werden, gewissermaßen als beweiserzeugte Voraussetzung (Lakatos,
1976). Unstetige Funktionen als „pathologisch" und als für die Schule irrelevante Beispiele abzutun, wäre keine sinnvolle Maßnahme. Das Beispiel der Treppenfunktion

(Abb. 4.4) könnte noch umfassender aufgegriffen werden. Dies zeigt folgendes schulbezogene Beispiel einer unstetigen Funktion (Abb. 4.5). In allen aktuellen Schulbüchern werden beim Einstieg in die Integralrechnung ähnliche Treppenfunktionen verwendet, die idealisierend aus Sachkontexten entstehen. Das Beispiel in Abb. 4.5 entstammt Danckwerts und Vogel (2006). Man könnte solche den Schülerinnen und Schülern bereits bekannte Beispiele nutzen, um zu zeigen, an welchen Stellen der Hauptsatz gilt und an welchen nicht. Das würde die Kohärenz des Wissensaufbaus erhöhen.

Die rechte Graphik zeigt die Wassermenge nach t Minuten (wenn die Wassermenge am Anfang 0 war). Man kann sie als orientierten Flächeninhalt aus der Zuflussfunktion (links) berechnen oder – wenn der Integralbegriff eingeführt ist – als Integralfunktion. Es zeigt sich anschaulich, dass die Wassermengenfunktion an den beiden Unstetigkeitsstellen der Zuflussfunktion nicht differenzierbar ist (als Teil des concept image für Nicht-Differenzierbarkeit bei stetigen Funktionen würde hier „Knick haben" ausreichen).

Diese fachlichen Bezüge bei der Unstetigkeit zwischen Einführung des Integralbegriffs und Hauptsatz sollten Studierende der Paderborner Didaktik der Analysis Vorlesung kennen. Das Beispiel in Abb. 4.5 ist auch nicht geeignet, die Rekonstruktionsvorstellung des Integralbegriffs (Danckwerts & Vogel, 2006, S. 96; Greefrath et al., 2016), also die „Rekonstruktion der Bestandsfunktion aus der Änderungsratenfunktion" zu illustrieren, da die linke Funktion an zwei Stellen nicht die Änderungsratenfunktion der rechten Funktion darstellt. Dieses Beispiel wirft die Frage auf, welches fachliche Hintergundwissen hierzu eigentlich in der Analysis I oder an einer anderen Stelle hätte vermittelt werden müssen. In der Vorlesung wird darauf verwiesen, dass die einfache Sicht, dass die Integration die Umkehrung der Differentiation im Sinne von

$$\frac{d}{dx}\left(\int_a^x f(t)dt\right) = f(x)$$

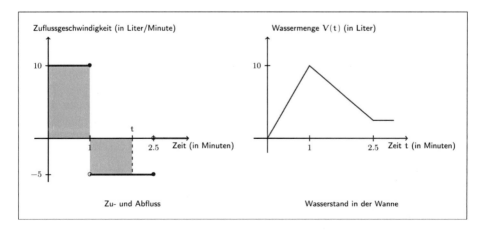

Abb. 4.5 Beispiel zur Einführung des Integralbegriffs. (Text und Darstellung analog zu Danckwerts & Vogel, 2006, S. 97 f.)

und

$$\int_a^x F^{'}(t)dt = F(x) - F(a)$$

ist, für stetige f und F' zutrifft. Dass diese Situation bei unstetigen Funktionen fachlich aber komplizierter ist, wird in der Vorlesung durch Verweis auf von Mangoldt und Knopp (1967, S. 128) erläutert. Ferner wird herausgestellt, dass diese Problematik historisch zur Entwicklung des Lebesgue-Integrals beigetragen hat (Verweis auf Edwards Jr., 1979, S. 336). Sarah Schlüter (2019) hat in ihrer Masterarbeit diese Zusammenhänge aufgearbeitet, aber wir sehen es als offenes Problem an, in welchem Umfang und in welchen Lehrveranstaltungen Teile dieses Wissens untergebracht werden können.

Wir wollen uns im Folgenden aber auf andere Aspekte des obigen Beweises aus *Neue Wege* konzentrieren, die in der Vorlesung thematisiert wurden und den Hintergrund für die Bearbeitung der Hausaufgabe abgaben.

4.3.2.2 Einzelaspekte des Beweises
Die Voraussetzung der Monotonie
Die folgenden Punkte sollten die Studierenden bei der Beschäftigung mit dem Beweis erkennen - aus Sicht des Dozenten.

- Die Monotonie (wachsend) ist eine wesentliche Voraussetzung für den vorgeschlagenen Beweisgang.
- Diese Voraussetzung zu machen, vereinfacht den Beweis wesentlich. Eine Bezugnahme auf den Mittelwertsatz der Integralrechnung ist dann nicht mehr nötig, ebensowenig wie Sätze über stetige Funktionen (Annahme des Maximums, Minimums). Das wurde als Vereinfachung auch von Kirsch (1976) vorgeschlagen und in der Vorlesung als solche herausgestellt.
- In einem lebendigen Beweisprozess ist es nicht untypisch, dass man zu machende Voraussetzungen im Prozess entdeckt: beweisgenerierte Voraussetzungen (Lakatos, 1976). In einem fertigen Beweis werden an der Hochschule aber alle Voraussetzungen vorher aufgeführt.
- Für die Behandlung des Beweises im Mathematikunterricht ist die Unterscheidung von Entdeckungsphase und Reinschrift des Beweises sinnvoll. Die Entscheidung des Schulbuchs, die Voraussetzung vom Himmel fallen zu lassen, ist eher problematisch.

Der Rückgriff auf Skizzen als Argumentationsbasis

- Metawissen: Bezugnahme auf eine Skizze ist in der **heutigen Hochschulmathematik** in einem fertigen Beweis nicht zugelassen, kann aber im Beweisprozess hilfreich sein (heuristische Funktion). Es muss geprüft werden, wieweit ein Beweis auf spezielle Eigenschaften der Skizze Bezug nimmt.
- Der Rückgriff auf Anschauung/Skizze ist in der **Schulmathematik** nicht nur unvermeidlich, sondern ein wesentliches Elementarisierungsmittel. Es muss aber kritisch

geprüft werden, insbesondere ob/wie anschauliche Anleihen fachmathematisch zu rechtfertigen wären.

Von dieser Perspektive her muss von den Studierenden erkannt werden, dass die Argumentation voraussetzt, dass $f \geq 0$ ist und sie auch nur für $h > 0$ durchgeführt wird. Es muss überlegt werden, ob die Argumentation für die fehlenden Fälle leicht ergänzt werden kann. Die Betrachtung von $h < 0$ muss als zentral erkannt werden, da man andernfalls nur die rechtsseitige Differenzierbarkeit gezeigt hätte. Die Gültigkeit der zentralen Ungleichung wird der Anschauung/der Skizze entnommen. Studierenden sollte bewusst werden, dass diese Abschätzung in einem hochschulmathematischen Aufbau bereits vorher bewiesen worden ist, dass es aber schulmathematisch legitim ist, so zu argumentieren, wenn man das Integral vorher als orientierte Flächeninhaltsfunktion definiert hat. Studierende haben dazu bemerkt, dass man die Ungleichung anschaulich noch besser stützen könnte, wenn man entsprechende Rechtecke der Breite h und der Höhe $I_a(x + h)$ bzw. $I_a(x)$ einzeichnen würde.

Die argumentative Verwendung der Stetigkeit
Selbst wenn man die Stetigkeit im Unterricht vorher als „ohne Lücken und Sprünge" eingeführt hätte, wird plötzlich die Limes-Eigenschaft der Stetigkeit verwendet. Diese Eigenschaft müsste geeignet auf den bisherig bekannten Stetigkeitsbegriff zurückgeführt werden.

4.3.3 Einige ausgewählte Bearbeitungen von Studierenden

Wir stellen im Folgenden einige Auszüge aus den Bearbeitungen der Studierenden vor, um das Spektrum von Argumenten und Einstellungen zu dokumentieren. Auch wenn wir hiermit keine qualitative empirische Studie, die den üblichen Qualitätsmaßstäben genügt, vorstellen, halten wir die Illustration verschiedener Typen von Bearbeitungsweisen und -qualitäten für nützlich für die weitere didaktische Diskussion. Eine vollständige, methodisch transparente und systematische Analyse der Bearbeitungen würde den Rahmen dieses Artikels sprengen.

Unter den Studierendenbearbeitungen kommt eher selten vor, dass die präzise stoffdidaktische Argumentation von Kirsch, die eine Elementarisierung rechtfertigt (Beweis unter der Annahme der Monotonie), aufgegriffen wird und nur gewisse Schwächen des Schulbuchbeweises im Rahmen dieser legitimen Elementarisierung herausgestellt und behoben werden.

Im Großen und Ganzen halten wir diesen Beweis des Hauptsatzes für didaktisch vertretbar. Es sollte jedoch darauf geachtet werden, noch einige Aspekte zu ergänzen, damit dieser Beweis auch vollständig ist.

Positiv an diesem Beweis anzumerken ist, dass die Schülerinnen und Schüler, dank der Vereinfachungen, diesen besser nachvollziehen können. Durch die anschaulichen Begründungen ist dieser Beweis didaktisch sehr wertvoll, da es nicht viele Beweise in der Schulmathematik gibt, die im Unterricht behandelt werden können. Dieser Beweis – auch wenn er mathematisch nicht ganz korrekt ist – stellt somit eine Möglichkeit dar, den Schülerinnen und Schülern Beweise näher zu bringen. Trotzdem sollte bei der Verwendung dieses Beweises in der Schule darauf geachtet werden, dass alle Voraussetzungen (Stetigkeit, Integrierbarkeit) genannt werden. Außerdem sollte der Beweis für eine allgemeine Funktion und nicht ausschließlich für eine monoton wachsende Funktion dargestellt werden. Ansonsten wäre dies kein vollständiger Beweis.

[Bewertung Studierende(r) A, fachwissenschaftliche Orientierung]

Wir sehen hier zwar einerseits eine Wertschätzung des Elementarisierungspotentials. Es wird allerdings nicht herausgestellt, dass die Monotonie eine wesentliche Voraussetzung dieses anschaulichen Beweisgangs ist und die Forderung, den Satz „für eine allgemeine Funktion" zu beweisen, in der Schule kaum realisierbar ist. Diese zentrale Komponente des den Studierenden zur Verfügung gestellten Artikels von Kirsch wird nicht erwähnt. Die „Lösung", den Schülerinnen und Schülern mitzuteilen, dass der Beweis für einen wichtigen Spezialfall geführt wird, er aber allgemeiner bewiesen werden kann, wird auch nicht vorgeschlagen. Dies ist vielleicht auch nicht verwunderlich, da solche Metabemerkungen zur Reichweite einer mathematischen Argumentation in aktuellen Schulbüchern und Mathematikunterricht bisher wenig vorkommen.

In teilweise ähnliche Richtung gehen folgende Antworten:

Eine weitere Lücke stellt für mich der Aspekt der Monotonie dar. Auch hier wird vereinfacht angenommen, dass die Funktion auf dem betrachteten Intervall monoton ist. Allerdings fehlt zum einen die Erläuterung, warum diese Annahmen bzw. Bedingungen gerade an dieser Stelle relevant ist, zum anderen kann hier, ähnlich wie bei der Stetigkeit gedacht werden, dass eine Ableitung nur von monotonen Funktionen gebildet werden kann. Diese Lücke sollte die Lehrkraft ebenfalls schließen, denn ohne eine Erklärung ist dies didaktisch meiner Meinung nach nicht vertretbar.

[Bewertung Studierende(r) B, fachwissenschaftliche Orientierung]

Es handelt sich also aus Hochschulsicht nicht um einen Beweis, sondern mehr um eine Elementarisierung, die viel vereinfacht und große Einschränkungen in Kauf nimmt, um in der Schule durchführbar zu sein. Für Grundkurse ist dies vielleicht eine gute Möglichkeit, um überhaupt eine Art Beweis zu dem Thema zu führen. Für gute Schülergruppen und Leistungskurse halte ich den Beweis für nicht vertretbar, da ich als Schüler selbst schon mehr „Vollständigkeit" in der Mathematik erwartet habe und so ein Beweis sicherlich bei vielen SuS Fragen aufwerfen würde wie: „x^2 ist nicht monoton wachsend als gilt das hier schon nicht?!"

[Bewertung Studierende(r) C, fachwissenschaftliche Orientierung]

Die drei Beispiele A, B und C werten wir als eine stark fachwissenschaftliche Orientierung, die den Sinn sorgfältiger didaktischer Elementarisierung nicht explizit wertschätzend zum Ausdruck bringt.

Ein stark schülerorientierter Verbesserungsvorschlag ist der Folgende, der die Verständlichkeit der Argumentation genau analysiert, und dabei über die der Vorlesung thematisierten Aspekte hinausgeht:

Sehr vage formuliert und dargestellt finde ich den Aspekt der beiden Rechtecks-Flächen, deren Differenz den Zählern des Differenzenquotienten darstellen. Meiner Meinung nach sollten diese in einer separaten Zeichnung noch einmal eingezeichnet werden, da sie dem Verständnis des Beweises helfen können. Auch könnten der Herkunft dieser Werte und Gleichungen deutlich mehr Aufmerksamkeit geschenkt werden, da es sicherlich einige Schülerinnen und Schüler gibt, die in der formalen Fachsprache Schwierigkeiten mit vorausgesetztem Wissen haben.
[Bewertung Studierende(r) D, schülerbezogene Orientierung]

Ein ähnlich schülerorientierter Vorschlag, der explizit auf fachdidaktisches Wissen Bezug nimmt, indem Erkenntnisse zum Variablenverständnis, die zu einem früheren Zeitpunkt in der Vorlesung behandelt wurden, herangezogen werden, ist der folgende:

Zuallererst könnte im Beweis klargestellt werden, dass die Stelle x, an der der Differenzenquotient von $I_a(x)$ betrachten werden soll, beliebig ist. Aus meiner Erfahrung heraus ist manchen SuS meist nicht bewusst, dass die Stelle x stellvertretend für alle aus dem Definitionsbereich definierten Stellen gilt. Dies ist zwar auch auf ein unzureichendes Variablenverständnis zurückzuführen und hat an dieser Stelle nicht unbedingt etwas mit der Grundidee des Beweises zu tun, könnte allerdings der besseren Beschreibung wegen kurz im Beweis angemerkt werden.
[Bewertung Studierende(r) E, schülerbezogene Orientierung mit Rückgriff auf fachdidaktische Kategorien]

Es gibt in den Antworten recht unterschiedliche und unsichere Positionierungen zum Umgang mit der Stetigkeit, die Anlass dazu geben, diesen Aspekt in Zukunft auch in der Didaktik der Analysis ausführlicher zu thematisieren, als das bisher der Fall war.

Einige Indizien sprechen dafür, dass es auch Studierende gibt, die den Stetigkeitsbegriff noch nicht hinreichend genau verstanden haben. Dafür steht der folgende Ausschnitt:

Zur weiteren Vereinfachung für Schülerinnen und Schüler, welche Schwierigkeiten mit dem Prozess $h \to 0$ haben, könnte am Ende noch der Zwischenschritt: „Für $h \to 0 : f(x + h) = f(x + 0) = f(x)$" eingefügt werden, um die Gleichheit $f(x + h) = f(x)$ für $h \to 0$ verständlicher zu gestalten.
[Bewertung Studierende(r) F]

Eine den Zielen der Vorlesung entsprechende Positionierung kommt in folgendem Zitat zum Ausdruck.

Im vorletzten Abschnitt findet sich die Anmerkung „(wegen Stetigkeit)". Für den Beweis eine fundamentale Voraussetzung, da sonst $f(x + h) \to f(x)$ für $h \to 0$ nicht immer gewährleistet ist. Diese wird hier deshalb aber verkürzt angemerkt, da eine differenzierte Betrachtung des Stetigkeitsbegriffs meist in der Schule ausgeschlossen wird und nur auf einfache Weise (stetig = Stift wird nicht abgesetzt) angesprochen wird. Lehrkräfte sind hier angewiesen, den SuS bei aufkommenden Fragen zum Begriff Stetigkeit behilflich zu sein. Da es in der Schule allerdings keine große Rolle spielt, ist es angemessen, das Thema Stetigkeit etwas außen vor zu lassen.
[Bewertung Studierende(r) G]

Studierende(r) G thematisiert hier die Rolle des Fachwissens, das verfügbar sein muss, wenn Nachfragen von Schülerinnen und Schülern kommen. Das „Niedrighängen" der

Stetigkeit wird für den normalen Unterricht als didaktisch sinnvoll gewertet. Trotzdem, so die Einstellung, muss die Lehrkraft hier über das entsprechende Fachwissen verfügen.

> Trotz der vielen Kritik würde ich den Beweis auf Basis des Beweises aus der Aufgabe führen. Gerade der Punkt, dass der Beweis an bestehendes Wissen der SuS anknüpft halte ich für sehr sinnvoll. Ich würde es zu diesem Zeitpunkt aber vermeiden, die Stetigkeit mit in den Beweis einfließen zu lassen. Der Satz $f(x) = f(x_0)$ wird durch die GeoGebra-Datei sowieso überflüssig, da $f(x + h)$ grafisch visualisiert wird.
> [Bewertung Studierende(r) H]

Studierende(r) H vertritt hingegen eine Position, die durchaus der Praxis vieler Schulbücher und mancher fachdidaktischen Vorschläge entspricht, graphische, analytische und numerische „Argumentationen" als gleichsam gleichberechtigt anzusehen. Gerade der Rechnereinsatz erhöht das didaktisch Potential von numerischen und graphischen Illustrationen sehr stark, ohne dass aber die Reichweite dieser Argumentationen in den Schulbüchern angemessenen thematisiert wird. Dies wurde in der Vorlesung durchaus thematisiert, wird aber hier von H nicht aufgegriffen. Wir sehen hierin aber durchaus auch einen Hinweis auf sinnvollen Verbesserungen der Vorlesung, indem man dieses Thema systematischer aufgreift. Auch tiefere fachdidaktische Forschungen scheinen notwendig, um die Rolle graphischer Argumentationen im Analysisunterricht noch weiter zu klären. Witzkes (2014) Forschungen gehen in diese Richtung, ebenso wie die Arbeiten von Weber und Mejía-Ramos (2019).

4.3.4 Zusammenfassung zur Lehrveranstaltung Didaktik der Analysis

Bezogen auf die Notwendigkeit und die Förderung fachdidaktischer Urteilskompetenz, können drei Schlüsse aus diesem Einblick in die Veranstaltung *Didaktik der Analysis* gezogen werden: Die Aufgabenstellung selbst ist ein Beispiel dafür, wie die Notwendigkeit des Fachwissens verdeutlicht und die professionsbezogene Nutzung des Fachwissens geübt werden kann. Ferner zeigt das gewählte Schulbuchbeispiel die Relevanz von Fachwissen als Grundlage fachdidaktischer Urteilskompetenz, das für die Beurteilung angemessener Elementarisierungen notwendig, aber nicht hinreichend ist und durch genuin fachdidaktisches Wissen ergänzt werden muss. Die Studierendenbearbeitungen zeigen, dass das Fachwissen nicht automatisch durch eine erfolgreich absolvierte Analysis-Veranstaltung in dieser Funktion verfügbar sein muss. Der Aufbau einer Beurteilungskompetenz, die nicht einfach die Meinung vertritt, in der Schule könne sowieso keine exakte Mathematik betrieben werden und es sei dann deshalb praktisch alles erlaubt, was den Schülerinnen und Schülern ein anschauliches Verständnis ermöglicht, hat sich als schwierig erwiesen und stellt eine bleibende Herausforderung für fachdidaktische Lehrveranstaltungen dar.

4.4   Schlussbemerkungen

Wir haben zu Beginn dieses Beitrags erklärt, wie wir fachdidaktische Urteilskompetenz als Vorstufe professioneller Handlungskompetenz sehen, und begründet, warum mathematisches Fachwissen für beides eine notwendige, aber nicht hinreichende Grundlage darstellt. Aus zwei Perspektiven heraus haben wir sowohl die Notwendigkeit des mathematischen Fachwissens zum Fällen fachdidaktischer Urteile unterstrichen als auch Möglichkeiten zur Förderung der fachdidaktischen Urteilskompetenz in fachwissenschaftlichen und fachdidaktischen Lehrveranstaltungen aufgezeigt.

Dabei haben wir uns in diesem Beitrag bewusst dafür entschieden, einzelne Fälle im Detail zu analysieren. Auf diese Weise konnten wir insbesondere die subtile Rolle herausarbeiten, die hochschulmathematische Überlegungen beim Fällen mathematikdidaktischer Urteile spielen können. Die Beispiele aus beiden Perspektiven zeigen, dass Reflexionen über Schulmathematik schnell zu hochschulmathematische Themen hinführen. Die passenden – laut Studienplan in einer Fachveranstaltung gelernte Inhalte – stehen oft in fachdidaktischen Kontexten nicht aktiv zur Verfügung. Fachdidaktische Veranstaltungen bieten das Potenzial, an Beispielen explizit auf die Rolle des Fachwissens hinzuweisen und dieses zur Fällung fachdidaktischer Urteile zu nutzen (siehe Perspektive 2). In fachinhaltlichen Lehramtsvorlesungen kann eine professionsbezogene Systematisierung von Veranstaltungsinhalten (Schnittstellenaspekte) in der Vorlesung und der Einsatz von Schnittstellenaktivitäten in den Übungen dabei helfen, dass das gelernte Fachwissen professionsbezogen zur Verfügung steht (siehe Perspektive 1).

Offen ist die Frage, welchen Umfang dieser explizite Umgang mit der zweiten Diskontinuität einnehmen soll. Auf der einen Seite kann die Konzeption fachinhaltlicher Veranstaltungen nicht dem Professionsbezug jedes einzelnen behandelten Inhalts untergeordnet werden. Insbesondere kann der Professionsbezug nicht jedes Mal expliziert werden. Beides ist weder aus organisatorischer Sicht möglich, da die Veranstaltungen oft zusammen mit Fachstudierenden besucht werden, noch aus inhaltlicher Sicht sinnvoll, da Inhalte dann ggf. losgelöst von ihrer fachsystematischen Einordnung betrachtet würden. Auf der anderen Seite können sich mathematikdidaktische Veranstaltungen nicht ausschließlich der expliziten Nutzung fachwissenschaftlicher Kompetenzen in professionsorientierten Situationen widmen, da der Bereich der dort zu fördernden Kompetenzen sehr viel breiter ist.

Darüber hinaus belegt die aktuelle hochschuldidaktische Diskussion auch, dass in den Fachveranstaltungen des ersten Studienjahrs zunächst einmal mit der ersten Diskontinuität umgegangen werden muss. Manche innovative Lehrveranstaltungen thematisieren darin zugleich auch die zweite Diskontinuität. Es erscheint uns aber ungeklärt, wieweit es sinnvoll ist, beides gleichzeitig überhaupt zu tun oder gar ausschließlich zu Studienbeginn. Wir haben Möglichkeiten aufgezeigt, die zweite Diskontinuität in späteren Lehrveranstaltungen zu bearbeiten.

Diese Überlegungen münden unter anderem in der Frage: Wie schaffen wir es, dass wichtiges Fachwissen den Studierenden langfristig als Ressource zum professionellen Handeln zur Verfügung steht? Die Formulierung und Nutzung von Schnittstellenaspekten und das explizite Wiederaufgreifen von Fachwissen in Didaktikveranstaltungen kann hier ein vielversprechender Weg sein. Beides erfordert aber auch Lehrende, die bereit sind, sich diesen anspruchsvollen Aufgaben zu widmen. Eine durchdachte und systematische Implementation solcher Verknüpfungen bedarf aber auch einer entsprechend durchdachten und gesamtheitlichen Gestaltung der Studienpläne.

Literatur

Ball, D. L., & Bass, H. (2002). Toward a practice-based theory of mathematical knowledge for teaching. In E. Simmt & D. Brent (Hrsg.), *Proceedings of the 2002 Annual Meeting of the Canadian Mathematics Education Study Group* (S. 3–14). CMESG/GCEDM.

Ball, D. L., & Bass, H. (2009). With an eye on the mathematical horizon: Knowing mathematics for teaching to learners' mathematical futures. *Beiträge zum Mathematikunterricht, 2009*, 11–22.

Bauer, T., & Hefendehl-Hebeker, L. (2019). *Mathematikstudium für das Lehramt an Gymnasien.* Springer Spektrum.

Baumert, J., & Kunter, M. (2011a). Das Kompetenzmodell von COACTIV. In M. Kunter, J. Baumert, W. Blum, U. Klusmann, S. Krauss, & M. Neubrand (Hrsg.), *Professionelle Kompetenz von Lehrkräften: Ergebnisse des Forschungsprogramms COACTIV* (S. 29–53). Waxmann.

Baumert, J., & Kunter, M. (2011b). Das mathematikspezifische Wissen von Lehrkräften, kognitive Aktivierung im Unterricht und Lernfortschritte von Schülerinnen und Schülern. In M. Kunter, J. Baumert, W. Blum, U. Klusmann, S. Krauss, & M. Neubrand (Hrsg.), *Professionelle Kompetenz von Lehrkräften: Ergebnisse des Forschungsprogramms COACTIV* (S. 163–192). Waxmann.

Biggs, J. (1996). Enhancing teaching through constructive alignment. *Higher Education, 32*(32), 347–364.

Blömeke, S., Gustafsson, J. E., & Shavelson, R. J. (2015). Beyond dichotomies: Competence viewed as a continuum. *Zeitschrift fur Psychologie/Journal of Psychology, 223*(1), 3–13.

Blum, W., & Kirsch, A. (Hrsg.). (1979). Anschaulichkeit und Strenge in der Analysis IV. *Der Mathematikunterricht, 25*(3).

Blum, W., & Törner, G. (1983). *Didaktik der Analysis.* Vandenhoeck & Ruprecht.

Bruner, J. S. (1970). *Der Prozess der Erziehung.* Schwann

Büchter, A., & Henn, H.-W. (2010). *Elementare analysis.* Spektrum Akademischer Verlag.

Danckwerts, R., & Vogel, D. (2006). *Analysis verständlich unterrichten.* Spektrum Akademischer Verlag.

Dreher, A., Lindmeier, A., & Heinze, A. (2016). Conceptualizing professional content knowledge of secondary teachers taking into account the gap between academic and school mathematics. In C. Csíkos, A. Rausch, & J. Szitányi (Hrsg.), *Proceedings of 40th conference of the international group for the psychology of mathematics education 2* (S. 219–226).

Edwards, C. H., Jr. (1979). *The historical development of the calculus.* Springer.

Forster, O. (2013). *Analysis 1 Differential- und Integralrechnung einer Veränderlichen* (12. Aufl.). Vieweg.

Greefrath, G., Oldenburg, R., Siller, H.-S., Ulm, V., & Weigand, H.-G. (2016). *Didaktik der Analysis. Aspekte und Grundvorstellungen zentraler Begriffe.* Springer Spektrum.

Griesel, H., Gundlach, A., Postel, H., & Suhr, F. (2015). *Elemente der Mathematik. Nordrhein-Westfalen. Qualifikationsphase Leistungskurs.* Bildungshaus Schulbuchverlage.

Heuser, H. (2001). *Lehrbuch Analysis Teil 1* (14. Aufl.). Teubner.

Hoth, J., Jeschke, C., Dreher, A., Lindmeier, A., & Heinze, A. (2019). Ist akademisches Fachwissen hinreichend für den Erwerb eines berufsspezifischen Fachwissens im Lehramtsstudium? Eine Untersuchung der Trickle-down-Annahme. *Journal für Mathematik-Didaktik, 41*(2), 329–356.

Iversen, B. (1992). An invitation to geometry. *Aarhus Universitet, Matematisk Institut: Lecture Notes Series 59.*

Kirsch, A. (1976). Eine „intellektuell ehrliche" Einführung des Integralbegriffs in Grundkursen. *Didaktik der Mathematik, 4*(2), 87–105.

Klein, F. (1908). *Elementarmathematik vom höheren Standpunkte aus. Teil I: Arithmetik, Algebra, Analysis.* B. G. Teubner.

KMK. (2012). *Bildungsstandards im Fach Mathematik für die Allgemeine Hochschulreife. (Beschluss der Kultusministerkonferenz vom 18.10.2012).* Kultusministerkonferenz.

Kunter, M., Kleickmann, T., Klusmann, U., & Richter, D. (2011). Die Entwicklung professioneller Kompetenz von Lehrkräften. In M. Kunter, J. Baumert, W. Blum, U. Klusmann, S. Krauss, & M. Neubrand (Hrsg.), *Professionelle Kompetenz von Lehrkräften: Ergebnisse des Forschungsprogramms COACTIV* (S. 55–68). Waxman.

Lakatos, I. (1976). *Proofs and refutations: The logic of mathematical discovery.* Cambridge University Press.

Neubrand, M. (2018). Conceptualizations of professional knowledge for teachers of mathematics. *ZDM Mathematics Education, 50*(4), 601–612.

Prediger, S. (2013). Unterrichtsmomente als explizite Lernanlässe in fachinhaltlichen Veranstaltungen. In C. Ableitinger, J. Kramer, & S. Prediger (Hrsg.), *Zur doppelten Diskontinuität in der Gymnasiallehrerbildung* (S. 151–168). Springer.

Prediger, S. (2019). Investigating and promoting teachers' expertise for language-responsive mathematics teaching. *Mathematics Education Research Journal, 31*(4), 367–392.

Prediger, S., & Hefendehl-Hebeker, L. (2016). Zur Bedeutung epistemologischer Bewusstheit für didaktisches Handeln von Lehrkräften. *Journal für Mathematik-Didaktik, 37*(1), 239–262.

Schlüter, S. (2019). *Der Hauptsatz der Differential- und Integralrechnung im Kontext verschiedener Integralbegriffe aus fachmathematischer und fachdidaktischer Sicht.* Masterarbeit. Universität Paderborn.

Schmidt, G., Lergenmüller, A., & Körner, H. (Hrsg.). (2015). *Mathematik Neue Wege. Arbeitsbuch für Gymnasien. Qualifikationsphase. Nordrhein-Westfalen. Leistungskurs.* Bildungshaus Schulbuchverlage.

Shulman, L. S. (1986). Those who understand: Knowledge growth in teaching. *Educational Researcher, 15*(2), 4–14.

Siebenhaar, S., Scholz, N., Karl, A., Hermann, C., & Bruder, R. (2013). E-Portfolios in der Hochschullehre. Mögliche Umsetzungen und Einsatzszenarien. In C. Bremer & D. Krömker (Hrsg.), *E-Learning zwischen Vision und Alltag* (S. 407–412). Waxmann.

UPB. (2016). Besondere Bestimmungen der Prüfungsordnung für den Bachelorstudiengang Lehramt an Gymnasien und Gesamtschulen mit dem Unterrichtsfach Mathematik an der Universität Paderborn.

http://plaz.uni-paderborn.de/lehrerbildung/lehramtsstudium-und-pruefungen/lehramtsstudium-bachelor-of-education/bachelor-of-education-fuer-die-lehraemter-g-hrsge-gyge-bk-mit-gleichwertigen-faechern-und-sp/pruefungsordnungen-bed-ab-wise-201617/. Zugegriffen: 14. Apr. 2017.

von Mangoldt, H., & Knopp, K. (1967). *Integralrechnung und ihre Anwendungen, Funktionentheorie, Differentialgleichungen* (13. Aufl.). Hirzel.

Weber, K., & Mejia-Ramos, P. (2019). An empirical study on the admissibility of graphical inferences in mathematical proofs. In A. Aberdein & M. Inglis (Hrsg.), *Advances in experimental philosophy of logic and mathematics* (S. 123–144). Bloomsbury.

Witzke, I. (2014). Zur Problematik der empirisch-gegenständlichen Analysis des Mathematikunterrichtes. *Der Mathematikunterricht, 60*(2), 19–31.

Wu, H.-H. (2011). The mis-education of mathematics teachers. *Notices of the AMS3 58*(3), 34–37.

Mathematik erleben um zu lernen – das Erkundungskonzept für die Vorlesung Arithmetik und Geometrie im Lehramtsstudium für die Grundschule

5

Andreas Eichler, Elisabeth Rathgeb-Schnierer und Thorsten Weber

Zusammenfassung

In dem Beitrag stellen wir ein Lehrprojekt für die Ausbildung von Grundschullehrkräften an der Universität Kassel vor. Anhand eines Erkundungskonzepts sollen Studierende lernen, Mathematik aktiv zu betreiben. Als Ausgangspunkt der Erkundungen werden Aufgaben aus Grundschulbüchern genutzt und dran anknüpfend die mathematischen Themen aus der Perspektive der Hochschularithmetik und -geometrie entwickelt, verallgemeinert und begründet. Wesentliches Ziel der mathematischen Arbeit ist dabei das Systematisieren mathematischer Phänomene, die Formulierung von Sätzen zu diesen Phänomenen und schließlich das Begründen und Beweisen der Sätze. In dem Beitrag betten wir unseren Ansatz in Lerntheorien ein und erläutern den Ablauf im Detail. Als Evaluation betrachten wir die Überzeugungen der Studierenden zur Relevanz der der Hochschulmathematik für die spätere berufliche Laufbahn.

A. Eichler (✉) · E. Rathgeb-Schnierer · T. Weber
Fachbereich Mathematik und Naturwissenschaften; Didaktik der Mathematik, Universität Kassel, Kassel, Deutschland
E-Mail: eichler@mathematik.uni-kassel.de

E. Rathgeb-Schnierer
E-Mail: rathgeb-schnierer@mathematik.uni-kassel.de

T. Weber
E-Mail: thorsten.weber@uni-kassel.de

© Der/die Autor(en), exklusiv lizenziert durch Springer-Verlag GmbH, DE, ein Teil von Springer Nature 2022
V. Isaev et al. (Hrsg.), *Professionsorientierte Fachwissenschaft*, Konzepte und Studien zur Hochschuldidaktik und Lehrerbildung Mathematik,
https://doi.org/10.1007/978-3-662-63948-1_5

5.1   Einleitung

Fachliche Expertise gehört zur professionellen Kompetenz aller Mathematiklehrkräfte
(z. B. Baumert & Kunter, 2006). Diese fast selbstverständliche Feststellung basiert
wesentlich auf der Tatsache, dass fachliche mit didaktischer Expertise zusammenhängt
und damit auch mit dem Erfolg von Schülerinnen und Schülern (Kunter et al., 2011).
Allerdings ist auch bekannt, dass der Erwerb fachlicher Expertise im Übergang von
der Schule zur Hochschule für Studierende aller mathematikhaltigen Studiengänge mit
erheblichen Hürden und einer Art Übergangsschock verbunden ist (Gueudet, 2008).
Obwohl dieser in der Literatur unseres Wissens für das Lehramt an Grundschulen kaum
untersucht wurde, gehen wir als Grundannahme davon aus, dass auch für Studierende
des Lehramts Grundschule die Anpassung von schulischer Mathematik zur Mathematik
der Hochschule fachlich überfordernd und demotivierend sein kann (vgl. dazu Heublein
et al., 2010), insbesondere weil diese Kohorte an vielen Hochschulen Mathematik
studieren muss. Eine Folge dessen scheint bei Studierenden des Grundschullehramts
weniger ein Studienabbruch zu sein, sondern vielmehr die studienbegleitende und
die professionelle Tätigkeit negativ beeinflussende Geringschätzung der Hochschulmathematik (vgl. für andere Lehrämter Hefendehl-Hebeker, 2013).

   In diesem Kontext ist das Lehrprojekt zu verstehen, das hier konzeptionell und mit
ersten Evaluationsergebnissen vorgestellt wird. Es basiert auf der Annahme, dass den
Grundschullehrkräften bei der grundlegenden mathematischen Bildung von Schülerinnen
und Schülern eine entscheidende Rolle zukommt und es deshalb von großer Bedeutung
ist, einen Schwerpunkt bei der Innovation in der mathematischen Ausbildung auf dieses
Klientel zu legen, das die mathematische Sozialisation der zukünftigen Gesellschaft
maßgeblich prägt. Daher steht die mathematische Ausbildung von zukünftigen Lehrkräften der Grundschule im Zentrum unserer Arbeit, nicht wegen der Tiefe der in diesem
Studium diskutierten Mathematik, sondern wegen der gesellschaftlichen Bedeutung,
diesen Studierenden das Betreiben von Mathematik als Erfahrung zu ermöglichen und
damit eine spezifisches Verständnis von Mathematik zu prägen.

   Als zentrales Ziel steht in dem Lehrprojekt das Verstehen von Mathematik
aus zwei unterschiedlichen Perspektiven im Vordergrund. Es geht darum, dass
Studierende zum einen Mathematik aktiv betreiben und sie nicht als rezipierbares
„Fertigprodukt", sondern als „Tätigkeit" (Freudenthal, 1963, S. 12 ff.) verstehen
(fachliche Verstehensperspektive) und zum anderen die Relevanz der Hochschulmathematik für ihre spätere Berufspraxis erfassen (Mathematik und Profession verbindende Verstehensperspektive, vgl. Albrecht & Karabenick, 2018). Die Ziele und die
theoretischen Hintergründe verdeutlichen wir im Folgenden an einem konkreten Beispiel aus der Veranstaltung und diskutieren danach Ergebnisse der Evaluation der Veranstaltung.

5.2 Das Erkundungskonzept und seine theoretische Einbettung

5.2.1 Erkundungen

In diesem Abschnitt wird die allen Erkundungsaufgaben zugrunde liegende Struktur anhand eines Beispiels beschrieben.

Einstieg
Kern des Erkundungskonzepts sind die Erkundungen selbst. Jede Erkundung basiert auf einer problemhaltigen Aufgabe aus einem Schulbuch der Grundschule (Abb. 5.1), die zum Einstieg in die Erkundung von den Studierenden bearbeitet wird.

Erkundung I
In der ersten Erkundung wird in drei Schritten der Weg von der Schule in die Hochschule durch Verallgemeinerung angeregt (Abb. 5.1): Im ersten Schritt werden Studierende aufgefordert, Beispiele zu erzeugen und daraus eine Verallgemeinerung zu entwickeln. In der dargestellten Erkundungsaufgabe soll also ausgehend von Aufgabe 1 des Schulbuchs, in der es um die Anzahl der Körner auf einem Feld geht, die Summe der Weizenkörner bis zu einem beliebigen Feld n bestimmt werden. Diese Erkundung ist im Gesamtkonzept nicht die erste, sodass hier die Studierenden bereits eine gewisse Gewöhnung an systematisches Vorgehen erfahren haben. Das bedeutet im Bereich der Arithmetik mit kleinen natürlichen Zahlen zu beginnen (hier etwa mit $n = 1$) und anschließend nur minimal zu variieren (hier etwa mit $n = 2$). Ziel des ersten Schritts ist stets das Erkennen einer Invariante bzw. eines Musters. Werden also für verschiedene natürliche Zahlen systematisch Partialsummen erzeugt, so ergibt sich das Muster, dass die Summe aller Körner bis zu einem bestimmten Feld n stets um eins kleiner ist als die Anzahl der Körner, die auf dem nächsten Feld $(n + 1)$ liegen.

Im zweiten Schritt (Abb. 5.2) geht es darum, die Erkenntnis aus dem ersten Schritt in einem mathematischen Satz zu formulieren. Das gemeinsame Formulieren mathematischer Sätze ist expliziter Bestandteil der Veranstaltung mit dem Ziel, die Studierenden dazu zu befähigen, die Struktur mathematischer Sätze zu verstehen und anwenden zu können. Dabei wird zunächst herausgestellt, was mit einem Satz beschrieben wird, nämlich die Erkenntnis zu einem Muster in mathematischen Phänomenen. Weiter soll durch eine wiederkehrende und vereinheitlichte Syntax die Struktur mathematischer Sätze verdeutlicht werden. So wird bei der Formulierung stets darauf geachtet, den Charakter der Allaussage wie auch die Trennung von Voraussetzung und Folgerung deutlich zu machen. In dem hier gewählten Beispiel wird danach folgende Formulierung angestrebt:

72   Flächen vergrößern und verkleinern

Die Weizenkornlegende

Vor vielen, vielen Jahren erfand ein kluger Mann das Schachspiel. Er führte es dem König vor. Dieser war von dem Spiel sehr angetan und stellte ihm daraufhin einen Wunsch frei, der ihm in jedem Fall erfüllt werden sollte. Der Erfinder überlegte eine Weile und äußerte dann seinen Wunsch:

„Ich hätte gerne für das erste Feld meines Schachspiels ein Weizenkorn, für das zweite Feld doppelt so viel, also 2 Weizenkörner. Für das dritte Feld doppelt so viel wie für das zweite, für das vierte doppelt so viel wie für das dritte und so weiter bis zum 64 Feldes des Schachbrettes."

Der König war erstaunt ob des ihm so gering vorkommenden Wunsches und gewährte ihm diesen freimütig. So viel könnte das doch gar nicht sein, dachte er.

Denkt ihr auch wie der König?

1. Mit viel Geduld und einem Taschenrechner kannst du ausrechnen, wie viele Weizenkörner auf dem letzten Feld liegen würden.

Die Künstlerin Rune Mields (1978) hat die Weizenkornlegende bildlich dargestellt: Sie hatte die Idee, statt eines Weizenkorns ein kleines Quadrat zu zeichnen und 64-mal zu verdoppeln.

2.
   a. So begann Rune Mields ihr erstes Bild.
      Nehmt einen Bogen Millimeterpapier und versucht es nachzugestalten. Wie geht es weiter?

   b. Vergleicht die Flächen. Beschreibt, wie sich Länge und Breite der Flächen verändern. Schreibt auf, wie oft das kleinste Quadrat in die anderen Figuren passt.

Fläche	Breite in mm	Länge in mm	Flächeninhalt in Millimeterquadraten
1	2	2	4
2	2	4	8
3	4	4	16
...	...	...	...

Wenn man, vom kleinsten Quadrat ausgehend, fortgesetzt verdoppelt, entsteht zum Schluss ein Rechteck, dass etwa 4295km breit ist und doppelt so lang. Das Rechteck ist so groß, dass ganz Europa in dieses Rechteck hineinpasst.

Aufgaben aus Schütte, S. (2016): Die Matheprofis 4, Oldenbourg Schulbuchverlag: München, 72

Abb. 5.1 Problemhaltige Aufgabe adaptiert nach *Die Matheprofis 4* (Schütte, 2006, S. 72)

Arithmetik und Algebra (Vertiefung), SS 2020

Erkundung I zu „Flächen vergrößern und verkleinern",
Die Matheprofis 4, S. 72

Sie haben die entsprechende Seite aus dem Schulbuch „Die Matheprofis" erhalten.

Erkundungsaufträge:

1. Vorbereitung: Arbeiten Sie die Schulbuchaufgabe so durch, dass Sie mit dem Sachkontext der Schulbuchseite vertraut sind.

2. Erkundung I: Bearbeiten Sie die Aufgabe 1 der Schulbuchseite intensiver. Dort wird die Anzahl der Körner auf dem letzten Feld betrachtet. In dieser Aufgabe soll dagegen die Anzahl (Summe) aller Körner bis zu einem bestimmten Feld betrachtet werden.

    a. Bestimmen Sie für verschiedene Felder n die Summe aller Körner bis zu diesem Feld.

    b. Formulieren Sie einen Satz zu der Summe von Weizenkörnern auf den ersten n Feldern (falls Sie andere Entdeckungen gemacht haben, formulieren Sie auch diese in einem Satz).

    c. Finden Sie eine Begründung für Ihren in b) formulierten Satz. Es kann evtl. helfen, wenn Sie zunächst eine Begründung für eine bestimmte Anzahl von (z.B. n = 4) Feldern suchen und diese anschließend verallgemeinern.

3. Erkundung II: Untersuchen Sie das Problem, wenn man stets die Anzahl der Weizenkörner verdreifacht, vervierfacht, ver-k-facht (vergleichen Sie die jeweilige Summe und die Potenzen von 3, 4 bzw. n).

4. Abschluss: Denken Sie daran, Ihre Vorgehensweise zu reflektieren.

Andreas Eichler

UNIKASSEL VERSITÄT

Abb. 5.2 Erkundungsaufgaben für die Hochschule

Beispiel

Für alle natürlichen Zahlen n gilt:

Wenn S_n die Summe der ersten n Potenzen von 2 ist (einschließlich der nullten Potenz), also $S_n = 2^0 + 2^1 + \cdots + 2^{n-1}$,

dann gilt $S_n = 2^n - 1$. ◄

Diese bei manchen Sätzen fast sperrige Art der Formulierung wird durchgehalten, um stets die Möglichkeit zu haben, einen Satz zu drehen bzw. die Drehung zu untersuchen oder auch den Ansatz des Widerspruchsbeweises begründen zu können.

Die Formulierung mathematischer Sätze wird im Erkundungskonzept sukzessive entwickelt und in den Vorlesungen systematisiert. Die später konventionalisierte Formulierung der Sätze ist also das Ergebnis eines Prozesses, der ungefähr ein halbes Semester dauert.

Im dritten Schritt erfolgt das Beweisen der zuvor formulierten Sätze auf verschiedene Arten. Generische Beweise könnten etwa mit figurierten Zahlen vorgenommen werden, diese werden aber stets durch symbolisch repräsentierte, direkte Beweise ergänzt. Je nach Erkundung verwenden wir zudem Widerspruchsbeweise oder die vollständige Induktion. Dabei werden die Unterschiede der Beweisformen und deren jeweilige Begründung herausgearbeitet.

Erkundung II und Reflexion
Über diese obligatorischen Aufgaben hinaus enthalten alle Erkundungen zwei weitere Aufgaben. Die erste ist im Sinne einer fakultativen Zusatzaufgabe zu verstehen (Erkundung II). Sie umfasst eine Verallgemeinerung in einer weiteren Stufe und ist Gegenstand der systematisierenden Vorlesung, die sich den individuellen Erkundungen anschließt (s. u.). Im gegebenen Beispiel besteht die Verallgemeinerung darin, die Aufsummierung der Potenzen für beliebige Basen (aus den natürlichen Zahlen) zu entwickeln. Die zweite Aufgabe enthält die Aufforderung, die eigene Vorgehensweise zu reflektieren und intendiert damit die Förderung von Metakognition. Zur Reflexion gehört die Dokumentation der Vorgehensweise mitsamt einer Begründung, die Art der Darstellung, die wiederholenden Präsentation der zentralen Ergebnisse bzw. Erkenntnisse jeglicher Form und der mögliche individuelle Zugewinn für den Unterricht an einer Grundschule.

5.2.2 Theoretische Einbettung

Warum der Start mit einer Seite aus einem Grundschulbuch?
Der Start mit einer konkreten Schulbuchseite stellt adressaten- und professionsbezogene Erkundungsaufgaben in den Mittelpunkt, die zunächst für die Grundschule konzipiert wurden und das aktiv- entdeckende Mathematiklernen (Wittmann, 1990) in Eigen- und

Ko-Konstruktion anregen sollen. Der Start mit einer Seite eines Grundschulbuchs lässt sich aber auch lerntheoretisch anhand des Ansatzes der „situierten Kognition" (z. B. Greeno, 1998) begründen. Als Beitrag der Kognitionspsychologie zum Konstruktivismus (Siebert, 1999) fokussiert dieser Ansatz insbesondere Fragen des Lehrens und Lernens. Lernen wird hier als ein von der Situation abhängiger Prozess betrachtet, bei dem die Lernenden eine aktive Rolle einnehmen und ihr Wissen in einem dialogischen Prozess mit der materiellen und der sozialen Umwelt konstruieren (Reinmann-Rothmeier & Mandl, 1997). Lernen im Sinne der situierten Kognition setzt voraus, dass sich Lerngelegenheiten inhaltlich an den „komplexen, lebens- und berufsnahen, ganzheitlich zu betrachtenden Problembereichen orientieren" (Dubs, 1995, S. 890). Die Situierung besteht im Erkundungskonzept darin, anhand einer Grundschulbuchseite die lebens- und berufsnahen Problembereiche der zukünftigen Mathematiklehrkräfte in der Grundschule aufzugreifen und die Studierenden damit Mathematik so entdecken und entwickeln zu lassen, wie es für das spätere Lehren intendiert wird.

Das Ziel, durch die Situierung des Lerngegenstands in der avisierten Schulform die Überzeugungen der Studierenden zur Relevanz des Lerngegenstands zu erhöhen (Mathematik und Profession verbindende Verstehensperspektive) hat sich im Lehramtsstudium bereits als erfolgreich erwiesen (vgl. Isaev, Eichler & Bauer in diesem Band). Die Verbesserung der fachlichen Leistungen durch Situierung, die in der Lehrerbildung nicht belegt ist (Hartinger et al., 2001), stellt zumindest als unmittelbare Wirkung kein Ziel des Erkundungskonzepts dar.

Warum der Erkundungsweg von Schule zur Hochschule?
Basierend auf dem Ansatz der situierten Kognition orientieren wir uns bei der Entwicklung des Erkundungskonzepts auf dem Weg von Schule zur Hochschule an zwei verschiedenen Instruktionsansätzen, dem *cognitive-apprenticeship-Ansatz* und dem *anchored-instruction-Ansatz*.

Der *cognitive-apprenticeship-Ansatz* ist dadurch gekennzeichnet, dass die Enkulturation in fachspezifische Praktiken durch die Bearbeitung von problemorientierten Aufgaben angeregt wird, anhand derer fachspezifische Denk- und Arbeitsweisen entwickelt werden können (Collins et al., 1987). Die Dreiteilung der Erkundungsaufgaben im Hochschulkontext ist eine normative Setzung. Ziel des Erkundungskonzepts ist mit dem konkreten Bezug zur Hochschulmathematik die mathematische Enkulturation der Studierenden im Sinne einer mathematical sophistication (Seaman & Szydlik, 2007). Die Zielrichtung der Enkulturation umfasst dabei die Frage, was Mathematik und das Betreiben von Mathematik ausmacht. Dazu wird man sicher keine allumfassende Antwort finden. Freudenthal (1980, S. 634) beantwortet die Frage mit „Mathematik ist eine Tätigkeit, eine Verhaltensweise, eine Geistesverfassung". Mathematik ist die Wissenschaft von Mustern, heißt es bei Devlin und Diener (2002), und es ist die Sprache der Natur. „Mathematik ist voller großer Rätsel, schwieriger Probleme, großer Entdeckungen, wunderbarer Strukturen" (Loos & Ziegler,

2016). Aus diesen Aspekten, die Mathematik und das Betreiben von Mathematik aus-machen können, haben wir

- das Lösen von Problemen,
- das Entdecken, Beschreiben und Begründen von Zusammenhängen, Strukturen und Gesetzmäßigkeiten

herausgenommen und mit strukturierenden Elementen der Mathematik verbunden (Davis & Hersh, 1996). Dazu gehört die Definition von Begriffen, die Formulierung von Invarianten oder Mustern im Erkundungsprozess im Sinne einer Verallgemeinerung und der Beweis für die Wahrheit der Verallgemeinerung. Dementsprechend wurden spezi-fische Erkundungsaufgaben entwickelt, die das Entdecken, Formulieren und Beweisen von Invarianten in mathematischen Phänomenen einfordern und damit die Enkulturation in das Betreiben von Mathematik anregen (fachliche Verstehensperspektive).

Der *anchored-instruction-Ansatz* verfolgt das vorrangige Ziel, die Problematik des trägen Wissens zu vermeiden „by creating environments that permit sustained exploration by students and teachers and enable them to understand the kinds of problems and opportunities that experts in various areas encounter" (Cognition & Technology Group at Vanderbilt, 1990, S. 3). In diesem Sinne ist ein Ziel des Erkundungskonzepts, die mathematischen Aktivitäten in den Anforderungen der späteren professionellen Tätigkeit zu verankern, bei der es u. a. um die Auslotung des mathematischen Gehalts von problemhaltigen Aufgaben oder allgemeiner problem-haltiger Situationen geht. Hierbei gehen wir nicht von einer methodischen Perspektive (Unterrichtsgestaltung) aus, sondern von einer inhaltlichen. Als inhaltsorientierter Anker beginnt jede Erkundung mit einer inhaltlich passenden Grundschulaufgabe, durch die der Lerninhalt der Hochschulmathematik mit dem der Grundschulmathematik verknüpft und die Relevanz der Fachmathematik als über die Grundschulbuchseiten hinaus gehendes Wissen für zukünftige Grundschullehrkräfte offengelegt wird (vgl. zum Relevanzbegriff Albrecht & Karabenick, 2018). Der Beginn mit der Schulbuchseite und die Verbindung der Erkundungsaufgaben mit den Grundschulaufgaben schlägt eine Brücke zwischen Mathematik und Profession und kann somit zum Verständnis der Relevanz von Hoch-schulmathematik für die Berufspraxis beitragen (Mathematik und Profession ver-bindende Verstehensperspektive).

5.3   Die Vorgehensweise im Erkundungskonzept

Das Erkundungskonzept folgt dem von Freudenthal (1973) formulierten Prinzip der „guided reinvention" unter Begleitung durch die Lehrperson bzw. einer Expertin/eines Experten. Die klassische Abfolge von sachlogisch bestimmter Einführung mathematischer Begriffe, darauf aufbauender Sätze und anschließender Übung, wird dabei umgedreht und die Erzeugung mathematischer Phänomene mit anschließender Systematisierung der Theorie im Sinne lokaler Ordnungen (Freudenthal, 1973) in den Vordergrund gestellt.

Konkret beginnt das eigentliche Erkundungskonzept mit der Ausgabe der ersten Erkundung. Das Konzept orientiert sich am dialogischen Lernen (Abb. 5.3; nach Gallin & Ruf, 1998b, S. 12), das in drei zirkulären, ineinander übergehenden Lernphasen beschrieben werden kann. Startpunkt ist eine „Phase des Singulären" (Gallin & Ruf, 1998a, S. 24), also die individuelle Auseinandersetzung mit einer Erkundungsaufgabe, die die Voraussetzung für den sozialen Austausch, das „Divergierende" (Gallin & Ruf, 1998a, S. 25) schafft und dadurch den „Zugang zum Regulären" (Gallin & Ruf, 1998a, S. 25) ermöglicht. Diese drei Lernphasen, die wiederkehrend in jeder Erkundungsaufgabe ablaufen, werden im Erkundungskonzept in unterschiedlichen Organisations- und Arbeitsformen umgesetzt.

Die Aufträge für die Ich-Phase (Phase des Singulären) sind die Erkundungen, so wie diese im vorangegangenen Abschnitt exemplarisch vorgestellt wurden. In der Ich-Phase sind die Studierenden aufgefordert, sich selbstständig mit den Erkundungen auseinanderzusetzen und diese Auseinandersetzung zu dokumentieren. Die Studierenden haben vor dieser ersten Phase der Auseinandersetzung die Möglichkeit, Hilfestellung zum Auf-

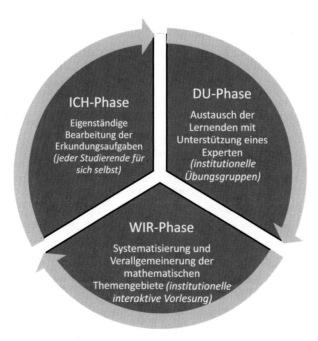

Abb. 5.3 Phasenfolge im dialogischen Lernen adaptiert nach Gallin & Ruf 1998b, S. 12

gabenverständnis zu erhalten. Damit soll abgesichert werden, dass die Studierenden insbesondere den ersten Erkundungsteil, also das systematische Herstellen von Phänomenen bzw. Beispielen, absolvieren können.

Die Du-Phase (Phase des Divergierenden) schließt sich einer zwei- bis dreitägigen Ich-Phase an. Sie findet im zeitlichen und strukturellen Rahmen der in der Studienordnung vorgesehenen Übung statt und besteht aus einer Austausch- und Beratungsstunde, die von geschulten TutorInnen begleitet wird. Kernelement dieser Du-Phase ist der Austausch über Erkundungswege mit Mitstudierenden in Kleingruppen, die aus drei bis vier Studierenden bestehen, und die Beratung zur Weiterarbeit. Dabei können die Studierenden Fragen mit einer studentischen Hilfskraft klären und Anregungen für die Weiterarbeit einholen. Die Präsentation einer Musterlösung ist allerdings nicht vorgesehen. Der Du-Phase schließt sich eine individuelle Nachbearbeitung der Erkundungsaufgaben an, in der auch der individuelle Bearbeitungsprozess reflektiert wird.

Die Wir-Phase (Phase des Regulären) findet in der eigentlichen Vorlesung statt. Im Sinne der Systematisierung von Vorgehensweisen werden Entdeckungen zur Erkundung II präsentiert, die in aller Regel eine Variation der ursprünglichen Erkundung darstellt. Hier wird also, ohne eine Musterlösung der Erkundung selbst zu präsentieren, das Vorgehen bei einer sehr ähnlichen Erkundung im Sinne eines worked examples (Renkl, 2002) vorgestellt. Die Einordnung der Erkenntnisse aus der Erkundung in eine lokale Ordnung, mögliche Erweiterungen, die Thematisierung führender Techniken der Erkundung (etwa ein Beweis per vollständiger Induktion) und die Thematisierung von Strukturelementen (etwa die Bestandteile eines mathematischen Satzes) sind weitere Schwerpunktthemen der Wir-Phase, die über die Sammlung der Erkenntnisse zu den Erkundungen zum Teil hinausgehen.

Die oben genannten führenden Techniken werden stets auch im Sinne einer fakultativen Übungsaufgabe (Technik der Woche) den Studierenden zur Verfügung gestellt und je nach Bedarf in der Du-Phase besprochen.

Im Sinne eines gängigen Übungsformats haben die Erkundungen den Status von Hausaufgaben. Es gibt hier allerdings keine Leistungspunkte im klassischen Sinne. Diese Entscheidung basiert auf zwei Gründen: Wie oben erwähnt, ist die Aktivierung der Studierenden zum mathematischen Arbeiten ein wichtiger Bestandteil des Erkundungskonzepts, um den Studierenden die Erfahrung von problemlösendem, mathematischen Arbeiten und damit verbunden ein Kompetenzerleben zu ermöglichen. Eine Leistungsbewertung, die einen Zugang zur Abschlussklausur nach sich zieht, scheint der Aktivierung entgegenzuwirken, da bei Leistungsdruck die nicht sofort bewältigbaren Aufgaben offenbar abgeschrieben werden (Göller, 2020). Die Anforderung an die Studierenden im Erkundungskonzept besteht daher darin, das Bemühen um individuelles Erkunden und um die Reflexion in einem Portfolio als Grundlage der Klausurzulassung nachzuweisen.

5.4 Übergreifende Einbettungen des Erkundungskonzepts

5.4.1 Inhaltliche Einbettung

Das Erkundungskonzept ist in zwei Vorlesungen zur Arithmetik und Geometrie (1. und 4. Semester) integriert. Innerhalb eines Semesters werden elf Erkundungsaufgaben gestellt, die alle in dem oben exemplarisch beschreiben Format aufgebaut sind, also mit einer Seite aus einem Grundschulbuch starten und durch Verallgemeinerung Elemente der Hochschulmathematik berühren.

Inhaltlich beziehen sich die Erkundungsaufgaben auf kanonische Inhalte des Grundschulstudiums zur Arithmetik und Geometrie (DMV, GDM & MNU 2008; vgl. Tab. 5.1).

Zusätzlich werden im Erkundungskonzept mathematische Strukturelemente eingebunden. Das bezieht sich auf die Thematisierung der Formulierung von Sätzen oder Definitionen, die Behandlung aussagenlogischer Grundbegriffe sowie die Unterscheidung von Beweisansätzen und die Begründung für den Erkenntnisgewinn durch Beweise.

5.4.2 Ziele des Erkundungskonzepts innerhalb des Studiums

In der Einbettung des Erkundungskonzepts in das Grundschulstudium sind drei Ziele wesentlich:

1. Die Enkulturation der Studierenden in mathematische Praktiken im Sinne der mathematical sophistication (fachliche Verstehensperspektive).
2. Die Relevanz der Hochschulmathematik für die Berufspraxis deutlich herausstellen (Mathematik und Profession verbindende Verstehensperspektive).
3. Die Entwicklung einer prozessorientierten Sicht auf die Mathematik sowie der Aufbau bzw. die Stärkung der Überzeugungen der Studierenden zum prozessorientierten Lernen.

Tab. 5.1 Fachliche Inhalte des Erkundungskonzepts aus Arithmetik und Geometrie

Arithmetik	Geometrie
Natürliche Zahlen, Peano-Axiome	Kongruenzabbildung
Definition der Addition und Multiplikation	Ähnlichkeitsabbildungen, Strahlensätze
Teilbarkeit, Teilbarkeitsregeln	
Primzahlen, Hauptsatz der Arithmetik	Flächeninhalte ebener Figuren
ggt/kgV, Euklidischer Algorithmus	Satzgruppe des Pythagoras
Kongruenzen, Restklassen	Dreiecksgeometrie
Stellenwertsysteme	

Während die ersten beiden Ziele direkt mit Bezug zu den Erkundungsaufgaben erläutert wurden, soll im Folgenden auch ein Bezug zu dem nicht unmittelbar im Erkundungskonzept sichtbaren dritten Ziel geschaffen werden.

Dabei ist es eine Grundannahme, dass nur die Studierenden in ihrer professionellen Lehrtätigkeit für Schülerinnen und Schüler Mathematik authentisch erfahrbar machen können, die selbst Mathematik betrieben haben. Das bedeutet, das primäre, aber eben mittelbare Ziel des Erkundungskonzepts ist es, Schülerinnen und Schülern das Betreiben von Mathematik zu ermöglichen, indem zunächst die zukünftigen Lehrkräfte Erfahrungen darin sammeln. Alle anderen Ziele sind diesem primären Fernziel und dem daraus abgeleiteten zentralen Veranstaltungsziel untergeordnet.

Ein Ziel des Erkundungskonzepts ist es dabei zunächst, die Überzeugungen der Studierenden zur Mathematik zugunsten einer Prozessorientierung zu entwickeln. Dabei wird davon ausgegangen, dass ein großer Teil der Studierenden mit statisch-instrumentellen Überzeugungen an die Hochschule kommt (vgl. Köller et al., 2000) und dass es insbesondere mit dem Eintritt in die Hochschule Raum für die Veränderung der Überzeugungen (vgl. Liljedahl et al., 2012) gibt. Problematisch ist in diesem Kontext, dass statisch-instrumentelle Überzeugungen im späteren Berufsfeld als Lehrkraft auch negative Auswirkungen auf den Unterricht (Stipek et al., 2001) und auf Schülerinnen und Schüler (Schoenfeld, 1992) haben können. Zudem besteht die Annahme, dass sich prozessorientierte Überzeugungen der Studierenden wiederum positiv in deren späterer Unterrichtspraxis auswirken (vgl. Eichler & Erens, 2015). Die Gestaltung von Lernumgebungen im Sinne eines Erkundungskonzepts für die Grundschule (z. B. Rathgeb-Schnierer & Rechsteiner, 2018) und die entsprechenden theoretischen Grundlagen sind nicht mehr Bestandteil des hier dargestellten Erkundungskonzepts, sondern Bestandteil späterer Didaktik-Veranstaltungen des Grundschulstudiums.

5.4.3 Vergleich zu anderen Konzepten

Das Erkundungskonzept orientiert sich an Lehrwerken wie Müller and Steinbring und und Wittmann (2007), Leuders (2012) oder auch Krauter und Bescherer (2012). Das betrifft insbesondere den Aspekt, die für Grundschullehrkräfte relevante Mathematik an Problemstellungen zu entfalten. Das hier vorgestellte Erkundungskonzept geht aber abgesehen von der Art dieser Ausrichtung an Problemstellungen in mehreren Aspekten eigene Wege.

Hinsichtlich einer fachlichen Verstehensperspektive sind nicht allein Begriffe aus Arithmetik und Geometrie relevant, sondern die mathematical sophistication im Sinne der Betonung mathematischer Strukturelemente. D. h. die mathematischen Sätze und die zugeordneten Beweise sind nicht primär dazu da, der Arithmetik eine Struktur zu geben, sondern die Arithmetik ist Mittel für das Erfahren der mathematischen Strukturelemente. Ebenso ist der Dreischritt von Phänomensuche, Beschreibung der Phänomenstruktur (Satz) und Begründung der Phänomenstruktur (Beweis) primär nur deshalb an

Begriffen der Arithmetik und Geometrie angegliedert, da die Themen für die Grundschulmathematik zentral sind.

Auch hinsichtlich der Mathematik und Profession verbindenden Verstehensperspektive geht das hier vorgestellte Erkundungskonzept eigene Wege. So ist unseres Wissens die konsequente Motivation aller mathematischen Problemstellungen durch Aufgaben aus einem Grundschulbuch noch nicht beschrieben worden.

Die methodische Umsetzung, die in der Einbettung in eine am dialogischen Lernen orientierte Phasenfolge Ich-Du-Wir besteht, ist sicher auch in Fachveranstaltungen kein neuer Weg, ergänzt aber die spezifischen Eigenschaften des Erkundungskonzepts.

5.5 Ergebnisse der Evaluation

Die Evaluation des Erkundungskonzepts erfolgte vor dem Hintergrund des zentralen Ziels, das Verstehen von Mathematik bezogen auf eine fachliche und eine Mathematik und Profession verbindende Verstehensperspektive zu ermöglichen (s. o.). Mit dem Einsatz der Erkundungsaufgaben wurde die erste Form des Verstehens verfolgt, mit der Verankerung der Hochschulmathematik in Grundschulaufgaben die zweite. Zur Evaluation nutzen wir verschiedene Instrumente, die auf die entsprechenden Ziele und die damit verbundenen konzeptuellen Schritte abgestimmt sind. Nachfolgend werden erste Ergebnisse aus den pilotierenden Interviews und den Portfolios im Hinblick auf die beiden Perspektiven des Verstehens vorgestellt.

5.5.1 Interviews

Es wurden acht Interviews mit Studierenden des fünften Semesters geführt, die gerade eine Veranstaltung zur Arithmetik & Geometrie mit dem Erkundungskonzept besucht hatten und kurz vor der Klausur standen. Ein Interview dauerte durchschnittlich zwischen 30 und 45 min und umfasste Fragen zur Fachmathematik (fachliche Verstehensperspektive) und deren Relevanz für den Lehrerberuf im Grundschulkontext, zu den wahrgenommenen Lernprozessen der Studierenden sowie zu den Erfahrungen mit dem Erkundungskonzept und dessen Relevanz für den Mathematikunterricht an der Grundschule (Mathematik und Profession verbindende Verstehensperspektive). Die Teilnahme am Interview wurde allen Studierenden angeboten, war aber freiwillig. Da sich vermutlich ausschließlich engagierte und motivierte Studierende meldeten, handelt es sich um keine repräsentative Stichprobe, sondern um eine Positivauswahl.

Im Folgenden werden einige Interviewpassagen genutzt, um erste Einblicke in die Zielerreichung des Konzepts und dessen Wahrnehmung durch Studierende zu erhalten.

Fachliche Verstehensperspektive

„Also ich glaube, der Kernpunkt ist einfach die Vermittlung. In der Schule hatte ich eigent-lich nur Frontalunterricht. Und dieses stumpfe Aufgaben Rechnen. Also man hat irgendeine Aufgabe bekommen. ‚Und lös die mal bis nächste Woche. Und dann bring sie wieder mit.' Und hier ist es ja wirklich so, dass man durch diese Erkundung selber darüber nachdenken muss. Und sich diese Zusammenhänge, diese Verknüpfungen herstellen muss."

„Und bei diesen Aufgaben wird man ja quasi dazu, ja, gedrängt eigentlich, dass man darüber selber nachdenkt."

In den Aussagen der beiden Studierenden kommt deutlich heraus, dass sie das Lernen von Mathematik im Erkundungskonzept als aktiven Prozess wahrnehmen und den Unter-schied zu ihrem Mathematiklernen in der Schule erkennen. Der Bezug zur Schaffung von Zusammenhängen ist zudem ein erster Hinweis auf eine Enkulturation, die trotz des hohen zeitlichen Aufwands zu gelingen scheint.

In die gleiche Richtung wird in einem weiteren Interview argumentiert:

„Also es braucht Zeit. man muss sich echt viel Zeit dafür nehmen. Aber mir hilft es persön-lich wirklich was, weil ich mich damit richtig beschäftige, weil, ich muss mir dafür diese Zeit nehmen, und ich kann das nicht nebenbei irgendwo machen, sondern ich muss mich hinsetzen, muss mich immer wieder reflektieren."

Hier wird das aktive Betreiben von Mathematik im Erkundungskonzept als zeitintensiv, aber sehr vorteilhaft bewertet. Es wird betont, dass man sich durch diese Aufgaben „richtig" mit der Thematik beschäftige, also vermutlich mit deutlich höherer Intensität. Zudem wird die Reflexion von Erfahrungen und Wissen angesprochen, die durch das Erkundungskonzept verstärkt gefordert wird. Mit Blick auf den Lernprozess zeigt sich in vielen weiteren Aussagen der Studierenden, dass das Erkennen von Zusammenhängen durch das aktive Erkunden für den Lernprozess förderlich ist. Exemplarisch ist hierfür folgende Aussage:

„Also in der Schule war es früher eigentlich mehr so, ich rechne. Irgendwie im Studium ist es jetzt ja dann doch mehr darauf ausgelegt, Zusammenhänge zu erkennen und dadurch erschließen sich mir jetzt viel mehr Sachen als früher. Also ich finde Mathe jetzt logischer als es das davor war."

Wiederum kann die Gegenüberstellung von Rechnen und Mathematik als Enkulturation interpretiert werden, auch wenn nicht explizit auf Strukturelemente von Mathematik Bezug genommen wird.

Mathematik und Profession verbindende Verstehensperspektive

Die Grundschulaufgaben scheinen als Einstieg in die Erkundungen den Studierenden zu ermöglichen, den Zusammenhang von Grundschulmathematik und Hochschul-mathematik zu erkennen und somit den Sinn ihrer Fachausbildung für das professionelle Handeln zu sehen:

„Also die Arbeit an der Schulbuchseite fand ich richtig gut, weil ich da direkt gesehen habe, wofür ich das überhaupt brauche."

„Die Arbeit mit diesen Erkundungen ist halt irgendwie viel weiterbringender, als wenn ich nur die Aufgaben mache, finde ich, […]. Also ja, von daher ist das ja notwendig und was bringt mir, wenn ich eine höhere Aufgabe in Mathe rechne, aber gar nicht weiß, wofür ich sie rechne? Und durch diese Verbindungen zu diesen Erkundungsaufgaben oder Grundschule auch, Grundschulseiten, weiß ich ja direkt: Zu welchem Thema für Kinder hat das einen Bezug?"

„Und es hat mir auch Spaß gemacht, diese Aufgaben zu lösen. Muss ich ehrlich sagen. Und ich habe da auch wirklich den Bezug dazu [zur Grundschulmathematik] gesehen."

Die Aussagen zeigen, dass den Studierenden die Relevanz der Mathematik für den Lehrerberuf deutlich wird. Damit geben die Äußerungen einen Hinweis auf die gelingende Verankerung des mathematischen Tuns in der späteren professionellen Tätigkeit der Studierenden.

Zudem finden sich in den Äußerungen der Studierenden Hinweise darauf, dass das Erkundungskonzept die eigene Kompetenz wahrnehmen lässt und die Sorge vor den Anforderungen mathematischen Problemlösens verringern kann:

„Obwohl ich finde, dass die Erkundungen schon viel Angst nehmen können, weil sie ja sehr kleinschrittig anfangen und am Ende eben erst auf ein Ziel hinarbeiten und ich glaube, da kann jeder mit einem positiven Gefühl aus einer Erkundung rausgehen, weil jeder irgendwas gefunden hat."

Neben den positiv wahrgenommenen Erkundungsaufgaben und der damit verbundenen Reduktion des Angstempfindens gegenüber der Mathematik wird auch die wahrgenommene natürliche Differenzierung der Erkundungsaufgaben deutlich.

Zuletzt zeigen folgende Interviewpassagen, dass das primäre Ziel des Erkundungskonzepts, nämlich das individuelle Betreiben von Mathematik als Vorbild für die eigene Lehrtätigkeit zu verstehen, individuell Spuren zeigt:

„Und ich kann mir das sehr gut vorstellen, dass es auch die Motivation von Schülerinnen und Schülern besser. Also das hilft den Schülerinnen und Schülern mehr am Ball zu bleiben und Sachen besser zu erkennen als dieses sture Rechnen von Päckchen. Deswegen finde ich das eigentlich ein sehr gutes Konzept für Mathematik in der Grundschule."

„Ja, Kinder lernen ja am besten durch das einzelne Erkunden. Und durch das selbstständige Lernen. Und-. Also, ich denke, das ist eine gute Herangehensweise."

5.5.2 Aufgabenbearbeitung im Portfolio

In diesem kurzen Einblick in die Portfolios der Studierenden beziehen wir uns insbesondere auf die mathematischen Tätigkeiten der Entdeckung von Gesetzmäßigkeiten und Hypothesenbildung, der Formulierung eines mathematischen Satzes und schließlich dem Führen eines Beweises und beschreiben damit auch exemplarisch mögliche Ent-

wicklungen von der ICH über die DU zur WIR-Phase. Wir illustrieren diese drei
Erkundungs-Schritte (vgl. Abschn. 4.3) anhand verschiedener Portfolios, die auch die
Singularität der Herangehensweisen belegen. Alle Auszüge aus den Portfolios, in die
Erkundungsschritte von der ICH-Phase über die DU-Phase zur WIR-Phase mit ein-
geflossen, beziehen sich auf die Erkundungsaufgabe in Abb. 5.2. Da Studierende die
Portfolios am Ende des Erkundungsprozesses abgeben, liegt uns nur ein Gesamtprodukt
vor, nicht aber die Erkundungsprodukte nach den einzelnen Phasen.

Wie unterschiedlich Studierende beim Entwickeln von Hypothesen vorgehen, zeigen
die drei Herangehensweisen in Abb. 5.4.

Alle drei Dokumente in Abb. 5.4 verdeutlichen, wie durch systematisches Sammeln
und Darstellen, Muster und Zusammenhänge sichtbar werden und daraus unterschiedliche Gesetzmäßigkeiten abgeleitet werden können. Ziel ist dabei nicht die Heraus-
arbeitung einer bestimmten Vorgehensweise, sondern zu erkennen, dass es vielfältige
Lösungs- und Dokumentationsmöglichkeiten gibt. Dabei steht die Qualität der Ideen im
Vordergrund (Gallin & Ruf, 1998a) und nicht das Finden einer bestimmten Lösung.

In den Dokumenten wird die Einsicht zur Struktur und des Sinns eines
mathematischen Satzes deutlich, der die zuvor entwickelten mathematischen Phänomene
zusammenfasst. Je nach Dokument gelingen dabei den Studierenden Sätze, die unmittelbar einleuchtend sind oder bei denen Voraussetzungen zum Verständnis des Satzes
noch zu ergänzen wären. Neben der Struktur der Sätze, die in der Vorlesung vorgegeben wurde, fallen in Abb. 5.5 insbesondere die verschiedenen Formulierungen
der Studierenden ins Auge. Alle lassen darauf schließen, dass das Übersetzen der ent-
deckten Gesetzmäßigkeiten in mathematische Sprache eine große Herausforderung für
die Studierenden darstellt.

Erwartungsgemäß kann das Beweisen auch innerhalb des Erkundungskonzepts nur
Schritt für Schritt entwickelt werden. Tatsächlich lassen sich aber in Abb. 5.6 bereits
wesentliche Überlegungen auf unterschiedlichen Abstraktionsniveaus erkennen.
Exemplarisch werden hier ein symbolischer Beweis und ein ikonischer Beweisansatz
von Studierenden gezeigt, die Einblicke in die variationsreichen Beweisansätze der
Studierenden geben sollen.

Abb. 5.4 Systematische Erzeugung von Beispielen und Entwicklung von Hypothesen

Abb. 5.5   Formulierungen mathematischer Sätze

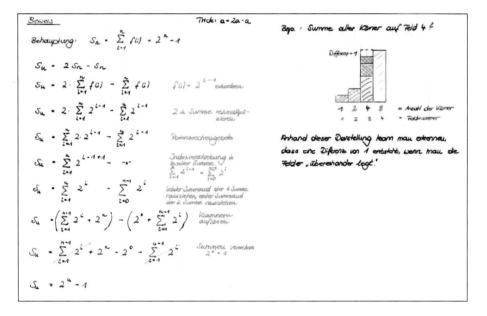

Abb. 5.6   Beweisansätze von Studierenden

5.6   Zusammenfassung und Ausblick

Das Erkundungskonzept wurde für die Ausbildung von Grundschullehrkräften entwickelt. Es soll einen wichtigen Beitrag für die professionsbezogene Mathematikausbildung einer Studierendengruppe leisten, die das Fach als Pflichtfach studiert und deshalb durch eine besondere Heterogenität gekennzeichnet ist. Zentrales Ziel ist es, den Studierenden vielfältige Erfahrungen mit dem aktiven Betreiben von Mathematik zu ermöglichen, um Mathematik und deren spezifische Denk- und Arbeitsweisen ebenso zu verstehen wie ihre Relevanz für die spätere Lehrtätigkeit. Erste Evaluationsergebnisse lassen vermuten, dass mit dem Erkundungskonzept die gesetzten Ziele zu erreichen sind. Um dies auf breiterer empirischer Basis zu bestätigen, sind weitere Untersuchungen vorgesehen. Im Projekt „Professionalisierung durch Vernetzung (Pronet)" (Förderung durch BMBF im Rahmen der Qualitätsoffensive Lehrerbildung) wird beispielsweise die Entwicklung von Überzeugungen, insbesondere auch Kohärenzüberzeugungen, untersucht.

Literatur

Albrecht, J. R., & Karabenick, S. A. (2018). Relevance for learning and motivation in education. *The Journal of Experimental Education, 86*(1), 1–10.

Baumert, J., & Kunter, M. (2006). Stichwort: Professionelle Kompetenz von Lehrkräften. *Zeitschrift für Erziehungswissenschaft, 9*(4), 469–520.

Cognition and Technology Group at Vanderbilt. (1990). Anchored instruction and its relationship to situated cognition. *Educational Researcher, 19*(6), 2–10.

Collins, A., Brown, J. S., & Neumann, S. (1987). *Cognitive apprenticeship: Teaching the craft of reading, writing and mathematics* (Technical Report No. 403). Champaign.

Davis, P. J., & Hersh, R. (1996). *Erfahrung Mathematik*. Birkhäuser.

Devlin, K. J., & Diener, I. (2002). *Muster der Mathematik: Ordnungsgesetze des Geistes und der Natur*. Spektrum Akadademischer Verlag.

Dubs, R. (1995). Konstruktivismus: Einige Überlegungen aus der Sicht der Unterrichtsgestaltung. *Zeitschrift für Pädagogik, 41*(6), 889–903.

Eichler, A., & Erens, R. (2015). Domain-specific belief systems of secondary mathematics teachers. In B. Pepin & B. Roesken-Winter (Hrsg.), *From beliefs to dynamic affect systems in mathematics education* (S. 179–200). Springer International Publishing.

Freudenthal, H. (1963). Was ist Axiomatik und welchen Bildungswert kann sie haben? *Der Mathematikunterricht, 9*(4), 5–29.

Freudenthal, H. (1973). *Mathematics as an Educational Task*. Springer.

Freudenthal, H. (1980). IOWO - Mathematik für alle und jedermann. *Neue Sammlung, 20*(6), 633–654.

Gallin, P., & Ruf, U. (1998). *Sprache und Mathematik in der Schule. Auf eigenen Wegen zur Fachkompetenz*. Kallmeyer.

Göller, R. (2020). *Selbstreguliertes Lernen im Mathematikstudium*. Springer Fachmedien Wiesbaden.

Greeno, J. G. (1998). The situativity of knowing, learning, and research. *American Psychologist, 53*(1), 5–26.

Gueudet, G. (2008). Investigating the secondary–tertiary transition. *Educational Studies in Mathematics, 67*(3), 237–254.

Hartinger, A., Fölling-Albers, M., Lankes, E.-M., Marenbach, D., & Molfenter, J. (2001). Lernen in authentischen Situationen versus Lernen mit Texten. Zum Aufbau anwendbaren Wissens in der Schriftsprachdidaktik. *Unterrichtswissenschaft 29*(2), 108–130.

Hefendehl-Hebeker, L. (2013). Doppelte Diskontinuität oder die Chance der Brückenschläge. In C. Ableitinger, J. Kramer, & S. Prediger (Hrsg.), *Zur doppelten Diskontinuität in der Gymnasiallehrerbildung* (S. 1–16). Springer Fachmedien Wiesbaden.

Heublein, U., Hutzsch, C., & Schreiber, J. (2010). *Ursachen des Studienabbruchs in Bachelor- und in herkömmlichen Studiengängen. Forum Hochschule.* Deutsches Zentrum für Hochschul- und Wissenschaftsforschung.

Köller, O., Baumert, J., & Neubrand, J. (2000). Epistemologische Überzeugungen und Fachverständnis im Mathematik- und Physikunterricht. In J. Baumert, W. Bos & R. Lehmann (Hrsg.), *TIMSS/III: dritte internationale Mathematik- und Naturwissenschaftsstudie; mathematische und naturwissenschaftliche Bildung am Ende der Schullaufbahn* (Bd. 1., S. 229–270). Leske + Budrich.

Krauter, S., & Bescherer, C. (2012). *Erlebnis Elementargeometrie: Ein Arbeitsbuch zum selbstständigen und aktiven Entdecken.* Springer-Verlag.

Kunter, M., Baumert, J., Blum, W. & Neubrand, M. (Hrsg.). (2011). *Professionelle Kompetenz von Lehrkräften: Ergebnisse des Forschungsprogramms COACTIV.* Waxmann.

Leuders, T. (2012). *Erlebnis Arithmetik: Zum aktiven Entdecken und selbstständigen Erarbeiten (Korrigierter Nachdruck). Mathematik Primarstufe und Sekundarstufe I + II.* Spektrum Akademischer Verlag.

Liljedahl, P., Oesterle, S., & Bernèche, C. (2012). Stability of beliefs in mathematics education: A critical analysis. *Nordic Studies in Mathematics Education, 17*(3), 101–118.

Loos, A., & Ziegler, G. M. (2016). „Was ist Mathematik" lernen und lehren. *Mathematische Semesterberichte, 63(1),* S. 155–169.

Müller, G. N., Steinbring, H., & Wittmann, E. C. (2007). *Arithmetik als Prozess* (2. Aufl.). *Programm Mathe 2000.* Klett/Kallmeyer.

Rathgeb-Schnierer, E., & Rechtsteiner, Ch. (2018). *Rechnen lernen und Flexibilität entwickeln. Grundlagen – Förderung – Beispiele.* Springer Spektrum.

Reinmann-Rothmeier, G., & Mandl, H. (1997). Lehren im Erwachsenenalter. Auffassung vom Lehren und Lernen, Prinzipien und Methoden. In F.E. Weinert & H. Mandl (Hrsg.), *Psychologie der Erwachsenenbildung* (S. 355–403). Hogrefe.

Renkl, A. (2002). Worked-out examples: Instructional explanations support learning by self-explanations. *Learning and Instruction, 12*(5), 529–556.

Schütte, S. (2006). *Die Matheprofis 4.* Oldenbourg.

Schoenfeld, A. H. (1992). Learning to think mathematically: Problem solving, metacognition, and sense making in mathematics. In D. A. Grouws (Hrsg.), *Handbook of research on mathematics teaching and learning* (S. 334–370). Macmillan.

Seaman, C. E. & Szydlik, J. E. (2007). Mathematical sophistication among preservice elementary teachers. *Journal of Mathematics Teacher Education, 10(3),* S. 167–182.

Siebert, H. (1999). *Pädagogischer Konstruktivismus. Eine Bilanz der Konstruktivismusdiskussion für die Bildungspraxis.* Luchterhand.

Stipek, D., Givvin, K., Salmon, J., & Macgyvers, V. (2001). Teachers' beliefs and practices related to mathematics instruction. *Teaching and Teacher Education, 17,* 213–226.

Wittmann, E. Ch. (1990). Wider die Flut der „bunten Hunde" und der „grauen Päckchen": Die Konzeption des aktiven-entdeckenden Lernens und des produktiven Übens. In G. N. Müller & E. Ch. Wittmann, *Handbuch produktiver Rechenübungen* (Bd. 1, S. 152–166). Klett Verlag.

Teil II
Professionsorientierung in Übungen

Typisierung von Aufgaben zur Verbindung zwischen schulischer und akademischer Mathematik

Birke-Johanna Weber und Anke Lindmeier

Zusammenfassung

An vielen Hochschulen werden im Lehramtsstudium mittlerweile Aufgaben eingesetzt, welche gezielt Verbindungen zwischen Schul- und Hochschulmathematik adressieren. Bisher ist jedoch kaum beschrieben, welche Zielsetzungen mit Blick auf den Wissenserwerb der Studierenden mit diesen Aufgaben – sogenannten Lehramtsaufgaben – genau verfolgt werden und inwiefern Studierende diese Aufgaben entsprechend nutzen können. In dieser Studie wurden daher Lehramtsaufgaben von acht Hochschulen dahin gehend analysiert, inwiefern sie für Studierende Anregungen zum Herstellen von Bezügen zwischen schulischer und akademischer Mathematik enthalten. Ergänzend wurde an Studierendenbearbeitungen untersucht, ob das Herstellen von Bezügen Studierenden gelingt. Als Referenzrahmen wurde hierfür das Konstrukt *schulbezogenes Fachwissen* (*SRCK*, Dreher et al., 2018) verwendet. Es zeigt sich, dass ein Großteil der Aufgaben SRCK adressiert und sich die entsprechenden Prozesse auch in Studierendenbearbeitungen identifizieren lassen. Dennoch gibt es Hinweise darauf, dass das Herstellen von Bezügen Studierenden nicht selten

B.-J. Weber (✉)
Didaktik der Mathematik, IPN – Leibniz-Institut für die Pädagogik der Naturwissenschaften und Mathematik, Kiel, Deutschland
E-Mail: bweber@leibniz-ipn.de

A. Lindmeier
Fakultät für Mathematik und Informatik, Abteilung Didaktik,
Friedrich-Schiller-Universität Jena, Jena, Deutschland
E-Mail: anke.lindmeier@uni-jena.de

V. Isaev et al. (Hrsg.), *Professionsorientierte Fachwissenschaft,* Konzepte und Studien zur Hochschuldidaktik und Lehrerbildung Mathematik,
https://doi.org/10.1007/978-3-662-63948-1_6

Probleme bereitet. Aus den Ergebnissen werden Ansatzpunkte zur Weiterentwicklung der Lehramtsaufgaben abgeleitet.

6.1   Einleitung

Seit über einhundert Jahren wird in der Mathematik das Problem der doppelten Diskontinuität (Klein, 1908) und die damit verbundene Frage diskutiert, welches Fachwissen Mathematiklehrkräfte benötigen. Dass es genügt, nur die Hochschulmathematik zu lernen und sich Bezüge zur Schulmathematik anschließend von allein einstellen (sogenannte *intellectual trickle-down-Annahme,* vgl. Wu, 2011), wurde bereits vielfach angezweifelt (z. B. Bauer, 2013; Wu, 2018). Die Rede von den „verschiedenen Welten" der akademischen Mathematik und Schulmathematik lässt sich entlang mehrerer Merkmale (z. B. Begriffserwerb, Zielsetzungen) theoretisch gut beschreiben (für einen Überblick siehe z. B. Fischer et al., 2009 oder Rach et al., 2016). Mittlerweile liegen auch erste empirische Ergebnisse vor, die Anhaltspunkte liefern, dass die intellectual trickle-down-Annahme nicht haltbar ist (Hoth et al., 2020). Eine Maßnahme, die an vielen deutschen Hochschulstandorten gezielt umgesetzt wird, um schon beim Erwerb der Hochschulmathematik der doppelten Diskontinuität zu begegnen, ist der Einsatz sogenannter Lehramts-/Schnittstellen-/Vernetzungsaufgaben[1] im Fachstudium (z. B. Ableitinger et al., 2013; Bauer, 2013; Eichler & Isaev, 2017; Leufer & Prediger, 2007). Bislang wurde der Fokus neben der Entwicklung solcher Lehramtsaufgaben zunächst auf organisatorische Fragen der Einbettung in den Übungsbetrieb gelegt. So wurden wichtige Impulse zur Innovation der Lehramtsausbildung im Fach gesetzt. Seltener wurde bisher jedoch bearbeitet, welche Zielsetzungen mit Blick auf den Wissenserwerb der Studierenden genau verfolgt werden und inwiefern Studierende diese Lerngelegenheiten zielführend nutzen können.

Als Referenz- und Analyserahmen für Lehramtsaufgaben sowie zugehörige Bearbeitungen bietet sich das Konstrukt des schulbezogenen Fachwissens (SRCK, Dreher et al., 2018) – eine aktuelle Konzeptualisierung eines berufsbezogenen mathematischen Wissens für Mathematiklehrkräfte – an, da es ältere Ansätze (u. a. „Elementarmathematik vom höheren Standpunkt", Klein, 1908) aufgreift und wesentlich ausdifferenziert. Unter Nutzung dieses Referenzrahmens kann durch eine systematische Analyse von Aufgaben und exemplarischen Studierendenbearbeitungen einerseits feinkörniger beschrieben werden, welche Art von professionsspezifischem Fachwissen Lehramtsstudierende durch die Bearbeitung von Lehramtsaufgaben im Studium erwerben können. Andererseits kann überprüft werden, ob diese Aufgaben entsprechende Bearbeitungsprozesse aufseiten der Studierenden auch anstoßen oder möglicherweise

---

[1]Im Folgenden verwenden wir den Begriff *Lehramtsaufgaben,* um die Professionsorientierung dieser Lerngelegenheiten hervorzuheben.

Hürden bestehen, welche es bei der Weiterentwicklung von Lehramtsaufgaben zu berücksichtigen gilt.

Vor diesem Hintergrund verfolgt die vorliegende Studie das Ziel, mithilfe des SRCK als Referenzrahmen Gestaltungsmerkmale von Lehramtsaufgaben systematisch zu beschreiben und so eine Diskussionsgrundlage für die Weiterentwicklung dieser Aufgaben zum Aufbau eines adäquaten fachlichen Professionswissens zu legen.

6.2 Theoretischer Hintergrund

In diesem Kapitel werden zunächst kognitive und motivational-affektive Zielsetzungen referiert, die speziell dem Einsatz von Lehramtsaufgaben in den Übungen fachwissenschaftlicher Veranstaltungen für Lehramtsstudierende zugrunde liegen. Auf dieser Grundlage zeigen wir dann, dass SRCK sich als rahmende Referenz für die kognitiven Zielsetzungen eignet. Abschließend werden in diesem Abschnitt bestehende Ansätze zur Aufgabenanalyse vorgestellt sowie die Forschungsfragen abgeleitet.

6.2.1 Zielsetzungen von Lehramtsaufgaben

Lehramtsaufgaben wurden eingeführt, um das Problem der doppelten Diskontinuität (Klein, 1908) abzumildern. Dies besagt, dass zukünftige Lehrkräfte beim Eintritt in die Hochschule die „mathematische Welt" der Schule nicht wiedererkennen und somit nicht an ihr schulisches Vorwissen anknüpfen können (1. Diskontinuität). Umgekehrt gelingt es ihnen beim späteren Eintritt in den Schuldienst nicht, ihr hochschulisches Fachwissen mit der Schulmathematik in Verbindung zu bringen (2. Diskontinuität). Besteht das Problem der doppelten Diskontinuität, so besteht auch die Gefahr, dass Lehrkräfte ihr Hochschulwissen nicht wirksam anwenden können und in ihr altes Schulwissen verfallen (Wu, 2011). Entsprechend der Problembeschreibung zeichnen sich auch bei der Zielsetzung von Lehramtsaufgaben unterschiedliche Schwerpunkte ab, wobei man den (1) Fokus erste Diskontinuität / inhaltliche Schnittstellen zwischen Schule und Hochschule, den (2) Fokus zweite Diskontinuität / explizierter Berufsfeldbezug sowie einen weiter gefassten (3) Fokus Studienzufriedenheit identifizieren kann.

Beim Fokus auf die erste Diskontinuität wird vor allem intendiert, das Vorwissen der Studierenden aufzugreifen, um Beziehungen zu bereits bekannten Inhalten herzustellen (z. B. Ableitinger et al., 2013; Bauer, 2013). Die Bezüge, die hierbei aufgebaut werden, sind dabei ausdrücklich nicht nur für Lehramtsstudierende sinnvoll, sondern können ebenso Hauptfachstudierenden im Sinne des Spiralprinzips (Bruner, 1970) helfen, auf ihren schulischen Vorkenntnissen aufzubauen und das Schulwissen in ihr neu erworbenes Hochschulwissen einzuordnen. Entsprechend werden derartige Aufgaben an einigen Hochschulen neben den Lehramtsstudierenden auch den Hauptfachstudierenden zur Verfügung gestellt (z. B. Hoffmann & Biehler, 2017). Zielsetzungen beziehen sich in dieser Perspektive vor allem auf den Erwerb eines qualitativ hochwertigen akademisch-mathematischen Wissens. Dieses kann z. B. mithilfe des Literacy-Modells nach Bauer und Hefendehl-Hebeker (2019), welches auf Macken-Horarik (1998) zurückgeht, näher beschrieben werden. Das Modell umfasst insgesamt vier hierarchisch angeordnete Stufen: (1) *everyday* (Alltagswissen, z. B. Bruchrechnung), (2) *applied* (spezialisierte Anwendung mathematischer Verfahren, z. B. Differenzialrechnung ohne Betrachtung theoretischer Aspekte), (3) *theoretical* (disziplinäres Wissen, z. B. Kenntnis von Definitionen und Sätzen und deren Beziehungen untereinander) und (4) *reflexive literacy* (Wissen über spezifische Arbeitsweisen und Gepflogenheiten der Disziplin Mathematik). Ein qualitativ hochwertiges Fachwissen von Lehramtsstudierenden umfasst idealerweise alle vier Stufen (für eine lehramtsbezogene Konkretisierung der Literacy-Stufen siehe Beitrag von Bauer (2022) in diesem Band).

Wird demgegenüber in Lehramtsaufgaben die zweite Diskontinuität fokussiert, steht der direkte Berufsbezug im Aufgabenkern (z. B. Isaev & Eichler, 2017; Prediger, 2013; Schadl et al., 2019). Ziel ist hierbei die Nutzbarmachung des akademischen Fachwissens für den schulischen Berufsalltag. Die Studierenden werden somit vorrangig als angehende Lehrkräfte angesprochen und weniger in ihrer Rolle als ehemalige Schülerinnen und Schüler, wie es bei Aufgaben zur Überwindung der ersten Diskontinuität der Fall ist.

Neben diesen Zielen auf kognitiver Ebene wird die Erhöhung der Studienzufriedenheit von Lehramtsstudierenden als ein Ziel in Verbindung mit Lehramtsaufgaben gebracht (z. B. Isaev & Eichler, 2017; Schadl et al., 2019). Dabei wird wiederum angenommen, dass sich eine erhöhte Studienzufriedenheit aus der Abmilderung der Diskontinuitäten ergeben kann, wobei sich die zugehörigen Wirkannahmen spezifischer beschreiben lassen: Zum einen sollen Aufgaben, die an schulische Inhalte anknüpfen (Fokus erste Diskontinuität) stärker die Interessen von Lehramtsstudierenden ansprechen als Aufgaben, die sich ausschließlich auf akademische Mathematik beziehen (Ufer et al., 2017; erste Studienergebnisse dazu, welche Lehramtsaufgaben als interessant wahrgenommen werden, stellt Rach (2022) in diesem Band vor). Zum anderen geht man davon aus, dass es Aufgaben mit Fokus auf der zweiten Diskontinuität Lehramtsstudierenden ermöglichen, die Relevanz und Nützlichkeit der akademischen Mathematik für den späteren Berufsalltag zu erkennen (für erste empirische Studien hierzu siehe Beitrag von Isaev, et al. (2022) in diesem Band). Die akademische Mathematik kann damit idealerweise als sinnstiftend erlebt werden, was wiederum zu höherer Studienzufriedenheit beiträgt (Leufer & Prediger, 2007).

Zu bemerken ist, dass viele Standorte mehrere der angeführten Ziele verfolgen, die sich, wie dargelegt, auch nicht ausschließen. Was bisher allerdings fehlt, ist eine rahmende Klammer, welche die Ziele auf kognitiver Ebene stringent zu fassen vermag. Als Referenzrahmen dafür bietet sich, wie eingangs skizziert, das Konstrukt schulbezogenes Fachwissen (SRCK) an, da dieses eine aktuelle Konzeptualisierung professionsspezifischen Wissens für Mathematiklehrkräfte darstellt und dieses

differenziert als Wissen über Zusammenhänge zwischen Schul- und Hochschulmathematik beschreibt, wie im Folgenden zusammenfassend dargelegt wird.

6.2.2 Schulbezogenes Fachwissen als Teil des Lehrerprofessionswissens

Neben dem Fachwissen und dem fachdidaktischen Wissen (Shulman, 1986) bildet das
schulbezogene Fachwissen (SRCK) eine Komponente des fachspezifischen Professionswissens von Lehrkräften. Das Konstrukt SRCK beschreibt dabei ein konzeptuelles Fachwissen über Zusammenhänge zwischen schulischer und akademischer Mathematik,
wobei drei Facetten unterschieden werden. Neben Zusammenhängen in bottom-up sowie
top-down Richtung umfasst es Wissen über den fachsystematischen Aufbau der Schulmathematik sowie über die zugehörigen Legitimationen (curriculare Facette, Dreher
et al., 2018). Zusammenhänge werden beispielsweise dann in bottom-up Richtung analysiert, wenn schulische Elemente wie eine Schulbuchaufgabe im Lichte der dahinter-
liegenden akademischen Mathematik betrachtet werden sollen. Umgekehrt wird
Wissen in top-down Richtung benötigt, um ausgehend von der Hochschulmathematik
adäquate Zugänge oder Inhalte für den schulischen Rahmen auszuwählen und für den
Unterricht aufzubereiten. Beispielsweise gibt es aus akademischer Sicht mehrere
Möglichkeiten, die reellen Zahlen $\mathbb{R}$ aus den rationalen Zahlen $\mathbb{Q}$ zu konstruieren
(topologischer Abschluss, Cauchy-Folgen, Intervallschachtelung, Dedekindsche
Schnitte). Eine adäquate Reduktion in top-down Richtung bestünde in der Auswahl der
Intervallschachtelung als Zugang für den Schulunterricht und dessen Umsetzung. Die
dritte Facette – das curriculare Wissen – umfasst Wissen über den fachsystematischen
Aufbau der Schulmathematik und dahinterliegende Begründungen aus der akademischen
Mathematik. Adressiert wird diese Facette beispielsweise, wenn Lehrkräfte Wissen über
den kumulativen Erwerb eines mathematischen Konzeptes (z. B. Unendlichkeit) im Verlauf verschiedener Klassenstufen nutzen, um im Sinne des Spiralprinzips altersadäquate
Vorstellungen anzusprechen. Für weitere Beispiele und Erläuterungen zu dem Konstrukt
sei auf Heinze et al. (2016), Heinze et al. (2017) sowie Dreher, Lindmeier et al. (im
Druck) verwiesen. Zudem findet sich bei Dreher et al. (2018) eine ausführliche Einordnung in bestehende Konstrukte zum Lehrerprofessionswissen sowie eine Abgrenzung
von diesen, in der auch deutlich wird, inwiefern SRCK noch ältere Ansätze (u. a. Klein,
1908) anschlussfähig ausdifferenziert. Anders als viele Konzeptualisierungen des Fachwissens (*CK*) umfasst das SRCK etwa explizit auch Wissen über die Schulmathematik
und insbesondere Wissen über ihre (nicht-trivialen) Zusammenhänge zur akademischen
Mathematik. Vom fachdidaktischen Wissen (*PCK*) grenzt sich das SRCK vor allem
dadurch ab, dass es ein rein fachliches Wissen ist, also etwa kein Wissen über Schülerkognitionen oder didaktisches Aufgabenpotenzial umfasst (Heinze et al., 2016).

6.2.3   Forschungsfragen

Als Lehramtsaufgaben wurden in den letzten Jahren zahlreiche interessante Aufgabenformate vorgestellt und Bezüge zwischen schulischer und akademischer Mathematik
in unterschiedlichen Inhaltsbereichen herausgearbeitet. Es mangelt jedoch noch an
empirischen Erkenntnissen, welche Formate typisch sind und welche Anregungen
Studierende zur Herstellung von Bezügen zwischen Schul- und Hochschulmathematik
durch sie erhalten. Neben der Charakterisierung von Aufgabenformaten eignet sich
zur Beschreibung der kognitiven Anforderungen wie dargelegt das professionsspezi-
fische Wissenskonstrukt schulbezogenes Fachwissen (SRCK). Vor diesem Hintergrund
schlagen wir vor, Lehramtsaufgaben mithilfe dieses Konstrukts genauer zu beschreiben.
Die Forschungsfragen sind entsprechend:

FF1:   Wie sind derzeit verwendete Lehramtsaufgaben gestaltet? Welche typischen Auf-
gabenklassen lassen sich ermitteln?

FF2:   Inwiefern adressieren die derzeit verwendeten Lehramtsaufgaben die drei Facetten
des SRCK?

Für die Forschungsfragen 1 und 2 bietet sich eine systematische Analyse der Lehramtsaufgaben mithilfe eines erprobten Kategoriensystems an. Dabei kann einerseits auf
Studien, die zu schulischen Aufgaben durchgeführt wurden, zurückgegriffen werden,
insbesondere auf die Studien TIMSS-Video (Neubrand, 2002) und COACTIV (Jordan
et al., 2006). Andererseits wurden auch im Rahmen der Hochschule mittlerweile erste
Aufgabenanalysen durchgeführt, deren Kategoriensysteme in Teilen für die Analyse von Lehramtsaufgaben anwendbar sind. Rach et al. (2014) passten beispielsweise
die *Typen mathematischen Arbeitens* aus COACTIV für den Hochschulkontext an und
Weber und Lindmeier (2020a) entwickelten aufbauend auf TIMSS und COACTIV ein
Klassifikationssystem, um die mathematischen Anforderungen von Übungsaufgaben
der Hochschulmathematik erfassen zu können. Davon ausgehend haben Weber und
Lindmeier (2020b) für die hier vorgestellte Studie ein Kategoriensystem für Lehramtsaufgaben entwickelt, welches neben allgemeinen Gestaltungsmerkmalen einerseits die
Art der thematisierten Bezüge und andererseits die innermathematischen Anforderungen
abbildet. In einer Vorstudie zeigte sich, dass das Kategoriensystem geeignet erscheint,
um die in den Lehramtsaufgaben adressierten Bezüge zu explizieren.

Da über den Umgang mit Lehramtsaufgaben bisher wenig bekannt ist, stellt sich
ferner die Frage, inwiefern Lehramtsaufgaben, die theoretisch Lerngelegenheiten für
SRCK sein könnten, tatsächlich als solche genutzt werden. Damit ergibt sich als dritte
Forschungsfrage:

FF3: Finden sich in Bearbeitungen von Lehramtsaufgaben Hinweise auf die Nutzung eines
schulbezogenen Fachwissens?

Zur Beantwortung der Frage sollen exemplarisch Studierendenbearbeitungen nach Hinweisen auf die Nutzung von SRCK untersucht werden. Die Aufgabenbearbeitungen

können einerseits illustrieren, inwiefern Zusammenhänge im Sinne des SRCK hergestellt werden, andererseits erlauben sie Rückschlüsse, ob ggf. Hürden für die Aktivierung von SRCK bestehen.

6.3   Methoden

6.3.1   Stichprobe

Zur Beantwortung der ersten beiden Forschungsfragen wurde eine systematische Analyse von Lehramtsaufgaben, die bereits im Hochschulkontext eingesetzt wurden, durchgeführt. In die Stichprobe wurde von verschiedenen Hochschulen jeweils ein Semestersatz von Lehramtsaufgaben aufgenommen. Für eine möglichst gute Vergleichbarkeit der Aufgaben wurden das Inhaltsgebiet Analysis sowie Studiengänge für das gymnasiale Lehramt fokussiert. Es wurden dabei sowohl Standorte miteinbezogen, die eine eigene Analysis-Vorlesung für Lehramtsstudierende anbieten, als auch solche, welche in der Vorlesung mehrere Studiengänge berücksichtigen. Insgesamt ergeben sich als Datengrundlage $N=88$ Lehramtsaufgaben von acht verschiedenen Hochschulstandorten. Die Aufgaben sind größtenteils unveröffentlicht und wurden auf Anfrage von den Verantwortlichen der jeweiligen Hochschule für diese Studie zur Verfügung gestellt. Eine Übersicht über die Stichprobe findet sich in Tab. 6.1.

6.3.2   Kategoriensystem zur Aufgabenanalyse

Klassifiziert wurden die Lehramtsaufgaben regelgeleitet mithilfe der qualitativen Inhaltsanalyse nach Mayring (2010). Das hier verwendete Kategoriensystem umfasst neun größtenteils deduktiv abgeleitete Kategorien und wurde in einer eigenen Vorstudie ausgeschärft und erprobt (Weber & Lindmeier, 2020b). Im Rahmen dieser Vorstudie wurde als Analyseeinheit jeweils eine Lehramtsaufgabe betrachtet, die wiederum mehrere Teilaufgaben umfassen konnte. Jedoch zeigte sich, dass unterschiedliche Teilaufgaben einer Lehramtsaufgabe mitunter sehr verschieden gestaltet sind und insbesondere verschiedene SRCK-Facetten adressieren. Infolgedessen wurde im Rahmen dieser Untersuchung jeweils eine Teilaufgabe als Analyseeinheit gewählt, um eine möglichst differenzierte Abbildung der Aufgabenmerkmale zu erreichen. Insgesamt ergibt sich somit eine Stichprobengröße von $N_T=235$ Teilaufgaben, die jeweils hinsichtlich der in Tab. 6.2 dargestellten Kategorien beurteilt wurden. Die Kodierung wurde von der Erstautorin mithilfe eines umfassenden Kodiermanuals vorgenommen.

In den Kategorien A und B wurde die dominante sowie weitere auftretende SRCK-Facetten vermerkt. Kategorie C umfasst Elemente, die genutzt werden, um eine explizite Verbindung zwischen Schul- und Hochschulmathematik herzustellen. Bei mehreren auftretenden Elementen wurde dasjenige kodiert, welches zuerst in der Aufgabe verwendet

Tab. 6.1 Stichprobe der analysierten Lehramtsaufgaben sowie Rahmenbedingungen, unter denen die Aufgaben eingesetzt wurden. Aufgaben, die vorrangig in der Fachdidaktik entstanden sind, sind jeweils in Abstimmung mit den verantwortlichen Dozierenden der Fachwissenschaft in den Übungsbetrieb eingegangen

Standort	Anzahl		Zielgruppe(n) der Vorlesung[a]	Fachsem.[b]	Fachgebiet AufgabenentwicklerInnen	Turnus Lehramtsaufgaben
	Aufg.	Teilaufg.				
A	4	5	LAG, HFM	1	Fachdidaktik	Unregelmäßig
B	13	42	LAG, HFM	3	Fachdidaktik	1 Aufgabe pro Blatt
C	13	33	LAG, LAB, HFM, HFP	3	Fachdidaktik	1 Aufgabe pro Blatt
D	12	24	LAG, LAB, HFM	1	Fachdidaktik	1 Aufgabe pro Blatt
E	20	66	LAG, HFM, HFP	3	Fachwissenschaft & Fachdidaktik	2 Aufgaben pro Blatt
F	7	26	LAG	1	Fachdidaktik	1 Aufgabe alle zwei Blätter
G	3	11	LAG, LAB, HFM, HFI	3	Fachdidaktik	Unregelmäßig
H	16	28	LAG, LAS	4	Fachwissenschaft	1–2 Aufgaben pro Blatt
Σ	88	235				

[a] Zur Erläuterung: HFI: Hauptfachstudierende Informatik, HFM: Hauptfachstudierende (Wirtschafts-)Mathematik, HFP: Hauptfachstudierende Physik, LAB: Lehramt für Berufsschulen, LAG: Lehramt für Gymnasien/Sekundarstufe II, LAS: Lehramt für Sekundarstufe I.
[b] Vorgesehenes Fachsemester laut Modulplan jeweils für den Studiengang „Lehramt für Gymnasien/Sek. II".

wurde. Die Ausprägung *5 – prosaische Kontextualisierung* ist dabei als schwächster Schulbezug zu werten. Dieser ist z. B. durch einen Einleitungssatz gegeben, welcher informiert, dass ein Thema auch in der Schule behandelt wird, wobei diese Information anschließend nicht weiter aufgegriffen wird.

Die Wissensbereiche, die jeweils zur Lösung der Aufgabe herangezogen werden müssen, wurden in der Kategorie D festgehalten. Mathematische Elemente wurden jeweils der Schulmathematik zugeordnet, wenn sie sich in den Bildungsstandards/Fachanforderungen fanden, andernfalls wurden sie der Hochschulmathematik zugeschrieben. Fachdidaktisches Wissen wurde dann kodiert, wenn Schülerkognitionen zu betrachten waren oder Inhalte der Fachanforderungen bekannt sein mussten. In Kategorie E wurde festgehalten, welche Arbeitsanforderungen in den Aufgaben jeweils angesprochen wurden.

Tab. 6.2 Verwendetes Kategoriensystem zur Analyse der Lehramtsaufgaben

Kategorie (Quelle)		Ausprägung
A – dominante SRCK-Facette (Dreher et al., 2018)		1 – top-down, 2 – bottom-up, 3 – curricular, 4 – nicht zuzuordnen
B – weitere SRCK-Facetten (Dreher et al., 2018)	a. top-down	Jeweils:
	b. bottom-up	0 – nicht vorhanden,
	c. curricular	1 – vorhanden
C – expliziter Schulbezug (Eigenentwicklung)		0 – nicht vorhanden, 1 – Schul(buch)aufgabe, 2 – Schüleräußerung, 3 – schulischer Zugang/Definition, 4 – schülergerechte Antwort, 5 – prosaische Kontextualisierung, 6 – anderer Schulbezug
D – Wissensbereich (adaptiert nach COACTIV)	a. Schulmathematik	Jeweils:
	b. Hochschulmathematik	0 – nicht benötigt,
	c. Fachdidaktik	1 – benötigt
E – Arbeitsanweisungen (adaptiert nach TIMSS)	a. berechnen, b. beweisen, c. veranschaulichen, d. vergleichen, e. kontrollieren/korrigieren, f. beurteilen/diskutieren, g. interpretieren/explorieren, h. Lernziele/Leitideen/Grundvorstellungen zuordnen, i. (prosaisch) erläutern, j. formalisieren, k. Vorwissen benennen, l. Klassenstufe zuordnen, m. Material entwickeln, n. schülergerecht beantworten, o. Beispiele angeben	Jeweils: 0 – nicht gefordert, 1 – gefordert

(Fortsetzung)

Tab. 6.2 (Fortsetzung)

Kategorie (Quelle)	Ausprägung
F – Mathematical Literacy (Bauer & Hefendehl-Hebeker, 2019)	1 – everyday, 2 – applied, 3 – theoretical, 4 – reflexive, 5 – nicht zuzuordnen
G – dominanter Typ mathematischen Arbeitens (adaptiert nach Rach et al., 2014)	1 – schematisches Anwenden, 2 – außermathematisches Anwenden, 3 – Beweisen, 4 – Begriffsbildung, 5 – nicht zuzuordnen
H – mathematische Sätze (Weber & Lindmeier 2020a)	0 – keine Anwendung notwendig, 1 – vorrangig Rechenvorschriften, 2 – ein Satz anzuwenden, 3 – mehrere Sätze anzuwenden
I – (hochschulmathematische) Definitionen (Weber & Lindmeier 2020a)	0 – keine Anwendung notwendig, 1 – eine Definition anzuwenden, 2 – mehrere Definitionen anzuwenden

In den Kategorien F und G wurden die höchste adressierte Literacy-Stufe (Bauer & Hefendehl-Hebeker, 2019) und der dominante mathematische Arbeitstyp (adaptiert nach Rach et al., 2014) erfasst. Dabei wurden die Arbeitstypen nach Rach et al. (2014) im Rahmen der Vorstudie (Weber & Lindmeier, 2020b) um die *Begriffsbildung* erweitert. Hierunter fallen beispielsweise Aufgaben, in denen ein Begriff definiert werden soll, eine formale Definition mit einer passenden Anschauung zu verknüpfen ist oder verschiedene Definitionen miteinander verglichen werden sollen, wobei der Vergleich über das Aufzeigen/Widerlegen der Äquivalenz hinausgeht. Hervorzuheben ist, dass sich bei einer Analyse herkömmlicher – also nicht lehramtsspezifischer – mathematischer Übungsaufgaben (Weber & Lindmeier, 2020a) die Typen mathematischen Arbeitens nach Rach et al. (2014) als hinreichend ausweisen und keine Ergänzung um weitere Ausprägungen vorgenommen werden musste. Insofern kann man die Arbeitstypen *schematisches Anwenden, außermathematisches Anwenden* und *Beweisen* als „herkömmliche" mathematische Arbeitstypen auffassen, während die ergänzten Ausprägungen vorrangig „nicht-herkömmlich" zu sein scheinen.

Bezüglich der Literacy-Stufen ist anzumerken, dass in erster Linie die *reflexive literacy* einen Mehrwert zu den Typen mathematischen Arbeitens liefert, während sich die *applied literacy* vollständig mit den schematischen Anwendungsaufgaben deckt und die *theoretical literacy* größtenteils unter den Arbeitstyp *Beweisen* fällt – ergänzt um einen Teil der *Begriffsbildung*. Infolgedessen wird bei der Klassifikation in Abschn. 6.4.2 auf die Typen mathematischen Arbeitens zurückgegriffen, da diese empirisch als Kategorien bereits erprobt und in der Mathematikdidaktik theoretisch bisher umfangreicher beschrieben sind als die Literacy-Stufen.

Zuletzt beschreiben die Kategorien H und I, wie viele hochschulmathematische Sätze oder Definitionen zu einer erfolgreichen Aufgabenbearbeitung hinzugezogen werden müssen.

Die 235 Teilaufgaben wurden hinsichtlich des vorgestellten Kategoriensystems beurteilt und klassifiziert, wobei die Klassifikation zunächst kleinschrittig entlang der Teilaufgaben erfolgte, um alle Aufgabentypen in ihrer Breite möglichst gut abbilden zu können. In einem zweiten Schritt wurde eine Kategorisierung der 88 Lehramtsaufgaben durch Aggregation abgeleitet.

6.3.3 Analyse der Studierendenbearbeitungen

Als Ergänzung zur Analyse der Lehramtsaufgaben wurden in einem zweiten Teil der Studie Studierendenbearbeitungen hinsichtlich der Frage untersucht, inwiefern in der Lehramtsaufgabe intendierte Verbindungen zwischen Schul- und Hochschulmathematik von den Lehramtsstudierenden auch tatsächlich hergestellt werden konnten. Hierfür wurden exemplarisch Bearbeitungen von drei verschiedenen Lehramtsaufgaben des Standortes D ebenfalls mithilfe der qualitativen Inhaltsanalyse nach Mayring (2010) untersucht. Die Aufgaben wurden auf Basis der Ergebnisse der Aufgabenanalyse ausgewählt und werden in Abschn. 6.4.3 genauer vorgestellt. Analysiert wurde, ob die Bearbeitungen auf den Ebenen der Hochschul- und Schulmathematik korrekt waren und ob ein Bezug zwischen Schul- und Hochschulmathematik erfolgreich hergestellt werden konnte. Erfüllen die Bearbeitungen diese Bedingungen, konnten die Studierenden SRCK bei der Bearbeitung aktivieren und damit die Lerngelegenheit wie intendiert nutzen.

6.4   Ergebnisse

6.4.1   Aufgabenanalyse

Eine Übersicht der relativen Häufigkeiten der einzelnen Ausprägungen findet sich in Tab. 6.3. Aus den Kategorien A und B kann zunächst entnommen werden, dass insgesamt 15 % der 235 Teilaufgaben die top-down Facette adressieren. Bezüge in bottom-up Richtung finden sich dagegen in 42 %, während eine curriculare Perspektive lediglich in 5 % der Teilaufgaben in der Stichprobe angebahnt wird. 46 % der Teilaufgaben ließen sich keiner SRCK-Facette zuordnen – beispielsweise, weil sie keine Hochschulmathematik erfordern (17 % aller Teilaufgaben) oder keinen Schulbezug sowie keine professionsspezifischen Anforderungen adressieren. Zudem weist über ein Drittel der Teilaufgaben (35 %) keinen expliziten Schulbezug auf. Diese Aufgaben sind bis auf sechs auch keiner SRCK-Facette zuzuordnen.[2]

Mit Blick auf die innermathematischen Anforderungen der Kategorien H und I ist zu bemerken, dass es bei einem Drittel der Aufgaben nicht erforderlich ist, mathematische Sätze oder Definitionen anzuwenden. Darunter fallen zum einen alle Aufgaben, die keine Hochschulmathematik erfordern (Kategorie D), zum anderen vor allem Aufgaben der Arbeitstypen *Begriffsbildung* oder *nicht zuzuordnen* (Kategorie G), die damit nicht zum herkömmlichen Kanon mathematischer Arbeitstypen zählen. Auf Grundlage dieses Befundes sowie der Überlegungen aus Abschn. 6.3.2 wird im Folgenden bei der Aufgabenklassifikation zwischen herkömmlichen und nicht-herkömmlichen Arbeitstypen unterschieden. Als herkömmlich zählen wie in Abschn. 6.3.2 erläutert alle Rechen- und Beweisaufgaben. Zusätzlich werden hierunter Aufgaben des Typs *Begriffsbildung* gefasst, welche die Arbeitsanweisung *formalisieren* enthalten. In diesen Auf-

---

[2]Die sechs SRCK-Teilaufgaben, die keinen Schulbezug aufweisen, beschäftigen sich mit Grundvorstellungen, ohne dass dies expliziert wird. Es ist möglich, dass im Rahmen der zugehörigen Vorlesung die Rolle von Grundvorstellungen in der Schulmathematik thematisiert wurde, dies lässt sich jedoch nicht aus der Aufgabe schließen.

Tab. 6.3 Übersicht über die relativen Häufigkeiten der Kategorienausprägungen in den 235 Teilaufgaben. In der Stichprobe lagen erwartungsgemäß keine Aufgaben der Literacy-Stufe *everyday* vor. Auch außermathematische Anwendungsaufgaben traten nicht auf. Die beiden Ausprägungen sind in dieser Tabelle daher nicht aufgeführt

Kategorie	Ausprägung	Rel. H. (%)	Kategorie	Ausprägung	Rel. H. (%)
A – dominante SRCK-Facette	top-down	11	B – weitere SRCK-Facetten	top-down vorhanden	4
	bottom-up	41		bottom-up vorhanden	1
	curricular	1		curricular vorhanden	4
	nicht zuzuordnen	46			
C – expliziter Schulbezug	nicht vorhanden	35	D – Wissensbereich	Schulmathematik benötigt	28
	Schul(buch)aufgabe	11			
	Schüleräußerung	8			
	schulischer Zugang/Def	25		Hochschulmathematik benötigt	83
	schülergerechte Antwort	8			
	prosaische Kontextualisierung	6		Fachdidaktik benötigt	6
	anderer Schulbezug	6			
F – Mathematical Literacy	applied	27	G – dominanter Typ mathematischen Arbeitens	schematisches Anwenden	27
	theoretical	57		Beweisen	48
	reflexive	5		Begriffsbildung	14
	nicht zuzuordnen	11		nicht zuzuordnen	11
H – mathematische Sätze	keine Anwendung	52	I – (hochschulmath.) Definitionen	keine Anwendung	74
	vorrangig Rechenvorschriften anzuwenden	40		eine Definition anzuwenden	22
	ein Satz anzuwenden	6		mehrere Definitionen anzuwenden	4
	mehrere Sätze anzuwenden	1			

gaben muss zumeist ein Begriff hochschulmathematisch formal definiert werden, was einer herkömmlichen akademischen Arbeitsweise entspricht. Alle übrigen Aufgaben der *Begriffsbildung,* sowie alle Aufgaben, die sich keinem mathematischen Arbeitstyp zuordnen ließen, werden im Folgenden unter dem nicht-herkömmlichen Arbeitstyp subsumiert.

6.4.2 Ermittelte Aufgabenklassen

Die Klassifikation der analysierten Aufgaben wurde zunächst auf Ebene der Teilaufgaben vorgenommen. Anschließend wurden daraus Klassen für die Aufgaben als Ganzes aggregiert.

Klassifikation der Teilaufgaben

Wie eingangs beschrieben sollte vor allem die Art der thematisierten Bezüge (kognitive Ziele der Lehramtsaufgaben) näher klassifiziert und gleichzeitig die innermathematischen Anforderungen abgebildet werden. Daher wurden die 235 Teilaufgaben in erster Instanz hinsichtlich der beiden Kategorien A – *SRCK* und G – *Typ mathematischen Arbeitens* klassifiziert, wobei die Arbeitstypen wie oben skizziert in herkömmlich und nicht-herkömmlich unterteilt wurden. Da die SRCK-Facetten top-down und curricular nur einen geringen Anteil der Stichprobe ausmachten, wurde für diese Teilaufgaben keine weitere Untergliederung vorgenommen. Die bottom-up Teilaufgaben sowie Teilaufgaben, die keiner SRCK-Facette zuzuordnen waren, konnten jedoch näher klassifiziert werden.

Bottom-up Teilaufgaben wurden im zweiten Schritt hinsichtlich des explizierten Schulbezugs unterschieden, wobei die Ausprägung *schülergerechte Antwort* bei diesen Teilaufgaben nicht auftrat. Nicht explizierte Schulbezüge wurden ferner mit der Ausprägung *Zugang/Definition* zusammengefasst, da es sich hier ausnahmslos um Grundvorstellungen handelte, welche als schulische Zugänge aufgefasst werden können. Teilaufgaben, die Schüleraussagen als verbindendes Element nutzen, wurden in einem dritten Schritt dahin gehend klassifiziert, ob sie neben der bottom-up Facette auch die top-down Facette adressieren und damit eine vollständige Handlung im Rahmen einer beruflichen Anforderungssituation beschreiben oder nicht (für Beispiele solcher vollständigen professionellen Handlungen siehe Dreher, Hoth et al., im Druck, und Prediger, 2013).

Teilaufgaben ohne SRCK wurden im zweiten Schritt hinsichtlich der benötigten Wissensbereiche untergliedert. Es zeigt sich, dass 13 % der Teilaufgaben Problemstellungen auf Schulniveau enthalten. Häufig sind diese auch explizit als Schulbuchaufgaben gekennzeichnet. Weitere 3 % der Stichprobe sind ebenfalls ohne Hochschulmathematik lösbar, allerdings keinem herkömmlichen Arbeitstyp zuzuordnen. Unter diesen Teilaufgaben finden sich z. B. solche, die fachdidaktisches Wissen erfordern. Im dritten Schritt wurden Teilaufgaben ohne SRCK (aber mit Hochschulmathematik) dahin gehend aufgeteilt, ob ein Schulbezug expliziert wurde oder nicht. Es zeigt sich, dass über ein Fünftel der Teilaufgaben herkömmliche innermathematische Problemstellungen behandeln, während 5 % auf nicht-herkömmliche Arbeitstypen entfallen und keinen expliziten Schulbezug aufweisen. Unter diesen Teilaufgaben findet sich ein verhältnismäßig großer Anteil zur *reflexive literacy* (Kategorie F). Beispielsweise sollte reflektiert werden, welche sich anschließenden Fragestellungen aus akademischer Sicht „interessant" erscheinen, oder angegeben werden, welche Schwierigkeiten bei der Beantwortung der Folgefragen möglicherweise auftreten.

Insgesamt ergeben sich auf Basis dieser Gliederung 16 Klassen von Teilaufgaben, welche die Bandbreite der festgestellten Aufgabentypen abbilden. Die entstandene Klassifikation der 235 Teilaufgaben findet sich in Tab. 6.4. Zur Benennung der jeweiligen Klassen wurde auf die Arbeitsanweisungen aus Kategorie E zurückgegriffen. Zur Illustration von Aufgaben, die keinem herkömmlichen Arbeitstyp zuzuordnen sind, sei auf Abb. 6.1 verwiesen. Die dort abgebildete Aufgabe ist der SRCK-Facette top-down zuzuordnen, da sie ausgehend von hochschulmathematischen Zugängen schülergerechten Motivationen für die Begriffseinführung einfordert. Da in der Teilaufgabe weder etwas bewiesen noch ein Algorithmus angewendet oder eine Definition formalisiert werden muss, ist sie keinem herkömmlichen Arbeitstyp zuzuordnen.

Weitere Beispiele für nicht-herkömmliche „Erläuterungen & Beurteilungen" sind das Reflektieren, inwiefern ein bestimmter akademischer Inhalt für Lehrkräfte relevant ist, die Frage „Warum würden Sie in der Schule den Begriff xy nicht wie folgt einführen?" oder Begründungen, warum es an konkreten Stellen (die in einer weiteren Teilaufgabe betrachtet werden) Diskrepanzen zwischen akademischer Formalität und schulischer Umsetzung geben mag.

Klassifikation der Aufgaben

Ausgehend von der Klassifikation der Teilaufgaben laut Tab. 6.4 wurde in einem zweiten Schritt eine Kategorisierung der 88 Lehramtsaufgaben vorgenommen, welche in Tab. 6.5 dargestellt ist. Hierbei wurde zunächst unterschieden, ob in mindestens einer Teilaufgabe eine SRCK-Facette adressiert wird. Insgesamt entfallen 32 % der 88 Lehramtsaufgaben auf die Klasse *kein SRCK*. Die übrigen 68 % wurden in zweiter Instanz danach untergliedert, ob ihre Teilaufgaben zu mindestens 50 % herkömmlichen Arbeitstypen zuzuordnen sind. Die Klasse der Lehramtsaufgaben *SRCK nicht-herkömmlich*, die hierbei abgespalten wurde, bildet einen Anteil von 9 % der Gesamtstichprobe. Aufgaben herkömmlichen Arbeitstyps wurden anschließend hinsichtlich der Anzahl adressierter SRCK-Facetten klassifiziert, wobei Aufgaben mit mindestens zwei Facetten meist zunächst Zusammenhänge in bottom-up und anschließend in top-down Richtung thematisieren. Entsprechend wird hier eine typische professionelle Handlung von Lehrkräften adressiert (Ausführungen hierzu siehe Dreher, Hoth et al., im Druck). Bezeichnet wird diese Aufgabenklasse daher mit *Kreislauf herkömmlich*. Insgesamt bilden diese Aufgaben mit 23 % die größte Gruppe unter den SRCK-Aufgaben.

Tab. 6.4 Übersicht über die Klassifikation der Teilaufgaben ($N_T = 235$) sowie deren Anteile an der Gesamtstichprobe. Die Klassifikationskriterien sind jeweils fett gedruckt

SRCK				**Typ mathematischen Arbeitens**	
				Herkömmlicher Arbeitstyp	**Nicht-herkömmlicher Arbeitstyp**
top-down				schülergerechte Erklärung (Beweise/Begriffe) (6 %)[a]	Material erstellen; Erläuterungen & Beurteilungen (5 %)
bottom-up	**Schulbezug**	Def./Zugang oder nicht explizit (Grundvorstellung)		Anwendung/Formalisierung/Beweis der Angemessenheit (15 %)	Erläuterungen & Beurteilungen (4 %)
		Schul(buch)aufgabe		lösen (ggf. Verallgemeinerung) (5 %)	Erläuterungen & Beurteilungen (2 %)
		Schüleraussage	**Top-down** nicht adressiert	kontrollieren/beweisen (ggf. Verallgemeinerung) (3 %)[b]	
			Top-down adressiert	kontrollieren/beweisen und reagieren (vollständige Hdlg., 3 %)	
		Sonstige		sonstige schulbezogene Beweise/Berechnungen/Definitionen (8 %)	
curricular				(mehrere) schülergerechte Erklärungen verfassen/beurteilen (1 %)[c]	
nicht zuzuordnen	**Hochschulmathematik**	nicht benötigt		innermathematisches Arbeiten (22 %)	Erläuterungen, Fachdidaktik, Sonstiges (3 %)
		benötigt	**Schulbezug** nicht vorhanden	innermathematisches Arbeiten (22 %)	Begriffsbildung, Arbeitsweisen & Methoden erläutern (5 %)
			Schulbezug vorhanden	innermathematisches Arbeiten mit (schwachem) Schulbezug (3 %)	Sonstiges (<1 %)

[a] Aufgaben, die dieser Zelle zuzuordnen sind, sind in Abb. 6.2 zu finden (Aufgabe A (b) sowie Aufgabe B (b)).
[b] Unter diese Klasse fallen z. B. jeweils die Aufgabenteile (a) der Aufgaben A und B aus Abb. 6.2.
[c] Beispiele für diese Aufgabenklasse stellen beide Teilaufgaben der Aufgabe C in Abb. 6.2 dar.

Wir betrachten hier vier mögliche Zugänge zur Exponentialfunktion:

(1) als die durch $x \mapsto lim_{n\to\infty} \left(1 + \frac{x}{n}\right)^n$ gegebene Funktion,

(2) als die Umkehrfunktion der Integralfunktion $x \mapsto \int_0^x \frac{1}{t} dt$,

(3) als die durch die Potenzreihe $\sum_{n=0}^{\infty} \frac{x^n}{n!}$ definierte Funktion,

(4) als diejenige unter den Funktionen $f_a : x \mapsto a^x$ mit $a \in \mathbb{R}^+$, für die gilt $f_a' = f_a$.

Beschreiben Sie für zwei der vier Zugänge mögliche Motivationen, die für Schüler der 11. Jahrgangsstufe verständlich sind.

Abb. 6.1 Aufgabenbeispiel von Bauer zur SRCK-Facette top-down, in welcher kein herkömmlicher Arbeitstyp angesprochen ist. Die Originalaufgabe umfasst weitere Teilaufgaben, die unter anderem die Äquivalenz der Zugänge prüfen lassen („innermathematisches Arbeiten"), sowie die Auswahl eines Zugangs für eine schulische Definition der Exponentialfunktion einfordern (ebenfalls „top-down, nicht-herkömmlicher Arbeitstyp"). Eine abgewandelte Form der Aufgabe, die innermathematisch ausführlich die verschiedenen Zugänge untersucht und deren Äquivalenz zeigt, findet sich auch im „Analysis-Arbeitsbuch" (Bauer, 2013)

Tab. 6.5 Klassifikation der 88 Lehramtsaufgaben in vier Schritten ausgehend von den Klassen der Teilaufgaben laut Tab. 6.4. Insgesamt ergeben sich sechs Aufgabentypen

1. Gliederung: SRCK adressiert?					
In mindestens einem Aufgabenteil					In keinem Aufgabenteil
2. Gliederung: Arbeitstyp				Überwiegend nicht-herkömmlich	
Überwiegend herkömmlich (mindestens 50 % der Teilaufgaben)					
3. Gliederung: Anzahl adressierter SRCK-Facetten					
Eine Facette			Mehrere Facetten		
4. Gliederung: Mischung SRCK – kein SRCK					
Keine Mischung, nur SRCK	Mischung: SRCK + Schulwissen	Mischung: SRCK + Hochschulwissen			
SRCK mono und herkömmlich (16 %)	SRCK + Schulwissen (10 %)	SRCK + Hochschulwissen (10 %)	Kreislauf herkömmlich (23 %)	SRCK nicht herkömmlich (9 %)	Kein SRCK (32 %)

Bei Aufgaben mit nur einer SRCK-Facette wurde im letzten Schritt danach unterschieden, ob das SRCK in allen Teilaufgaben adressiert wird oder es Mischungen aus SRCK-Teilaufgaben und schulischen bzw. hochschulischen Teilaufgaben gibt. Dabei konnte festgestellt werden, dass 16 % der Lehramtsaufgaben in allen Teilaufgaben die gleiche SRCK-Facette adressieren *(SRCK mono und herkömmlich)*, während je ein Zehntel auf die Klassen *SRCK + Schulwissen* bzw. *SRCK + Hochschulwissen* entfällt. Erstere Gruppe besteht dabei aus Aufgaben, deren Teilaufgaben teils SRCK erfordern und teils keiner SRCK-Facette zuzuordnen sind und dabei lediglich schulmathematisches Wissen erfordern. Letztere Gruppe unterscheidet sich von *SRCK + Schulwissen* dadurch, dass in den Teilaufgaben ohne SRCK nicht nur (aber ggf. auch) schulmathematisches Wissen benötigt wird.

6.4.3 Aufgabenbearbeitungen

Als Ergänzung zu der systematischen Aufgabenanalyse, wurden exemplarisch Studierendenbearbeitungen des Standortes D dahin gehend untersucht, ob die intendierten Bezüge zwischen Schul- und Hochschulmathematik bei der Bearbeitung erfolgreich hergestellt werden können. Dafür wurden zwei Lehramtsaufgaben der Gruppe *Kreislauf herkömmlich* ausgewählt, die sowohl die bottom-up als auch die top-down Facette abbilden (s. Aufgabe A und B, Abb. 6.2), und eine Aufgabe, die die curriculare Facette adressiert (s. Aufgabe C, Gruppe *SRCK mono und herkömmlich*). Miteinbezogen wurden nur vollständige Bearbeitungen, was insgesamt $N = 61$ Fälle ergab (davon 17 Bearbeitungen zu Aufgabe A, 24 zu Aufgabe B und 20 zu Aufgabe C).

Beurteilt wurde in den Aufgaben A und B jeweils, ob die Bearbeitung auf Ebene der Hochschulmathematik korrekt ist und ob die schülergerechte Antwort inhaltlich korrekt sowie adressatengerecht (bezogen auf das benötigte Vorwissen) ist. Letzteres Kriterium wurde auch bei Aufgabe C bezogen auf Teilaufgabe (a) vermerkt, wobei es hier nicht zu Punktabzug kam, wenn der Oberstufenbeweis eher für die Unterstufe geeignet war.[3] Zudem wurde analysiert, ob ein expliziter Bezug zwischen Schul- und Hochschulmathematik hergestellt wurde. In den Aufgaben A und B war dies gegeben, wenn die Aufgabenteile (a) und (b) jeweils erkennbar zueinander passten. In Aufgabe A sollte also beispielsweise in der schülergerechten Antwort die zugrunde liegende Beweisidee aus Teil (a) an einem generischen Zahlenbeispiel erkennbar sein. In Aufgabe B mussten für einen erfolgreichen Bezug die angeführten Beispiele die zuvor benannten Fehler adressieren.[4] Bei Aufgabe C galt ein Bezug bei erfolgreicher Bearbeitung von Aufgabenteil (b) als hergestellt.[5]

In Tab. 6.6 findet sich eine Übersicht über korrekt hergestellte Bezüge. 18 der 61 analysierten Studierendenbearbeitungen weisen vollständig korrekt hergestellte Bezüge

---

[3] Entsprechende Fälle traten auf, was Hinweise darauf gibt, dass Unschärfen im curricularen Wissen vorliegen können, da Begründungen nicht auf adäquatem Niveau gewählt werden. Dieser Befund betrifft aber nicht direkt die Forschungsfragen, weshalb ihm im Rahmen dieser Studie nicht weiter nachgegangen werden kann.

[4] Weitere Erläuterungen und ein skizzierter Erwartungshorizont zur Aufgabe B können bei Prediger (2013) nachgeschlagen werden.

[5] Für eine ausführliche Diskussion zu Lösungsmöglichkeiten von Aufgabe C sei auf Bauer (2011) verwiesen, der schulische Begründungen der Gleichheit $0,\overline{9} = 1$ für verschiedene Jahrgangsstufen analysiert.

Aufgabe A: Bereits in der Grundschule wird die folgende Teilbarkeitsregel gelehrt:

Eine natürliche Zahl ist genau dann durch 3 teilbar, wenn ihre Quersumme durch 3 teilbar ist.

Ein Fünftklässler fragt Sie: „Warum ist das eigentlich so?"

(a) Beantworten Sie die Frage zunächst mit Mitteln, die bisher in der Vorlesung zur Verfügung gestellt wurden.

(b) Verfassen Sie danach auch eine kindgerechte Antwort.

Aufgabe B: (nach Prediger 2013) Die Schülerinnen und Schüler eines Oberstufenjahrgangs wurden aufgefordert, den Grenzwert einer Folge in eigenen Worten zu definieren.
Hanna sagt: „Ein Grenzwert einer Folge ist die Zahl, in deren beliebig kleiner Nähe unendlich viele Folgenglieder liegen." Tom sagt: „Kommt eine Folge einer Zahl immer näher, so ist diese Zahl der Grenzwert der Folge."

(a) Prüfen Sie die Charakterisierungen jeweils auf Korrektheit. Benennen Sie, wo genau Fehler vorliegen.

(b) Geben Sie Beispiele an, die Hanna bzw. Tom die Fehler aufzeigen.

Aufgabe C: Sie haben in der vorigen Aufgabe $0,\overline{9} = 1$ mithilfe der Reihendarstellung berechnet.

(a) Geben Sie nun je einen altersgerechten Beweis für diese Gleichheit für die Klassenstufe 6 und für die Oberstufe.

(b) Geben Sie jeweils an, an welchen Stellen die Schulbeweise aus Hochschulsicht Lücken aufweisen.

Abb. 6.2 Aufgaben, zu denen Studierendenbearbeitungen analysiert wurden. Die Aufgabenformulierungen sind teils um Strukturierungshilfen / Hinweise gekürzt

zwischen Schul- und Hochschulmathematik auf, wobei zu bemerken ist, dass dies nicht gleichbedeutend mit einer vollständig korrekten Bearbeitung der Aufgabe ist. Beispielsweise fallen hierunter auch Bearbeitungen, welche in Aufgabe B nicht alle Fehler der Schülercharakterisierungen anführen, die benannten Fehler aber durch passende Beispiele schülergerecht adressieren. Ein Beispiel für einen erfolgreich hergestellten Bezug in Aufgabe C findet sich in Abb. 6.3. In der Bearbeitung werden korrekte Beweise erbracht und Lücken benannt, wenngleich das im Oberstufenbeweis gewählte Abstraktionsniveau nicht optimal ist.

Weitere 16 Bearbeitungen weisen teilweise korrekt hergestellte Bezüge auf. Bezogen auf Aufgabe B bedeutet dies, dass einige der Beispiele die benannten Fehler passend adressieren, andere nicht, während in Aufgabe C Lücken nur für einen der beiden

Tab. 6.6 Übersicht über erfolgreich hergestellte Bezüge. Damit Bezüge (teilweise) korrekt hergestellt werden können, muss die Bearbeitung bzgl. Schul- und Hochschulmathematik mindestens teilweise korrekt sein, sodass mit „X" markierte Zellen bei dem Vorgehen nicht besetzt sein können

				Bezug zwischen Schul- und Hochschulmathematik hergestellt		
				Inkorrekt/ nicht hergestellt	Teilweise korrekt	Vollständig korrekt
Aufgabe A & B						
Korrektheit bzgl. Hochschulmathematik	Inkorrekt			8	X	X
	Teilweise korrekt	Korrektheit bzgl. Schulmathematik	Inkorrekt	7	X	X
			Teilw. korrekt	2	7	1
			Vollst. korrekt	–	1	11
	Vollständig korrekt		Inkorrekt	–	X	X
			Teilw. korrekt	–	–	–
			Vollst. korrekt	–	–	5
Aufgabe C						
Korrektheit bzgl. Schulmathematik			Inkorrekt	1	X	X
			Teilw. korrekt	3	2	–
			Vollst. korrekt	7	6	1
			Σ	**28**	**16**	**18**

Beweise korrekt angeführt werden. Fast die Hälfte der analysierten Bearbeitungen enthält jedoch keine bzw. nur inkorrekte Bezüge zwischen Schul- und Hochschulmathematik, wenngleich in den meisten dieser Fälle dennoch Teile der Aufgaben korrekt gelöst wurden. In Abb. 6.4 ist eine exemplarische Aufgabenbearbeitung dargestellt, die gänzlich scheitert. Dort wird im Unterstufenbeweis $0,\overline{9}$ als Prozess aufgefasst, obwohl die Interpretation als Zahl an dieser Stelle zentral wäre. Die Bearbeitung ist also inkorrekt bzgl. der Schulmathematik, wodurch auch kein korrekter Bezug zwischen Schul- und Hochschulmathematik hergestellt werden kann. Unklar ist, ob die Person nicht sogar der Meinung ist, $0,\overline{9}$ wäre kleiner 1, schließlich führt sie in (b) an, dass ein „Rest" bei der Subtraktion bestünde, welcher fälschlicherweise „einfach gestrichen" werde. Auffallend ist zudem, dass der Oberstufe kein eigenes Argumentationsniveau zugesprochen wird, sondern der entsprechende Beweis wahlweise auf Hochschul- („wie in Aufgabe 2") oder Unterstufenniveau („wie in a) (i)") durchgeführt werden soll.

Der Bruch $\frac{1}{9}$ lässt sich durch Division als $0,111\ldots$ darstellen.

Also $\quad 0,111\ldots = \frac{1}{9} \qquad | \cdot 9$

$\qquad 0,999\ldots = \frac{1}{9} \cdot 9$

$\qquad 0,999\ldots = \frac{1}{9} \cdot \frac{9}{1} = 1$

ii) $x = 0,\overline{9}$ lässt sich folgendermaßen umformen:

$\qquad x = 0,\overline{9}$

$\qquad x = 0,999\ldots \qquad | \cdot 10$

$\quad 10x = 9,99\ldots \qquad | - x$

$\qquad 9x = 9 \qquad | : 9$

$\qquad x = 1$

b) Der Beweis bei (i) setzt voraus, dass $0,111\ldots = \frac{1}{9}$, was aus Hochschulsicht erst bewiesen werden muss.
Der Beweis bei (ii) setzt voraus, dass ich unendlich lange Folgen einfach subtrahieren kann oder auch addieren (erster Schritt). Dies müsste für einen Hochschulbeweis erst gezeigt werden.
Diese Beweise sind mit schulischen Mitteln nicht zu erbringen. Außerdem vernachlässigen diese Beweise den aus Hochschulsicht zwingend benötigten Begriff des Grenzwertes komplett. Ohne ihn ist ein korrekter Beweis nicht möglich.

Abb. 6.3 Erfolgreiche Studierendenbearbeitung zur Aufgabe C

(a)(i) Wenn man $1-0,99999999\ldots$ rechnet, wird der Wert irgendwann so klein, dass $1-0,\overline{9} = 1-1$ ist, da $1-1=0$ muss sollte $1-0,\overline{9} = 1-1=0$ also $0,\overline{9}=1$ sein.

(ii) In der Oberstufe kann man entweder in einem kleinen Exkurs die geometrische Reihe einführen und $0,\overline{9}$ so bestimmen wie in Aufg. 2 oder so wie in a)(i).

b) Zur 6. Klasse: Es wird einfach ein Rest gestrichen, dass ist aus Hochschulsicht natürlich fragwürdig.
Zur Oberstufe: Es bleiben einige Lücken, da wir die unendliche geometrische Reihe vorher eingeführt haben

Abb. 6.4 Beispiel einer fehlerhaften Bearbeitung von Aufgabe C

6.5   Interpretation und Diskussion

Die vorliegende Studie wurde mit dem Ziel durchgeführt, zu einer systematischen
Beschreibung von Lehramtsaufgaben als spezifische Lerngelegenheiten für Lehramtsstudierende im Rahmen fachmathematischer Veranstaltungen beizutragen. Insbesondere
sollten die Lehramtsaufgaben dahin gehend untersucht werden, ob sie zum Aufbau eines
schulbezogenen Fachwissens beitragen können. Dafür wurden die Gestaltungsmerkmale
(allgemeine Merkmale, Art der Bezüge, innermathematische Anforderungen) von 235
Teilaufgaben aus 88 Lehramtsaufgaben expliziert und in 16 Klassen zusammengefasst.
Die ermittelten Klassen können Ausgangspunkt für die Entwicklung neuer Lehramtsaufgaben sein. Insbesondere zeigt sich, dass bottom-up Bezüge relativ häufig gefordert sind,
während Bezüge in top-down Richtung und die Anwendung curricularen Wissens bisher
eher selten erforderlich sind. Dies steht im Gegensatz dazu, dass in den Zielsetzungen
von Lehramtsaufgaben gewöhnlich eine Gleichgewichtung von Bezügen in Richtung
Schule → Hochschule und Hochschule → Schule kommuniziert wird (z. B. Ableitinger
et al., 2013; Bauer, 2013) und auch curriculares Wissen explizit adressiert werden soll
(Isaev & Eichler, 2017). Ist der Aufbau eines adäquaten schulbezogenen Fachwissens das
Ziel, könnte es notwendig sein, bei der Entwicklung von Lehramtsaufgaben die beiden
bisher wenig repräsentierten Facetten in Zukunft verstärkt zu adressieren. Etwaige Auf-
gabenbeispiele, die als Orientierung dienen können, sind in Abb. 6.1 und 6.2 dargestellt.

Ausgehend von der Klassifikation der Teilaufgaben konnten insgesamt sechs Klassen
von Lehramtsaufgaben identifiziert werden: Die Gruppe (1) *SRCK mono und herkömmlich* (16 % der 88 Lehramtsaufgaben) adressiert in allen Teilaufgaben die gleiche
SRCK-Facette bei überwiegend herkömmlichem Arbeitstyp (verglichen mit hochschulmathematischen Übungsaufgaben). Die Klasse (2) *SRCK + Schulwissen* (10 %) weist
neben Teilaufgaben, die SRCK adressieren, auch Teilaufgaben ohne SRCK auf, die mit
Schulwissen lösbar sind. Beispielsweise fallen hierunter Lehramtsaufgaben, in denen
zunächst eine Schulbuchaufgabe bearbeitet werden soll, bevor in einem zweiten Schritt
in bottom-up Richtung der mathematische Hintergrund der Aufgabe einzuordnen ist.
Demgegenüber besteht (3) *SRCK + Hochschulwissen* (10 %) aus SRCK-Teilaufgaben
und Teilaufgaben, die nicht dem SRCK zuzuordnen sind, aber nicht allein mit Schulwissen lösbar sind. Dies sind vor allem Aufgaben, die mit einer SRCK-Teilaufgabe
starten und in weiteren Teilaufgaben anschließende innermathematische Problemstellungen darbieten, für die der Schulbezug nicht mehr direkt relevant ist. Als größte
Gruppe innerhalb der SRCK-Lehramtsaufgaben ergibt sich (4) *Kreislauf herkömmlich*
(23 %), worunter Lehramtsaufgaben fallen, die mehrere SRCK-Facetten adressieren.
In den meisten Fällen ist dabei eine Schüleraussage zunächst fachmathematisch zu
beurteilen (bottom-up) und in einem zweiten Schritt adäquat zu beantworten (top-down),
was einer klassischen professionellen Handlung von Lehrkräften entspricht. Die Gruppe
(5) *SRCK nicht-herkömmlich* (9 %) beschreibt Lehramtsaufgaben, die SRCK einfordern
und größtenteils keinem herkömmlichen Arbeitstyp entsprechen. Sie umfassen z. B.

metamathematische Erläuterungen oder die Erstellung von Lernmaterialien. Diese Aufgabentypen sind mehrheitlich erst durch die Entwicklung der Lehramtsaufgaben in den letzten Jahren entstanden und zollen dem Umstand Tribut, dass Mathematiklehrkräfte eben meist nicht wie „herkömmliche" Mathematikerinnen und Mathematiker arbeiten, sondern darüber hinaus berufseigene Arbeitstätigkeiten beherrschen müssen. Die letzte Gruppe bilden Lehramtsaufgaben, die (6) *kein SRCK* (32 %) erfordern. Dieser Aufgabentyp erscheint auf den ersten Blick paradox, sind es doch Aufgaben, die speziell für angehende Lehrkräfte angeboten werden, aber einen Schulbezug nicht explizit adressieren. Beispielsweise würden hierunter Lehramtsaufgaben fallen, die die eingangs erwähnten möglichen Zugänge zur Konstruktion der reellen Zahlen innermathematisch behandeln, ohne eine Einschätzung hinsichtlich ihrer Eignung für die Schule – und damit einen top-down-Prozess – einzufordern. Sicherlich ist eine fachliche Einschätzung der Zugänge notwendige Voraussetzung dafür, den zugehörigen top-down Prozess erfolgreich bewältigen zu können, sie muss aber keine hinreichende sein. Es bedarf eigener Untersuchungen, inwiefern dieser in unserer Studie erst sichtbar gewordene Aufgabentyp Zielsetzungen von Lehramtsaufgaben trotzdem erfüllen kann.

Im Rahmen der dritten Forschungsfrage wurde untersucht, inwiefern exemplarische Studierendenbearbeitungen Hinweise auf die Aktivierung von SRCK liefern. Es zeigte sich, dass in über der Hälfte der analysierten Daten explizite Bezüge zwischen Schul- und Hochschulmathematik von den Studierenden hergestellt wurden. Dies weist darauf hin, dass die Lehramtsaufgaben nicht nur auf theoretischer Ebene geeignet erscheinen, Verbindungen herzustellen, sondern Studierende auch tatsächlich zu entsprechenden Schnittstellenaktivitäten anregen können, SRCK also aktiviert wird. Gleichzeitig fand sich in der Stichprobe ein beträchtlicher Anteil von Bearbeitungen, in denen die intendierten Bezüge nicht hergestellt werden konnten. Unsere Analyse der Bearbeitungen erlaubt hier eine differenziertere Diagnose: Es deutet sich an, dass dies bei den *herkömmlichen Kreislaufaufgaben* teilweise an einer mangelhaften Bearbeitung auf Hochschulniveau und somit womöglich an unzureichendem Fachwissen liegt. Dies gliedert sich in die Befunde von Schadl et al. (2019) ein, die ebenfalls ein teils geringes Fachwissensniveau bei Studierenden feststellen konnten, welches das erfolgreiche Herstellen von Bezügen möglicherweise erschwerte oder verhinderte. Noch häufiger jedoch zeigten sich in den von uns analysierten Bearbeitungen korrekte Bearbeitungsschritte auf Hochschulniveau und somit (zumindest teilweise) erfolgreiche bottom-up Prozesse. Das Herstellen von Bezügen scheiterte in diesen Fällen erst im anschließenden top-down Prozess.

Die Bearbeitungen einer curricularen Lehramtsaufgabe wiesen ebenfalls nur in der Hälfte der Daten eine (teilweise) korrekte Verbindung zwischen Schul- und Hochschulmathematik im Sinne des SRCK auf. Hierbei ist besonders auffällig, dass die schulischen Begründungen für $0,\overline{9} = 1$ meist (teilweise) korrekt waren, die Benennung der Lücken aus Hochschulsicht aber misslang. Darüber hinaus fiel es den Studierenden teils schwer, ein adäquates Abstraktionsniveau für die Oberstufe zu wählen.

Die Ergebnisse zur dritten Forschungsfrage weisen somit darauf hin, dass es Studierenden in Lehramtsaufgaben meist gelingt, SRCK zu nutzen. Gleichzeitig wurden Hinweise auf mögliche Hürden gefunden, welche in weiteren Forschungsarbeiten näher zu untersuchen sind. Beispielsweise zeigt sich bei komplexeren Aufgaben mit bottom-up und top-down Prozessen besonders, dass Schwierigkeiten auch aus fehlenden schulmathematischen Kenntnissen erwachsen können. Andererseits können funktionale schulmathematische Kenntnisse (s. Bearbeitungen zu Aufgabe C, Teilaufgabe a) relativ isoliert von den hochschulischen Kenntnissen existieren. Bei einer Weiterentwicklung von Lehramtsaufgaben ist somit zu untersuchen, ob das explizite Thematisieren von Schulinhalten hier unterstützend wirken kann. Möglicherweise benötigen Studierende Hilfestellung bei der Wahl eines adressatengerechten Abstraktionsniveaus oder es wäre für Studierende hilfreich, ein Thema zunächst ausführlicher aus Schulperspektive zu bearbeiten, bevor anschließend der Wechsel zur Hochschulmathematik (bottom-up) und wieder zurück zur Schulmathematik (top-down) eingefordert wird. Welches Vorgehen beim Aufbau von SRCK am förderlichsten ist, ist in weiterführenden Untersuchungen zu ermitteln.

Einschränkend ist zu erwähnen, dass die untersuchten Bearbeitungen von einem Standort stammen und entsprechend die Erkenntnisse nicht verallgemeinert werden können. Insgesamt fehlen bisher genauere Untersuchungen zum Umgang mit Lehramtsaufgaben und ihren Effekten. Die illustrierenden Bearbeitungen können hier nur einen ersten Einblick bieten.

Zusammenfassend stößt die vorliegende Studie an, nach der intensiven Entwicklungsphase von Lehramtsaufgaben nun verstärkt die Evaluation dieser Aufgaben in den Blick zu nehmen und so Bedingungen für eine zielgerichtete Entwicklung und Implementation von lehramtsspezifischen Lerngelegenheiten identifizieren zu können. In dieser Studie wurde dazu in einem ersten Zugriff das Konstrukt des schulbezogenen Fachwissens als Referenzrahmen genutzt, ohne dass dies explizit allen Entwicklungen zugrunde lag. Mithilfe der theoretischen Verortung konnte aber bereits eine hohe Vielfalt an Aufgaben herausgearbeitet werden. Die hier vorgestellte Aufgabenklassifikation liefert damit eine erste Grundlage für folgende Forschungsarbeiten. Eine zielgerichtete Weiterentwicklung der Lehrinnovation „Lehramtsaufgaben" und eine Systematisierung über Standorte hinweg kann schließlich dazu beitragen, die Lehrkräfteausbildung an deutschen Hochschulen nachhaltig zu verbessern.

Danksagung Wir danken herzlich allen Kolleginnen und Kollegen, die ihre Lehramtsaufgaben für diese Studie zur Analyse bereitgestellt haben.

Literatur

Ableitinger, C., Hefendehl-Hebeker, L., & Herrmann, A. (2013). Aufgaben zur Vernetzung von Schul- und Hochschulmathematik. In H. Allmendinger, K. Lengnink, A. Vohns, & G. Wickel (Hrsg.), *Mathematik verständlich unterrichten. Perspektiven für Unterricht und Lehrerbildung* (S. 217–233). Springer Spektrum.

Bauer, L. (2011). Mathematik, Intuition, Formalisierung. Eine Untersuchung von Schülerinnen- und Schülervorstellung zu $0,\overline{9}$. *Journal für Mathematik-Didaktik, 32*(1), 79–102.

Bauer, T. (2013). *Analysis – Arbeitsbuch. Bezüge zwischen Schul- und Hochschulmathematik – sichtbar gemacht in Aufgaben mit kommentierten Lösungen.* Springer Spektrum.

Bauer, T. (2022). Mathematisches Fachwissen in unterschiedlichen Literacy-Stufen – zwei Fallstudien. In V. Isaev, A. Eichler, & F. Loose (Hrsg.), *Professionsorientierte Fachwissenschaft – Kohärenzstiftende Lerngelegenheiten für das Lehramtsstudium* (S. 7–30). Springer.

Bauer, T., & Hefendehl-Hebeker, L. (2019). *Mathematikstudium für das Lehramt an Gymnasien. Anforderungen, Ziele und Ansätze zur Gestaltung.* Springer Spektrum.

Bruner, J. (1970). *Der Prozess der Erziehung.* Berlin Verlag.

Dreher, A., Hoth, J., Lindmeier, A., & Heinze, A. (2021, im Druck). Der Bezug zwischen Schulmathematik und akademischer Mathematik: Schulbezogenes Fachwissen als berufsspezifische Lehrerwissenskomponente. In S. Krauss & A. Lindl (Hrsg.), *Professionswissen von Mathematiklehrkräften – Implikationen aus der Forschung für die Praxis.* Springer.

Dreher, A., Lindmeier, A., Heinze, A., & Niemand, C. (2018). What kind of content knowledge do secondary mathematics teachers need? A conceptualization taking into account academic and school mathematics. *Journal für Mathematik-Didaktik, 39*(2), 319–341.

Dreher, A., Lindmeier, A. & Heinze, A. (2021, im Druck). Welches Fachwissen brauchen Mathematiklehrkräfte der Sekundarstufe? In I. Kersten, B. Schmidt-Thieme & S. Halverscheid (Hrsg.), Bedarfsgerechte fachmathematische Lehramtsausbildung. Zielsetzungen und Konzepte unter heterogenen Voraussetzungen. Springer Fachmedien.

Eichler, A., & Isaev, V. (2017). Disagreements between mathematics at university level and school mathematics in secondary teacher education. In R. Göller, R. Biehler, R. Hochmuth, & H.-G. Rück (Hrsg.), *Didactics of mathematics in higher education as a scientific discipline. Conference proceedings* (S. 52–59). Universitätsbibliothek Kassel.

Fischer, A., Heinze, A., & Wagner, D. (2009). Mathematiklernen in der Schule – Mathematiklernen an der Hochschule: die Schwierigkeiten von Lernenden beim Übergang ins Studium. In A. Heinze & M. Grüßing (Hrsg.), *Mathematiklernen vom Kindergarten bis zum Studium. Kontinuität und Kohärenz als Herausforderung beim Mathematiklernen* (S. 245–264). Waxmann.

Heinze, A., Dreher, A., Lindmeier, A., & Niemand, C. (2016). Akademisches versus schulbezogenes Fachwissen – Ein differenziertes Modell des fachspezifischen Professionswissens von angehenden Mathematiklehrkräften der Sekundarstufe. *Zeitschrift für Erziehungswissenschaft, 19*(2), 329–349.

Heinze, A., Lindmeier, A., & Dreher, A. (2017). Teachers' mathematical content knowledge in the field of tension between academic and school mathematics. In R. Göller, R. Biehler, R. Hochmuth, & H.-G. Rück (Hrsg.), *Didactics of mathematics in higher education as a scientific discipline. Conference proceedings* (S. 52–59). Universitätsbibliothek Kassel.

Hoffmann, M. & Biehler, R. (2017). Schnittstellenaufgaben für die Analysis I – Konzepte, Beispiele und Evaluationsergebnisse. In U. Kortenkamp & A. Kuzle (Hrsg.), *Beiträge zum Mathematikunterricht 2017* (S. 441–444). Waxmann.

Hoth, J., Jeschke, C., Dreher, A., Lindmeier, A., & Heinze, A. (2020). Ist akademisches Fachwissen hinreichend für den Erwerb eines berufsspezifischen Fachwissens im Lehramtsstudium?

Eine Untersuchung der intellectual trickle-down-Annahme. *Journal für Mathematik-Didaktik, 41*(2), 329–356.

Isaev, V., & Eichler, A. (2017). Measuring beliefs concerning the double discontinuity in secondary teacher education. *CERME 10*, Feb. 2017, Dublin, Ireland. https://keynote.conference-services. net/resources/444/5118/pdf/CERME10_0448.pdf. Zugegriffen: 19. Nov. 2020.

Isaev, V., Eichler, A., & Bauer, T. (2022). Die Wahrnehmung zur doppelten Diskontinuität im Lehramtsstudium Mathematik. In V. Isaev, A. Eichler, & F. Loose (Hrsg.), *Professionsorientierte Fachwissenschaft – Kohärenzstiftende Lerngelegenheiten für das Lehramtsstudium* (S. 139–154). Springer.

Jordan, A., Ross, N., Krauss, S., Baumert, J., Blum, W., Neubrand, M., Löwen, K., Brunner, M., …, & Kunter, M. (2006). *Klassifikationsschema für Mathematikaufgaben: Dokumentation der Aufgabenkategorisierung im COACTIV-Projekt. Materialien aus der Bildungsforschung, 81.* Max-Planck-Institut für Bildungsforschung.

Klein, F. (1908/1933). *Elementarmathematik vom höheren Standpunkt aus. Arithmetik, Algebra, Analysis* (Bd. 1). Springer. (Originalausgabe von 1908).

Leufer, N., & Prediger, S. (2007). „Vielleicht brauchen wir das ja doch in der Schule". Sinnstiftung und Brückenschläge in der Analysis als Bausteine zur Weiterentwicklung der fachinhaltlichen gymnasialen Lehrerbildung. In A. Büchter, H. Humenberger, S. Hußmann, & S. Prediger (Hrsg.), *Realitätsnaher Mathematikunterricht – vom Fach aus und für die Praxis. Festschrift für Wolfgang Henn zum 60. Geburtstag* (S. 265–276). Franzbecker.

Macken-Horarik, M. (1998). Exploring the requirements of critical school literacy: A view from two classrooms. In F. Christie & R. Mission (Hrsg.), *Literacy and schooling* (S. 74–103). Routledge.

Mayring, P. (2010). *Qualitative Inhaltsanalyse. Grundlagen und Techniken* (11. aktualisierte und überarbeitete Aufl.). Beltz.

Neubrand, J. (2002). *Eine Klassifikation mathematischer Aufgaben zur Analyse von Unterrichtssituationen: Selbsttätiges Arbeiten in Schülerarbeitsphasen in den Stunden der TIMSS-Video-Studie. Manual zum Klassifikationssystem für Aufgaben.* Franzbecker.

Prediger, S. (2013). Unterrichtsmomente als explizite Lernanlässe in fachinhaltlichen Veranstaltungen. In C. Ableitinger, J. Kramer, & S. Prediger (Hrsg.), *Zur doppelten Diskontinuität in der Gymnasiallehrerbildung. Ansätze zu Verknüpfungen der fachinhaltlichen Ausbildung mit schulischen Vorerfahrungen und Erfordernissen* (S. 151–168). Springer Spektrum.

Rach, S. (2022). Aufgaben zur Verknüpfung von Schul- und akademischer Mathematik: Haben derartige Aufgaben Auswirkungen auf das Interesse von Lehramtsstudierenden? In V. Isaev, A. Eichler, & F. Loose (Hrsg.), *Professionsorientierte Fachwissenschaft – Kohärenzstiftende Lerngelegenheiten für das Lehramtsstudium* (S. 177–192). Springer.

Rach, S., Heinze, A., & Ufer, S. (2014). Welche mathematischen Anforderungen erwarten Studierende im ersten Semester des Mathematikstudiums? *Journal für Mathematik-Didaktik, 35,* 205–228.

Rach, S., Siebert, U., & Heinze, A. (2016). Operationalisierung und empirische Erprobung von Qualitätskriterien für mathematische Lehrveranstaltungen in der Studieneingangsphase. In A. Hoppenbrock, R. Biehler, R. Hochmuth, & H.-G. Rück (Hrsg.), *Lehren und Lernen von Mathematik in der Studieneingangsphase. Herausforderungen und Lösungsansätze* (S. 601–619). Springer Spektrum.

Schadl, C., Rachel, A., & Ufer, S. (2019). Stärkung des Berufsfeldbezugs im Lehramtsstudium Mathematik – Maßnahmen im Rahmen der Qualitätsoffensive Lehrerbildung der LMU München. *Mitteilungen der GDM, 107,* 47–51.

Shulman, L. S. (1986). Those who understand: Knowledge growth in teaching. *Educational Researcher, 15*(2), 4–14.

Ufer, S., Rach, S., & Kosiol, T. (2017). Interest in mathematics = interest in mathematics? What general measures of interest reflect when the object of interest changes. *ZDM Mathematics Education, 49*(3), 397–409.

Weber, B.-J., & Lindmeier, A. (2020a). Viel Beweisen, kaum Rechnen? Gestaltungsmerkmale mathematischer Übungsaufgaben im Studium. *Mathematische Semesterberichte, 67*(2), 263–284.

Weber, B.-J., & Lindmeier, A. (2020b). Typisierung von Aufgaben zur Verbindung zwischen akademischem und schulischem Fachwissen. In H.-S. Siller, W. Weigel, & J. F. Wörler (Hrsg.), *Beiträge zum Mathematikunterricht 2020* (S. 1001–1004). WTM.

Wu, H. (2011). The miseducation of mathematics teachers. *Notices of the AMS, 58*(3), 372–384.

Wu, H.-H. (2018). The content knowledge mathematics teachers need. In Y. Li, W. James Lewis, & J. Madden (Hrsg.), *Mathematics matters in education* (S. 43–91). Springer.

Problemlöseprozesse von Lehramtsstudierenden im ersten Semester

7

Kolja Pustelnik

Zusammenfassung

Der vorzeitige Studienabbruch stellt ein wesentliches Problem im Lehramtsstudium in Mathematik dar. Ein Schwerpunkt des Abbruchs liegt im ersten Studienjahr. Dabei spielen fachliche Probleme eine entscheidende Rolle. Für die mathematischen Lehrveranstaltungen stellt das Bearbeiten von Übungsblättern als Hausaufgaben einen zentralen Teil dar. Hiermit sind große Ziele auf Seiten der Lehrenden für das Lernen der Studierenden verbunden. Dennoch zeigt sich, dass die Studierenden oft nicht in der Lage sind, ihre Aufgaben allein zu bewältigen. In diesem Beitrag soll eine erste Durchführung einer Maßnahme vorgestellt werden, welche die Studierenden bei ihrer Bearbeitung unterstützen soll. Es werden ausgesuchte Übungsaufgaben, welche als Problemlöseaufgaben verstanden werden können, betrachtet. In Kleingruppen wurden Interviews geführt, um die Bearbeitungen der Aufgaben durch Studierende zu beobachten. Dabei wird entsprechend der Konstruktion von Hilfen der Fokus der Darstellungen auf die Verwendung von Beispielen, gerade zu Beginn des Bearbeitungsprozesses, gelegt.

K. Pustelnik (✉)
Institut für Algebra und Geometrie; Otto-von-Guericke-Universität Magdeburg, Magdeburg, Deutschland
E-Mail: kolja.pustelnik@ovgu.de

7.1   Einleitung

Mathematische Studiengänge sind seit Jahren durch besonders hohe Abbruchzahlen gekennzeichnet (Heublein & Schmelzer, 2018), wobei keine wesentliche Verbesserung trotz zahlreicher Maßnahmen zu erkennen ist. Auch wenn Studienabbrüche über den gesamten Studienzeitraum auftreten, liegt ein besonderer Schwerpunkt auf der Studieneingangsphase (Dieter, 2012). Diese ist besonders gekennzeichnet durch Veränderungen, welche sich für die Lernenden durch den Übergang von der Schule an die Universität ergeben.

Diese Änderungen zeigen sich in verschiedenen Bereichen (Gueudet, 2008). Dazu gehört ein Wechsel in der Mathematik selbst, welche sich an der Universität durch Axiomatik und Deduktion sowie der zugehörigen Sprache kennzeichnen lässt. Ebenso liegt die Verantwortung für den Lernerfolg im Wesentlichen bei den Studierenden selbst. Die Dozierenden geben den Rahmen vor, in dem gelernt werden muss. Auch das Lerntempo in den Veranstaltungen liegt deutlich höher als aus der Schule bekannt.

Die Übernahme von Selbstverantwortung sowie die Änderungen in der Mathematik drücken sich unter anderem in den wöchentlichen Übungsaufgaben aus, welche typischerweise in den Veranstaltungen des ersten Semesters zu bearbeiten sind. Die Bearbeitungen durch die Studierenden sind dabei mit verschiedenen Zielen verbunden. Zu den inhaltlichen Zielen gehören das Nachvollziehen der Vorlesung, das Erlernen mathematischen Fachwissens und mathematischer Arbeitsweisen, das Kommunizieren unter Verwendung mathematischer Sprache, das vertiefte Verständnis mathematischer Begriffe sowie die Kenntnisse verschiedener Beispiele. Neben diesen inhaltlichen Zielen stehen aber auch formale Ziele. So stellen die Übungsaufgaben selbstverständlich eine inhaltliche Vorbereitung auf die zu absolvierenden Prüfungen dar; die Teilnahme an den Prüfungen ist aber auch häufig an eine erfolgreiche Bearbeitung der Aufgaben geknüpft. Die Aufgabenbearbeitungen stellen also nicht ausschließlich eine Lernsituation dar.

Da ein großer Teil der Studierenden jedoch nicht regelmäßig die Aufgaben allein bewältigen kann, führt dies zu der Entscheidung, die Lösungen abzuschreiben (Liebendörfer & Göller, 2016). Kaldo und Reiska (2012) zeigen, dass „cheating behavior", hier in Übungsaufgaben sowie Klausuren, negativ mit dem mathematischen Selbstkonzept korreliert, sodass von einer verminderten Erwartung der Aufgabenlösung auszugehen ist. Dies kann insbesondere bei gemeinsamen Veranstaltungen von Studierenden im Lehramt und Studierenden im Mono-Bachelor Mathematik für die Lehramtsstudierenden eine große Herausforderung darstellen. Die hier betrachteten Vorlesungen stellen gemeinsame Veranstaltungen dar, welche im Wesentlichen ausgerichtet sind auf die Mono-Bachelor Studierenden der Mathematik, gleichzeitig besitzen die Lehramtsstudierenden an der hier untersuchten Universität schlechtere mathematische Eingangsvoraussetzungen (Pustelnik, 2018). Ebenso ist bekannt, dass das Bestehen von Klausuren im ersten Semester mit dem eigenen Bearbeiten von Aufgaben zusammenhängt (Rach & Heinze, 2013).

Es ist also erstrebenswert, dass die Studierenden ihre Übungsaufgaben, welche einen großen zeitlichen Anteil des Studiums im ersten Jahr einnehmen, selbstständig bearbeiten können. Dabei sollen sie unterstützt werden, was dann auch dazu beiträgt, dass die mit ihnen verknüpften Ziele erreicht werden können. Es ergibt sich insbesondere auch die Frage, welche Probleme sich den Studierenden bei konkreten Aufgaben stellen. Dazu können als Problemlöseaufgaben mindestens die Beweisaufgaben betrachtet werden. Darüber hinaus werden aber auch inhaltsspezifische Schwierigkeiten erwartet.

Es wird eine Unterstützungsmaßnahme vorgestellt, welche die Studierenden aufgabenbezogen bei der Bearbeitung unterstützen soll. Bei den Auswertungen wird dabei ein Fokus auf der Analyse unter Verwendung von Beispielen liegen. Hierbei werden keine allgemeinen Problemlösehilfen gegeben, sondern diese eingebettet in die eigenen Übungsaufgaben.

7.2 Theoretischer Hintergrund

Als Problemlösen verstehen Bruder und Collet (2011) das Überführen eines gegebenen Zustands in einen gewünschten Zustand:

> „Unter Problemlösen versteht man das Bestreben, einen gegebenen Zustand (Ausgangs- oder Ist-Zustand) in einen anderen, gewünschten Zustand (Ziel- oder Sollzustand) zu überführen, wobei es gilt, eine Barriere zu überwinden, die sich zwischen Ausgangs- und Zielzustand befindet."

In diesem allgemeinen Sinne können viele Übungsaufgaben, welche Studierenden gestellt werden, als Problemlöseaufgaben verstanden werden. Verschiedene Typen von Übungsaufgaben haben Weber und Lindmeier (2020) herausgearbeitet. Insbesondere für mathematische Studiengänge stellen dabei klassische Beweisaufgaben einen großen Anteil der Übungsaufgaben dar. Im Weiteren geht es also vorrangig um Unterstützung bei dem Bearbeiten solcher Aufgaben. Die vorgegebenen Voraussetzungen der Aussage stellen dabei den Ausgangszustand dar und die folgende Aussage den Endzustand. Das Beweisen stellt für Studierende zu Studienbeginn sicher eine Hürde und keine Routineaufgabe dar.

Der Prozess des Problemlösen kann dabei, zurückgehend auf Pólya (1949) in die vier Phasen Problem verstehen, einen Plan fassen, den Plan durchführen und Rückschau unterteilt werden. Diese wurden von Schoenfeld (1992) weiter aufgeteilt in sechs Phasen:

1) Lesen
2) Analysieren
3) Erforschung
4) Planung
5) Plandurchführung
6) Verifikation

In Bearbeitungsprozessen werden diese Phasen nicht immer in der formulierten Reihenfolge durchlaufen. Schoenfeld (1992) verglich Novizinnen und Novizen mit Expertinnen und Experten im Problemlösen und stellt fest, dass Novizinnen und Novizen besonders viel Zeit mit dem Explorieren verbringen und gleichzeitig die Analyse des Problems überspringen. Im Vergleich verbringen Expertinnen und Experten eine relativ lange Zeit in genau dieser Phase bevor sie in die Durchführung übergehen.

Relevant für das Problemlösen sind neben dem fachlichen Wissen selbst ebenso Heurismen, wie auch metakognitive Fähigkeiten und Haltungen bezüglich Mathematik und Problemlösen. Dabei sollen hier die Heurismen näher betrachtet werden. Diese bezeichnen Bruder und Collet (2011) zurückgehend auf Polya:

> *„Die Heuristik beschäftigt sich mit dem Lösen von Aufgaben. Zu ihren spezifischen Zielen gehört es, in allgemeiner Formulierung die Gründe herauszustellen für die Auswahl derjenigen Momente bei einem Problem, deren Untersuchung uns bei der Auffindung der Lösung helfen könnte."*

Für Heurismen gibt es lange Listen, welche für das Problemlösen hilfreich sind, so geben auch Bruder und Collet (2011) eine, welche diese unterscheiden in Strategien, Hilfsmittel, Prinzipien und Regeln, welche sich auf verschiedene Aspekte des Prozesses beziehen und sich in ihrer Allgemeinheit unterscheiden. Zu den Strategien, welche bei der eigentlichen Bearbeitung zum Zuge kommen, gehört das systematische Probieren, welches aus unsystematischem Probieren hervorgehen kann. Zu den Prinzipien, welche sich mit dem Wechsel von Aspekten beschäftigen, und als stärker fachlich gebunden gesehen werden, gehört insbesondere das Betrachten von Einzel- und Spezialfällen. Damit stellt die Nutzung von Beispielen eine sinnvolle Tätigkeit bei der Bearbeitung von Problemlöseaufgaben, gerade zu Beginn, dar.

Schwarz (2018) zeigt bezogen auf Polya auf, wie das Betrachten von Beispielen im Problemlöseprozess zum Aufstellen von Vermutungen führen kann. Da natürlich nicht alle Fälle gleichzeitig ausprobiert werden können, geht es beim Ausprobieren darum, plausible Vermutungen aufzustellen, an denen weitergearbeitet werden kann. Wird systematisch ausprobiert, so können die Beispiele auch zu einer Systematisierung beitragen, welche dann zu einem allgemeinen Beweis führen kann.

Grieser (2013) stellt zu Beginn der ersten Analyse von Problemlöseaufgaben, welche für Studienanfängerinnen und –anfänger formuliert sind, das Finden und Betrachten einfacher Beispiele. Ziel ist es dabei ein „Gefühl für das Problem zu bekommen". An dieser Stelle besitzt das Ausprobieren von Beispielen also nicht nur die Funktion Vermutungen aufzustellen, sondern soll einen Einblick in das Problem als Ganzes geben, der über das spezifische Beispiel hinausgeht.

Im Rahmen einer Lehrveranstaltung für Lehramtsstudierenden der Haupt- und Realschule verwenden Biehler und Kempen (2015) generische Beweise. Generische Beweise sind dabei Beispiele für eine Behauptung, welche deutlich machen, dass die Argumentation sich allgemein formulieren lässt und gerade nicht von dem Beispiel abhängt. So verwendet stellt das Beispiel einen möglichen Zwischenschritt auf dem Weg zum formalen Beweis dar, der im Rahmen dieser Untersuchung das Ziel darstellt.

Beispiele können also im Problemlöseprozess in verschiedenen Phasen eine Rolle spielen. Im Analyseprozess können sie die Aussage verifizieren sowie einen Einblick in das Problem geben, in der Phase des Erforschens kann systematisches Probieren zu Vermutungen führen. Daraus abgeleitet kann sich dann ein Plan zur Beweisführung, insbesondere in Form der Verallgemeinerung eines generischen Beweises, ergeben.

Schwierigkeiten beim Bearbeiten von Übungsaufgaben
In diesem Abschnitt werden nun einige Ergebnisse zum Umgang mit Übungsaufgaben von Studierenden vorgestellt. Die erste Studie zeigte dabei den Zusammenhang zwischen dem eigenständigen Lösen von Übungsaufgaben und dem Studienerfolg zu Beginn des Studiums. Rach und Heinze (2013) untersuchten in ihrer Studie unter anderem das Lösungsverhalten von Studierenden im ersten Semester. Dabei zeigte sich, dass weniger als 20 % der Studierenden sich selbst in eine Gruppe einordnete, welche die Übungsaufgaben häufig selbst löst. Hingegen gaben ca. 30 % an, die Lösungen nachzuvollziehen, ohne dass regelmäßig eigene Erklärungen gefunden werden. Es überwiegt der selbsterklärende Typ mit einem Anteil von ca. 50 %, der ebenso selten zu eigenständigen Lösungen kommt, sich gegebene Lösungen aber intensiv anschaut und versucht selbst zu formulieren. Gleichzeitig bestanden die beiden letzteren Typen wesentlich seltener die Modulprüfungen als der selbstlösende Typ. Dies weist darauf hin, dass ein selbstständiges Lösen der Übungsaufgaben im Sinne der Modulprüfungen wünschenswert ist.

Schwierigkeiten lassen sich, wie es der Experten-Novizen-Vergleich von Schoenfeld (1992) erwarten lässt, gerade zu Beginn des Bearbeitungsprozesses von Übungsaufgaben finden: Im Rahmen von Lernzentren berichten Frischemeier et al. (2016) von Schwierigkeiten im Umgang mit Übungsaufgaben als am häufigsten angefragte Hilfestellung. Dabei stellen insbesondere das Verstehen der Aufgabe, vor allem auch das Verständnis notwendiger Begriffe, sowie der Beginn der Bearbeitung ein Problem dar. Zusätzlich wird auch ein Mangel von Verständnisstrategien, wie Ausprobieren und Strukturieren, beschrieben. Dies geht einher mit einem Verständnis von Übungsaufgaben im Sinne von Hausaufgaben, also einem Anwenden von vorher Gelerntem.

In einer Interviewstudie mit acht Studierenden der Physik untersuchten Woitkowski und Reinhold (2018) Probleme und das Herangehen an Aufgaben im Verlauf des ersten Semesters. Als Schwierigkeiten zeigten sich sowohl das Verstehen der Probleme als auch das Modellieren der Probleme. Im Laufe des Semesters wandelten sich die Schwierigkeiten hin zu einheitlich mathematischen Problemen bei der Bearbeitung.

Dennoch spielen auch Schwierigkeiten im spezifischen mathematischen Gebiet bei den Bearbeitungen eine wesentliche Rolle. Es zeigt sich, dass bereichsspezifisches Wissen zentral für das Lösen von Aufgaben ist. Dabei werden auch das Kennen und Finden von Beispielen genannt. Im Rahmen eines Vorkurses untersuchten Nagel und Reiss (2016) Argumentationen von Ingenieursstudierenden. Es zeigten sich große Schwierigkeiten, insbesondere bei weniger abstrakten Aufgaben. Dazu kamen Probleme im Umgang mit den mathematischen Begriffen. Einen erheblichen Einfluss besitzt dabei der Inhalt der jeweils gestellten Aufgabe.

In einer Studie mit Studierenden des Lehramts im Rahmen von Bruchrechnung stellt Berenger (2018) Schwierigkeiten beim Problemlösen vor. Dabei werden auch Probleme mit dem mathematischen Fachwissen beschrieben, sodass hier nicht nur Problemlöse-fertigkeiten Relevanz zeigen. Als selten verwendete Strategie wird dabei auch das Aus-probieren angegeben.

Ebenso listet Moore (1994) sieben Schwierigkeiten von Studierenden bei der Formulierung von Beweisen auf. Zu diesen gehörten Schwierigkeiten beim Beginnen eines Beweises und ebenso das Verwenden oder Erzeugen eigener Beispiele für die Beweiskonstruktion. Dazu kommen wiederum Schwierigkeiten über die verwendeten Begriffe.

In einem Vergleich von Studierenden mit Promovierenden im Bereich der Gruppen-theorie zeigt Weber (2001), dass das Finden von Beweisen eine bereichsspezifische Komponente besitzt. So verwendeten die Doktoranden gerade für das Gebiet spezifische Methoden erfolgreich, welche den Studierenden nicht zur Verfügung standen. Dazu gehört insbesondere eine Übersicht der jeweils erfolgsversprechenden Theoreme des Bereichs.

Die oben beschriebenen Studien zeigen also, dass Schwierigkeiten beim Aufgaben-lösen sowohl vermehrt zu Beginn der Bearbeitung als auch bereichsspezifisch sind.

7.3 Forschungsinteresse

Es soll nun untersucht werden, wo genau konkrete Schwierigkeiten von Studierenden bei der Bearbeitung ihrer Übungsaufgaben auftauchen. Dabei liegt hier, entsprechend des im nächsten Abschnitt vorgestellten Designs, der Schwerpunkt auf der Verwendung von Beispielen zur Analyse der Aufgaben. Es stellt sich also die Frage: „Wie verwenden Studierende Beispiele zur Analyse von Übungsaufgaben und welche Schwierigkeiten treten dabei auf?"

7.4 Design

Die Maßnahme besitzt das Ziel, die Studierenden dabei zu unterstützen, dass diese ihre eigenen Übungsaufgaben lösen können. Daraus ergibt sich, dass keine Intervention innerhalb der Vorlesungen vorgenommen werden soll. Stattdessen soll die Durchführung an eine regulär durchgeführte Veranstaltung angekoppelt werden, sodass diese auch ver-anstaltungsunabhängig durchgeführt werden könnte.

Dies bedeutet zunächst, dass keine eigenen Aufgaben für die Untersuchung konstruiert wurden, sondern die regulären Aufgaben der Veranstaltung als Gegenstand gewählt wurden. Dazu fanden auch keine weiteren Absprachen mit den Dozierenden, über die Erlaubnis hinaus, dass die Aufgaben mit den Studierenden besprochen werden durften, statt. Die untersuchten Studierenden bearbeiteten also die regulären Übungs-aufgaben. Dabei werden sie an spezifischen Stellen, sollten Schwierigkeiten auftauchen, durch Hilfen unterstützt. Bei der Bearbeitung wurden die Studierenden videografiert.

Gleichzeitig sollen die Hilfen aber auch nicht unkonkreter Natur sein. Das bedeutet, dass nicht ein allgemeines Training durchgeführt werden soll, wie ein Übungsblatt zu bearbeiten ist oder Probleme gelöst werden. Stattdessen soll dies an konkreten Auf-gaben durchgeführt werden, da auch aufgabenspezifische Probleme erwartet werden. Die Studierenden sollen also anhand ihrer zu bearbeitenden Aufgaben die Nützlichkeit der Hilfen erfahren. Hierbei soll entsprechend der erwartbar geringen Analysezeiten ins-besondere an dieser Stelle Unterstützung gegeben werden.

Um die Aufgabenbearbeitung der Studierenden untersuchen zu können, wurde jeweils zeitnah nach der Veröffentlichung eine Aufgabe ausgewählt, die in der kommenden Sitzung gelöst werden sollte. Den Studierenden wurde diese Aufgabe mitgeteilt, mit der Bitte, diese Aufgabe nicht vorher zu bearbeiten. Zu den Aufgaben wurden wie im Folgenden beschrieben, entlang der Phasen des Problemlösens Hilfestellungen formuliert.

Die formulierten Hilfen wurden auf einzelnen Kärtchen festgehalten und nacheinander den Studierenden gereicht. Dabei sollen diese Hilfen konkrete Aufträge darstellen, welche bearbeitet werden können, um so im Problemlöseprozess voranzuschreiten.

7.4.1 Teilnehmende

Als mögliche Teilnehmende wurden alle Studierenden im Lehramt für das Gymnasium des ersten Semesters in ihren jeweiligen Übungsgruppen angesprochen. Die Anforderungen waren dabei, dass diese sich als eine Gruppe, welche sich bereits als Lerngruppe gebildet hatte, melden sollen und für die Interviews zu einem gemeinsamen Termin jeweils zwei Stunden pro Woche bis zum Ende des Semesters Zeit haben. Für die Teilnahme bis zum Ende mussten sie sich dabei verpflichten. Es wurde dabei auch deut-lich gemacht, dass die ausgesuchte Aufgabe am Ende des Gesprächs gelöst sein wird. Eine Vergütung gab es nicht.

Es meldete sich zunächst eine Gruppe von drei Studentinnen und nach drei Wochen eine weitere Gruppe aus drei Studentinnen, wobei hier eine der Teilnehmerinnen nicht Lehramt, sondern Mathematik im Mono-Bachelor studierte. Insgesamt wurden also zwei Dreiergruppen untersucht.

7.4.2 Beispielvorbereitung

Es soll anhand eines Beispiels deutlich gemacht werden, wie die Arbeitsaufträge für die Studierenden aussahen. Dafür betrachten wir die folgende Aufgabe, welche auf dem zweiten Aufgabenblatt zur Differential- und Integralrechnung gestellt wurde.

Die fett dargestellten Teile sind in der Aufgabenstellung entsprechend markiert gewesen. Dass liegt daran, dass diese bei der ersten veröffentlichten Version, welche die Grundlage für die Hilfen darstellte, fehlten, sodass hier diese Fehler auch explizit betrachtet werden. Im Folgenden beschränken sich die Betrachtungen der Unterstützung auf den Aufgabenteil b). Die Abb. 7.1 und 7.2 zeigen jeweils Hilfekärtchen zu der Aufgabe.

In der Regel können sich die Studierenden darauf verlassen, dass die Aufgaben, wie sie sich auf dem Übungsblatt befinden, korrekt gestellt sind. Aufgrund der in diesem Fall nicht geforderten Nicht-Negativität der x_j stellte in diesem Fall die Korrektheit der Aussage den ersten wesentlichen Bearbeitungsschritt dar. Durch systematisches Ausprobieren fällt dabei schnell auf, dass bei negativen x_j die linke Seite der Ungleichung negativ sein könnte, während die rechte Seite positiv ist. Ein Hinweis auf den korrekten allgemeinen Beweis ergibt sich dabei allerdings nicht. Daher stellt der erste Auftrag (Abb. 7.1) das Ausprobieren mit kleinen Werten für n sowie konkreten x_j dar.

Abb. 7.1 Hilfekärtchen zur Ungleichung zwischen arithmetischem und geometrischem Mittel zum Prüfen der Aufgabenstellung

- Prüfe die Ungleichung für kleine Werte von n.
- Setze dazu verschiedene, sinnvolle Werte für die x_j ein.

Abb. 7.2 Hilfekärtchen zur Ungleichung zwischen arithmetischem und geometrischem Mittel zum Verstehen des Hinweises

- Formuliere den Quotienten aus, welcher als Hinweis angegeben wird.
- Wieso ist es sinnvoll sich diesen Quotienten anzuschauen? Vergleiche dazu den Quotienten mit der behaupteten Ungleichung.
- Welche Abschätzung muss also für den Quotienten gezeigt werden, um ihn für den Induktionsschritt verwenden zu können?

Aufgabe 1

Sei K ein angeordneter Körper.

a) Zeigen Sie mit vollständiger Induktion:
   $(n + 1)^n \geq nx$ für alle $x \in K, x \geq -1, n \in \mathbb{N}_0$

b) Zeigen Sie mit Hilfe von a) und vollständiger Induktion, dass gilt:
   $((x_1 + \cdots + x_n)/n)^n \geq x_1 x_2 \ldots x_n$ für alle $x_j \in K, x_j \geq 0, n \in \mathbb{N}$
   Hinweis: Betrachten Sie den Quotienten von $\left(\frac{x_1 + \cdots + x_n}{n+1}\right)^{n+1}$ und $\overline{x}_{(n)}^{n+1}$, wobei $\overline{x}_{(n)} = \frac{1}{n}(x_1 + \cdots + x_n)$, das arithmetische Mitteln von $x_1, x_2, \ldots, x_n$ ist.

c) Zeigen Sie mit vollständiger Induktion (beginnend bei $n = 2$), dass gilt
   $(1 + x)^n \geq \frac{n^2}{4}x^2$ für alle $x \in K, x \geq 0, n \in \mathbb{N}, n \geq 2$ ◀

Als zweiten Schritt, auch das gegeben durch die Übungsblattsituation, sollten die Hinweise zur Bearbeitung verstanden werden. Dazu gehören die Nutzung der vollständigen Induktion sowie die angeregte Betrachtung des Quotienten. Vollständige Induktion wurde bereits im Aufgabenteil a) wiederholt, sodass hier nur ein Hinweis auf die Struktur gegeben wird und Induktionsanfang sowie Induktionsvoraussetzung konkret formuliert werden sollen. Dies sichert an dieser Stelle also die Möglichkeit den durch den Hinweis vorgegebenen Plan formulieren zu können.

Weiter ist hier zu verstehen, welcher Term überhaupt betrachtet werden soll, sodass hier noch einmal ein Leseprozess durchgeführt werden muss, der schrittweise abgearbeitet gut möglich ist, wenn auch die Formulierungen ungewohnt sind.

Der Tipp wird hier verstanden als das Ergebnis eines Analyseprozesses, welcher nun von den Studierenden nachträglich durchgeführt werden muss. Dies schließt die konkrete Formulierung des Plans ein, was hier bedeutet, den betrachteten Term abzuschätzen. Die Studierenden sollen also auf die Frage gebracht werden und diese beantworten, was am Ende der Betrachtung des Quotienten herauskommen soll. Betrachtet man den Quotienten, so fällt auf, dass dies im Wesentlichen der Quotient von zwei linken Seiten der Ungleichung ist. Eine zielführende Vermutung ist es, zeigen zu können, dass gilt:

$$\frac{\left(\frac{x_1 + \cdots + x_{n+1}}{n+1}\right)^{n+1}}{\left(\frac{x_1 + \cdots + x_n}{n}\right)^n} \geq x_{n+1}$$

Dies bedeutet, dass die linke Seite der Ungleichung im Schritt von n nach $n + 1$ jeweils mindestens so sehr steigt wie die rechte Seite, bzw. formuliert im Sinne des Hinweises:

$$\frac{\left(\frac{x_1 + \cdots + x_n}{n+1}\right)^{n+1}}{\overline{x}_{(n)}^{n+1}} \geq \frac{x_{n+1}}{x_n}$$

Diese Ungleichung zu zeigen stellt den Induktionsschritt dar. Die Studierenden sollen hier diese Vermutung formulieren, ohne anzufangen zu rechnen. Die formulierten

Hinweise in Abb. 7.2 beziehen sich entsprechend auf den Vergleich des Tipps mit der zu zeigenden Ungleichung.

Bei der Durchführung des Plans wird nun ein nicht zielführender Weg eingeplant, von dem erwartet wird, dass die Studierenden ihn einschlagen werden. Bei der Betrachtung des Quotienten liegt es nahe, den Term $(\frac{n}{n+1})^{n+1}$ wegzulassen, der sich nach Auflösung des Doppelbruchs ergibt. Dies führt allerdings zu einer Abschätzung in die falsche Richtung. Es braucht dann einen Hinweis im Durchführungsschritt an die Studierenden für die Umformungen, um anschließend Teil a) verwenden zu können. Das Nicht-Gelingen stellt dabei einen typischen Aspekt im Problemlöseprozess dar.

Am Ende soll im Rahmen des Rückblicks noch einmal der Beweis zusammengefasst werden. Zu der Reflexion gehören dabei die Verwendung der Voraussetzungen, die Idee zur Betrachtung des im Tipp formulierten Terms sowie das Nachvollziehen des falschen Weges.

7.5   Ergebnisse

Es sollen nun an drei Beispielen die Schwierigkeiten der Studentinnen bei der Bearbeitung der Aufgaben betrachtet werden. Es wird jeweils das Vorgehen vorgestellt, dann zusammengefasst und am Ende analysiert.

7.5.1   Ungleichung vom arithmetischen und geometrischen Mittel

Das erste Beispiel stellt die Bearbeitung der oben beschriebenen Aufgabe dar. Dabei wird wieder der Aufgabenteil b) betrachtet, zu dessen Bearbeitungen eine Episode ausgewählt wurde. In der Episode werden Beispielwerte für das Verifizieren der Gleichung verwendet, sodass die erste Analysephase betrachtet wird. Die Bearbeitung gehört zu dem zweiten Blatt der Differential- und Integralrechnung und stellt das erste Treffen dar.

Nach dem Lesen des Hinweises aus Abb. 7.1, klären die Studentinnen, dass sie mit $n = 1$ und mit $x_j = 0$ anfangen wollen und beenden diese Beispiele in kurzer Zeit. Anschließend wird der Fall $n = 2$ betrachtet und bei der Frage nach dem Einsetzen von Werten das folgende Zitat geäußert:

A: Gleich können sie ja nicht sein. Dann wäre es ja, das wäre ja mega die dumme Reihe. [Lachen] Also es kann bestimmt gleich sein, aber das wäre doch, das wäre ein bisschen unnütz.

Es folgt der Ansatz, mit Konkretisierung des Interviewers, für alle x_j die gleiche Zahl x einzusetzen und es ergeben sich die folgenden Zitate:

A: Ich kann jetzt für $x = 0$ sagen, dass das größer als das ist [zeigt dabei auf die beiden Seiten der Ungleichung mit allgemeinem n], aber sobald wir $x = 1$ einsetzen, finde ich es schon nicht mehr so cool.

Für $x = 0$ schwankt die Bedeutung dabei zwischen „alle x_j sind 0" und „x_1 ist 0". Und nach der Klärung des Falls $x = 1$, wobei hier der erste Fall betrachtet wird:

A: Ja, also für 1 ist noch ok, für $x = 1$ geht es auch noch. Nur ab $x = 2$ wird es nicht so schön.

Es werden anschließend die Fälle $x_1 = 1$; $x_2 = 2$ sowie $x_1 = 2$; $x_2 = 3$ geprüft. Trotz kleiner Rechenfehler ergibt sich als Abschluss:

A: Hä, das stimmt doch bestimmt immer, weil wir sollen doch beweisen, dass das stimmt.

Damit wird durch den Interviewer dieser Abschnitt beendet und darauf verwiesen, dass bei den vorher nicht korrekten Voraussetzungen aufgefallen wäre, dass dies gerade nicht der Fall gewesen wäre.

Die Studentinnen haben insgesamt in ihren Untersuchungen, auch wenn kleine Rechenfehler auftraten, Fälle mit $n = 1$ und $n = 2$ sowie den Spezialfall, dass alle x_j den gleichen Wert besitzen, sicher bearbeitet. Dabei zeigt jedoch das erste Zitat, dass der Spezialfall nicht zielgerichtet als solcher behandelt wurde. Er wird stattdessen als uninteressant abgetan. In Verbindung mit den beiden folgenden Zitaten lässt sich eher vermuten, dass diese Wahl durch die Rechenbarkeit begünstigt wurde. Diese beiden Zitate deuten darauf hin, dass die Zahlenwahl wesentlich dadurch bestimmt wird.

Die Studentinnen schwanken also in ihren Betrachtungen zwischen dem Wunsch einfacher Zahlen zum Rechnen und dem Wunsch allgemeiner Betrachtungen. Dies zeigt sich auch darin, dass es relativ lange dauert; die gesamte Episode dauert knapp 10 min, bis zum ersten Mal konkrete Zahlen eingesetzt werden. Vorher findet wiederholt nach Festsetzung des n ein Schwenk auf allgemeine Betrachtungen statt. Das letzte Zitat macht dazu auch deutlich, dass die Hoffnung auf einen Erkenntnisgewinn der Studentin wohl nicht gegeben ist.

Das Ziel der Beispiele scheint also eher in der Produktion von notwendig korrekten Überprüfungen zu liegen. Im Sinne des Problemlösens stellen die Beispiele hingegen keinen Analyseprozess dar. Es wird nicht eine besonders große Zahl probiert oder eine systematische Variation von Zahlen probiert, die auf zielgerichtetes Experimentieren hinweisen würden. Die Erkenntnis der Gleichheit im Spezialfall wird sogar als langweilig abgetan. Zusammenfassend wird sich wohl kein Erkenntnisgewinn durch das Verwenden der Beispiele erhofft, sodass der Auftrag als zusätzliche Aufgabe des Interviewers gesehen wird.

7.5.2   Konvergenz komplexer Zahlenfolgen

In diesem Beispiel geht es um die folgende Aufgabe:

Aufgabe 2

Zeigen Sie: eine Folge komplexer Zahlen $(z_n)_n$ konvergiert (bezüglich des komplexen Betrags) genau dann, wenn ihr Realteil $(\mathrm{Re}\, z_n)_n$ und ihr Imaginärteil $(\mathrm{Im}\, z_n)_n$ (bezüglich des reellen Absolutbetrags) konvergieren. ◄

Der Beweis kann in einer Richtung durch einfache Anwendung der Dreiecksungleichung erfolgen. Die Rückrichtung ergibt sich, da der komplexe Abstand zweier Zahlen jeweils größer als der Abstand der Realteile bzw. Imaginärteile ist. Die Aufgabe wird in der sechsten Woche gestellt und stellt das vierte Treffen mit Gruppe 1 und des erste Treffen mit Gruppe 2 dar.

Gruppe 1 formuliert zunächst die verbal gegebene Behauptung symbolisch und kopiert danach die Definition von Konvergenz einer komplexen Zahlenfolge aus dem Skript. Anschließend wird durch den Interviewer nach einem Beispiel für eine komplexe Zahlenfolge gefragt:

I: Kennt ihr denn eine komplexe Zahlenfolge, die konvergiert?
A: Ich nicht.
B: Sollten wir eine kennen?
C: $e^{-i\varphi}$, ah nicht φ, aber e^{-ix} oder so, wenn ich x ganz groß mache, geht das doch gegen 0?

Nach einer Klärung der Schreibweisen und der Tatsache, dass die Folge e^{-in} nicht konvergiert, sollen die Studentinnen in ihrer Bearbeitung allein fortfahren. Hierbei finden sie die Exponentialreihe im Skript und wollen diese als Beispiel verwenden.

Es wird dann, um zu klären, dass die Folge der Realteile und der Imaginärteile keine Teilfolgen sind, vom Interviewer das Beispiel i^n genannt. Dieses wird aber im Weiteren durch die Studentinnen nicht weiter verwendet. Insgesamt betrachtet diese Gruppe während ihrer Bearbeitung kein Beispiel einer komplexen Zahlenfolge.

Gruppe 2 klärt ebenso schnell die Definition von Konvergenz einer Zahlenfolge und formuliert diese getrennt voneinander für die komplexe Zahlenfolge sowie die Folgen der Realteile und der Imaginärteile. Für die Studentinnen ergibt sich dann die Frage, ob die drei dabei verwendeten ϵ und N sowie die Grenzwerte miteinander zusammenhängen, insbesondere lehnt eine Studentin diesen Zusammenhang explizit ab, während eine andere diesen erwartet, ohne ihn formulieren zu können.

Auf die Frage des Interviewers, ob die Studentinnen zur Klärung eine konvergente Zahlenfolge kennen, wird mithilfe der Aussage ein Beispiel konstruiert, und so der Zusammenhang gefunden. Dabei gibt es auch eine längere Diskussion über die Frage, ob eine solche Konstruktion überhaupt erlaubt wäre, wenn die Aussage bisher unbewiesen ist.

In dieser Episode ist es für die Studentinnen in Gruppe 1 nicht möglich, ein eigenes Beispiel zu untersuchen, da sie nicht dazu in der Lage waren eines anzugeben. Das gefundene Beispiel der Exponentialreihe war so schwer, dass es für die Bearbeitung nicht hilfreich sein konnte. In diesem Fall hilft dann auch der Hinweis auf die Nützlichkeit der Verwendung von Beispielen zur Bearbeitung von Aufgaben nicht. Gleichzeitig waren die Studentinnen dieser Gruppe auch nicht in der Lage, ihr eigenes Beispiel zu konstruieren. Die Rückrichtung der Aussage liefert ja genau diese Möglichkeit. Es ist dabei allerdings davon auszugehen, dass auch dieser Gruppe reelle Zahlenfolgen als Beispiele bekannt wären. Diese können jedoch nicht verwendet werden, um ein für dieses Problem hilfreiches Beispiel zu konstruieren.

Gruppe 2 hingegen konstruiert auf diesem Wege ein Beispiel, scheint sich bei diesem Vorgehen jedoch nicht vollständig sicher zu sein. Die reellen Beispielfolgen werden dann nicht selbst entwickelt, sondern aus früheren Aufgaben herausgesucht. Nach dem Finden eines Beispiels wurde auch dieses wiederum nicht selbstständig verwendet, um die Frage nach dem Zusammenhang der Grenzwerte zu klären. Dabei liefert in diesem Fall die Beispielbetrachtung einen übertragbaren Beweis der allgemeinen Aussage.

Bezogen auf das Problemlösen nutzt die zweite Gruppe bei dieser Aufgabe ein Beispiel, um für sich den Zusammenhang zwischen den vorher formulierten Variablen zu klären. Sie können also eine Teilvermutung prüfen, die auf dem Weg zum allgemeinen Beweis notwendig ist. Das sogar mögliche Ableiten des vollständigen Beweises gelingt hingegen nicht selbstständig.

7.5.3   Eigenwerte und -vektoren

Die Aufgabe dieses Beispiels ist Teil des neunten Übungsblatts zur Linearen Algebra und Analytischen Geometrie. Diese ist als reine Rechenaufgabe für die Fragestellung hier dennoch interessant, da sie in der Bearbeitung zu Erkenntnissen bzgl. der Beispielnutzung führt.

Aufgabe 3

Bestimmen   Sie   die   Eigenwerte   und   zugehörigen   Eigenvektoren   von

$$A = \begin{pmatrix} 2 & 0 & 0 \\ 1 & 2 & 0 \\ 0 & 0 & -1 \end{pmatrix}. \blacktriangleleft$$

Zu Beginn der Bearbeitung wurden die Studentinnen der Gruppe 1 gefragt, was denn Eigenvektoren und Eigenwerte seien. Daraufhin wurde mit gleichzeitigem Griff zu einem Skript zur Linearen Algebra die folgende Antwort gegeben:

A: Ich kann das nur ausrechnen.

Tatsächlich zeigt eine darauffolgende Klärung, dass sowohl die verbale als auch die symbolische Formulierung der Definition kein Problem für die Studentin darstellt. Um den Begriff dennoch, auch wenn es hier für die rechnerische Bestimmung in der Aufgabe nicht notwendig ist, besser zu verstehen, stellte der Interviewer die Frage, was die geometrische Bedeutung der Begriffe sei. Entsprechend der obigen Aussage lautete die Antwort:

A: Darüber habe ich mir noch nie Gedanken gemacht.

Der Versuch, diese Frage zu beantworten, führt zu immer neuen Fragen. So ergibt sich die Frage, wie sich überhaupt eine lineare Abbildung im $\mathbb{R}^2$ vorgestellt werden könnte, wodurch zufällig Drehungen angesprochen werden. Bei der Betrachtung von Drehungen im $\mathbb{R}^2$ ergeben sich Probleme zwischen Drehungen um eine Achse, da die Dimensionen unklar waren. Ebenso wird die Frage aufgeworfen, ob Spiegelungen im $\mathbb{R}^2$ an einer Geraden überhaupt möglich seien. Dies folgte vermutlich aus der vorher physisch durchgeführten Drehung im $\mathbb{R}^2$ durch einen Stift als Vektor und einem Block als Koordinatensystem. Die Fragen können jeweils relativ schnell geklärt werden, führen dabei aber auch immer weiter von der Aufgabe weg.

Gruppe 2 zeigt zunächst keine Kenntnisse über die Definition von Eigenvektoren und Eigenwerten. Auch hier wird zunächst darauf hingewiesen, dass diese berechnet werden können, ohne allerdings eine geometrische Vorstellung zu besitzen oder eine Vorstellung zu besitzen, wieso diese interessant sein könnten.

In beiden Gruppen zeigt sich also, dass die Studentinnen bei der Bearbeitung der Aufgaben vorher keine Möglichkeiten aufgebaut haben, Beispiele betrachten zu können, welche zu den Begriffen gehören. Dadurch können sie auch bei darauffolgenden Aufgaben diese nicht verwenden um Analyseschritte an konkreten Objekten vorzuschieben und so zu Beweisideen zu gelangen. Dieses Beispiel zeigt also, dass ein Mangel an Kenntnis von Beispielen den Einsatz zum Zweck des Problemlösens unmöglich für die Studentinnen macht.

7.6   Fazit

Die Untersuchung beschäftigte sich mit der Frage von Nutzung und Schwierigkeiten in der Beispielverwendung von Studierenden in Übungsaufgaben. Es zeigte sich, dass die untersuchten Studentinnen Beispiele von alleine nicht nutzen. Wurden sie zur Konstruktion aufgefordert, versuchten sie Beispiele zu konstruieren, verfolgten die Beispiele aber oft nicht weiter, um so Erkenntnisse zu erzielen. Stattdessen wurden einfache Beispiele genutzt. Es zeigte sich insbesondere, dass den Studentinnen keine Beispiele zur Verfügung standen bzw. diese nicht konstruiert werden konnten.

Für eine Entwicklung der Unterstützungsmaßnahme lässt sich daraus schließen, dass Beispiele selbst angegeben werden sollten. Die vorher ausgesuchten Beispiele können dann von den Studierenden bearbeitet werden.

Dies betrifft auch ein weiteres Problem der Beispielnutzung. Für die Studentinnen war die Beispielnutzung nicht mit der Erwartung von Nutzen für die Aufgabe verbunden. Vorher ausgewählte Beispiele können hier so gewählt werden, dass die nützliche Erkenntnisse liefern. Die Gründe für die spezielle Beispielwahl müssten dann wiederum reflektiert werden, damit die Studierenden später eigene Beispiele konstruieren können. Dazu gehört auch der Aufbau eines Repertoires an Standardbeispielen für die Objekte des ersten Semesters.

Im ersten Durchgang ist es nicht gelungen die Beispiele so konkret einzusetzen wie nötig. Dennoch zeigen die Schwierigkeiten, dass der Ansatz von Hilfe an den konkreten Aufgaben sinnvoll ist. Jedoch muss die Verfügbarkeit von Beispielen erhöht werden, was durch Einführung konkreter Beispiele in die Hilfen für einzelne Aufgaben zwar möglich ist, aber vor allem Begriffsbildung vor dem Bearbeiten von Problemen erfordert.

Literatur

Berenger, A. (2018). Pre-service teachers' difficulties with problem solving. In J. Hunter, L. Darragh, & P. Perger (Hrsg.), *Proceedings of the 41st annual conference of the mathematics education research group of Australasia* (S. 162–169).

Biehler, R., & Kempen, L. (2015). Entdecken und Beweisen als Teil der Einführung in die Kultur der Mathematik für Lehramtsstudierende. In J. Roth, T. Bauer, H. Koch, & S. Prediger (Hrsg.), *Übergänge konstruktiv gestalten* (S. 121–135). Springer Spektrum.

Bruder, R., & Collet, C. (2011). *Problemlösen lernen im Mathematikunterricht.* Cornelsen Scriptor.

Dieter, M. (2012). *Studienabbruch und Studienfachwechsel in der Mathematik: Quantitative Bezifferung und empirische Untersuchung von Bedingungsfaktoren.* http://duepublico.uni-duisburg-essen.de/servlets/DerivateServlet/Derivate-30759/Dieter_Miriam.pdf. Zugegriffen: 15. Jan. 2021.

Frischemeier, D., Panse, A., & Pecher, T. (2016). Schwierigkeiten von Studienanfängern bei der Bearbeitung mathematischer Übungsaufgaben. In A. Hoppenbrock, R. Biehler, R. Hochmuth, & H. G. Rück (Hrsg.), *Lehren und Lernen von Mathematik in der Studieneingangsphase* (S. 229–241). Springer Spektrum.

Gueudet, G. (2008). Investigating the secondary–tertiary transition. *Educational Studies in Mathematics, 67*(3), 237–254.

Grieser, D. (2013). *Mathematisches Problemlösen und Beweisen.* Springer Fachmedien.

Heublein, U., & Schmelzer, R. (2018). *Die Entwicklung der Studienabbruchquoten an den deutschen Hochschulen. Berechnungen auf Basis des Absolventenjahrgangs 2016. DZHW Projektbericht.* https://www.dzhw.eu/pdf/21/studienabbruchquoten_absolventen_2016.pdf. Zugegriffen: 15. Jan. 2021.

Kaldo, I., & Reiska, P. (2012). Estonian science and non-science students' attitudes towards mathematics at university level. *Teaching Mathematics and Its Applications: International Journal of the IMA, 31*(2), 95–105.

Liebendörfer, M., & Göller, R. (2016). Abschreiben von Übungsblättern–Umrisse eines Verhaltens in mathematischen Lehrveranstaltungen. In W. Paravicini & J. Schnieder (Hrsg.), *Hanse-Kolloquium zur Hochschuldidaktik der Mathematik 2014* (Band 7, S. 119– 141).

Moore, R. C. (1994). Making the transition to formal proof. *Educational Studies in mathematics, 27*(3), 249–266.

Nagel, K., & Reiss, K. (2016). Zwischen Schule und Universität: Argumentation in der Mathematik. *Zeitschrift für Erziehungswissenschaft, 19*(2), 299–327.

Pólya, G. (1949). *Schule des Denkens. Vom Lösen mathematischer Probleme.* Francke.

Pustelnik, K. (2018). *Bedingungsfaktoren für den erfolgreichen Übergang von Schule zu Hochschule.* Niedersächsische Staats- und Universitätsbibliothek Göttingen.

Rach, S., & Heinze, A. (2013). Welche Studierenden sind im ersten Semester erfolgreich? *Journal für Mathematik-Didaktik, 34*(1), 121–147.

Schoenfeld, A. H. (1992). Learning to think mathematically: Problem solving, metacognition, and sense making in mathematics. In *Handbook of research on mathematics teaching and learning* (S. 334–370).

Schwarz, W. (2018). *Problemlösen in der Mathematik: ein heuristischer Werkzeugkasten.* Springer Spektrum.

Weber, K. (2001). Student difficulty in constructing proofs: The need for strategic knowledge. *Educational studies in mathematics, 48*(1), 101–119.

Weber, B. J., & Lindmeier, A. (2020). Viel Beweisen, kaum Rechnen? Gestaltungsmerkmale mathematischer Übungsaufgaben im Studium. *Mathematische Semesterberichte, 67*, 1–22.

Woitkowski, D., & Reinhold, P. (2018). Strategien und Probleme im Umgang mit Übungsaufgaben: Pilotergebnisse einer Interviewstudie im ersten Semester Physik. In *Qualitätsvoller Chemie- und Physikunterricht – normative und empirische Dimensionen* (S. 726–729). Universität Regensburg.

Wirkung von Schnittstellenaufgaben auf die Überzeugungen von Lehramtsstudierenden zur doppelten Diskontinuität

8

Viktor Isaev, Andreas Eichler und Thomas Bauer

Zusammenfassung

Fachliches Wissen gilt als eine wesentliche Grundlage dafür, dass Lehrerinnen und Lehrer erfolgreichen Unterricht gestalten können. Aus diesem Grund besuchen angehende Lehrkräfte für das Fach Mathematik in der Sekundarstufe II insbesondere in den ersten Semestern ihrer universitären Ausbildung häufig die gleichen Fachveranstaltungen wie die Mathematik-Bachelorstudierenden. Inwieweit die Studierenden des Lehramts die dort erworbenen fachlichen Inhalte mit der Schulmathematik in Verbindung bringen und die universitäre Mathematik als relevant für ihren späteren Lehrberuf ansehen, wurde bereits vor über einhundert Jahren von Felix Klein unter dem Stichwort doppelte Diskontinuität hinterfragt. Die Überzeugungen von Studierenden zur Kohärenz von Schul- und Hochschulmathematik sowie zur Relevanz der universitären Mathematik für die Tätigkeit als Lehrkraft in der Schule sind jedoch ein noch junges Forschungsfeld. Insbesondere gibt es bislang kaum empirische Befunde

V. Isaev (✉) · A. Eichler
Fachbereich Mathematik und Naturwissenschaften; Didaktik der Mathematik, Universität Kassel, Kassel, Deutschland
E-Mail: isaev@mathematik.uni-kassel.de

A. Eichler
E-Mail: eichler@mathematik.uni-kassel.de

T. Bauer
Fachbereich Mathematik und Informatik; Mathematik und ihre Didaktik, Philipps-Universität Marburg, Marburg, Deutschland
E-Mail: tbauer@mathematik.uni-marburg.de

darüber, inwieweit gezielte Maßnahmen zur Veränderung der Überzeugungen zur doppelten Diskontinuität ihre intendierte Wirkung bei den Lehramtsstudierenden erzielen. In diesem Beitrag wird der Einsatz eines Fragebogens betrachtet, mithilfe dessen Studierende des Lehramts an der Universität Kassel und an der Philipps-Universität Marburg in einer Grundlagenveranstaltung zur Analysis jeweils im Pre- und Posttest quantitativ zu ihren Überzeugungen zur doppelten Diskontinuität befragt wurden. Dabei wird den Fragestellungen nachgegangen, ob und wie sich die Überzeugungen von Lehramtsstudierenden zur doppelten Diskontinuität jeweils im Verlauf des Semesters ändern. Zudem wird in diesem Beitrag ein Vergleich der beiden Standorte bezogen auf die jeweilige Maßnahme über Aufgaben zur Vernetzung von Schul- und Hochschulmathematik und ihre intendierte Wirkung auf die Überzeugungen von Studierenden vorgenommen.

8.1   Einleitung

Es ist allgemeiner Konsens, dass fachliches Wissen einen hohen Stellenwert in der Ausbildung angehender Lehrerinnen und Lehrer haben sollte. So formulierte die Deutsche Mathematiker Vereinigung vor rund 40 Jahren in einer Stellungnahme zur Ausbildung von Studierenden des gymnasialen Lehramts im Fach Mathematik:

> *„Für den künftigen Lehrer und seine berufliche Tätigkeit ist es von ausschlaggebender Bedeutung, wie er in Mathematik ausgebildet wird, wie er seine mathematischen Erfahrungen im Studium sammelt und welches fachliche Niveau er erreicht. Daher ist eine solide und umfassende fachwissenschaftliche Ausbildung […] eine wesentliche Grundlage für seinen späteren Beruf."* (DMV, 1979)

Traditionell werden Studierende des Lehramts für das Fach Mathematik in der Sekundarstufe II häufig ab dem ersten Semester in wissenschaftlich ausgerichteten Fachveranstaltungen zusammen mit den Mathematik-Bachelorstudierenden unterrichtet. Dabei kommt es jedoch nicht selten zu Klagen von Studierenden des Lehramts, dass sie den Bezug zu ihrer späteren Berufstätigkeit nicht erkennen und sich durch die fachlichen Inhalte kaum angesprochen fühlen (Danckwerts, 2013; Hefendehl-Hebeker, 2013). Dies berührt einen „neuralgischen Punkt" der universitären Lehrerbildung im Fach Mathematik (Danckwerts, 2013, S. 78), den der Mathematiker Felix Klein bereits vor über einhundert Jahren unter dem Stichwort „doppelte Diskontinuität" (Klein, 1908, S. 1) als Herausforderung erkannte. Demzufolge sehen Studierende beim Eintritt in die universitäre Ausbildung wenig Kohärenz zwischen Schulmathematik und universitärer Mathematik und messen dem fachlichen Wissen während und nach dem Studium kaum Relevanz für das unterrichtliche Handeln bei (Klein, 1908).

In der Vergangenheit wurden bereits etliche Ansätze zur Reduzierung der doppelten Diskontinuität vorgeschlagen und umgesetzt, die im Kern durch Aufgaben zur Vernetzung von Schulmathematik und universitärer Mathematik im Übungsbetrieb

mathematischer Grundlagenveranstaltungen charakterisiert sind und potenziell zur Veränderung von Überzeugungen zur doppelten Diskontinuität im Studium führen können
(z. B. Bauer & Partheil, 2009; Bauer, 2013; Beutelspacher et al., 2011; Hoffmann, 2018;
Isaev & Eichler, 2018; Leufer & Prediger, 2006; Prediger, 2013). Allerdings gibt es bislang kaum empirische Befunde darüber, inwieweit solche Maßnahmen ihre intendierte
Wirkung auf die Überzeugungen von Studierenden erzielen. In diesem Beitrag wird der
Einsatz von sogenannten Schnittstellenaufgaben zur Vernetzung von Schul- und Hochschulmathematik an der Universität Kassel und an der Philipps-Universität Marburg
betrachtet und eine Untersuchung mit einem Fragebogeninstrument zur Erfassung von
Überzeugungen von Studierenden zur doppelten Diskontinuität vorgestellt und diskutiert.

Die Grundidee von Schnittstellenaufgaben besteht darin, die zu Beginn und nach
Ende eines Mathematik-Lehramtsstudiums wahrgenommenen Diskontinuitäten
zwischen Schul- und Hochschulmathematik abzumildern bzw. für Studierende trans-
parent und verständlich zu machen. Hierdurch soll einerseits die Kohärenz zwischen
Schul- und Hochschulmathematik verstärkt und andererseits die Relevanz der universitären Mathematik für das Erteilen von Mathematikunterricht erlebbar werden.
Die Interventionen über Schnittstellenaufgaben an der Universität Kassel und an der
Philipps-Universität Marburg verfolgen dabei unterschiedliche Schwerpunktsetzungen:
Im Gegensatz zur Marburger Umsetzung liegt in der Kasseler Interpretation ein deutlicher Fokus auf der zweiten Diskontinuität, so dass in den Aufgaben häufig konkrete
schulische Anforderungssituationen thematisiert werden. Ungeklärt ist bislang, ob sich
dieser Unterschied in der Implementation der Schnittstellenidee auf die Überzeugungen
von Studierenden zur Kohärenz und Relevanz auswirkt. Die diesem Beitrag zugrunde
liegende explorative Studie liefert erste Schritte, um dieser Frage nachzugehen und vergleicht die beiden Treatments mit einer Kontrollgruppe. Konkret stellen wir in diesem
Beitrag die folgenden Fragen:

(F1)   Wie verändern sich die Überzeugungen von Lehramtsstudierenden zur Kohärenz
        zwischen Schul- und Hochschulmathematik mit dem Einsatz von Schnittstellen-
        aufgaben im Vergleich zu einer Kontrollgruppe ohne Schnittstellenaufgaben?
(F2)   Wie verändern sich die Überzeugungen von Lehramtsstudierenden zur Relevanz
        der universitären Mathematik für den Lehrberuf mit dem Einsatz von Schnitt-
        stellenaufgaben im Vergleich zu einer Kontrollgruppe ohne Schnittstellenaufgaben?
(F3)   Welchen Einfluss hat die unterschiedliche Schwerpunktsetzung in der
        Implementation der Schnittstellenaufgaben an den beiden Standorten auf die
        Überzeugungen von Studierenden zur Kohärenz und Relevanz?

Zur Beantwortung der Fragen gehen wir im Folgenden auf die Begriffe der doppelten
Diskontinuität und der Überzeugungen ein, beschreiben exemplarisch Schnittstellen-
aufgaben und unsere Methodik und präsentieren anschließend Ergebnisse, die erste
Hinweise auf den Erfolg von Schnittstellenaufgaben hinsichtlich der Veränderung der
Überzeugungen von Studierenden zur doppelten Diskontinuität liefern.

8.2   Die doppelte Diskontinuität

Klein (1908) zufolge wird eine erste Diskontinuität von den Studierenden beim Übergang von der Schule in die Hochschule wahrgenommen, die sich darin äußert, dass insbesondere Studienanfängerinnen und -anfänger keine inhaltliche Kohärenz zwischen Schul- und Hochschulmathematik erkennen. Auch über 100 Jahre nach Kleins Feststellung wird aus der Perspektive aktueller Forschung zum Übergang von Schule zur Hochschule das Problem einer Diskrepanz zwischen Schulmathematik und universitärer Mathematik unter dem Stichwort *transition* für mathematikhaltige Studiengänge diskutiert (z. B. Gueudet, 2008; Guzmán et al., 1998; Thomas et al., 2015). Die Studierenden erleben dabei auf mehreren Ebenen Aspekte der Diskontinuität (z. B. Gueudet, 2008; Winsløw & Grønbæk, 2014). Dieses kann insbesondere auch bei Lehramtsstudierenden in der Überzeugung resultieren, Schulmathematik und universitäre Mathematik seien zwei „voneinander getrennte Welten" (Bauer & Partheil, 2009, S. 86).

Speziell für die „Ausbildung der Kandidaten des höheren Lehramts" (Klein, 1908, S. 1) besteht zudem die Gefahr einer zweiten Diskontinuität beim Übergang von der Hochschule in den Lehrberuf. Diese zweite Diskontinuität zeigt sich, wenn Lehrkräfte dem in der universitären Ausbildung erworbenen fachlichen Wissen nach dem Studium kaum Bedeutung beimessen und folglich den in der eigenen Schulzeit eingeprägten Unterricht reproduzieren (Bauer & Partheil, 2009; Prediger, 2013). Einer quantitativen Befragung mit Referendarinnen und Referendaren in der Sekundarstufe II zufolge äußert die Mehrheit der angehenden Lehrkräfte rückblickend die Überzeugungen, dass in ihrem Studium das Berufsfeld einer Lehrperson gar nicht (45 %) oder zu wenig (51 %) berücksichtigt wurde (Bungartz & Wynands, 1998). Im Einklang dazu fanden Mischau und Blunck (2006) heraus, dass die mangelnde Vorbereitung auf die Berufspraxis neben der reinen Wissensvermittlung von den Lehramtsstudierenden als größtes Defizit von allen abgefragten Studienbedingungen betrachtet wurde. Solche Befunde deuten darauf hin, dass Überzeugungen zur zweiten Diskontinuität eine nach wie vor aktuelle Herausforderung zu sein scheinen und viele Lehrerinnen und Lehrer als Konsequenz solcher Überzeugungen die im Studium erworbenen fachlichen Kompetenzen im späteren Unterricht nur eingeschränkt aktivieren (Beutelspacher et al., 2011; Prediger, 2013). Bedenkenswert ist zudem die Beobachtung, dass Studierende im ersten Jahr zu ihrem Zuwachs des universitären Fachwissens keine signifikanten Änderungen in ihrem Wissen über dessen Bezüge zur Schulmathematik erfahren (Hoth et al., 2020) und somit zusätzliche Lerngelegenheiten zur Vernetzung von Schulmathematik und universitärer Mathematik gerade in der ersten Phase der Lehramtsausbildung notwendig erscheinen.

8.3   Überzeugungen von Studierenden

Die Überzeugungen von Studierenden zur doppelten Diskontinuität, also die Überzeugungen zu einer fehlenden Kohärenz zwischen Schul- und Hochschulmathematik (1. Diskontinuität) und die Überzeugungen hinsichtlich einer mangelnden Relevanz der universitären Mathematik für die spätere Tätigkeit als Lehrkraft in der Schule (2. Diskontinuität), können als Bestandteil von „mathematics-related affect" (Hannula, 2012) verstanden werden. Überzeugungen (Beliefs) selbst werden von Philipp (2007, S. 259) als „psychologically held understandings, premises, or propositions" umschrieben, die die individuelle Sicht(weise) auf die Welt oder Teile davon wie durch eine Linse filtern und somit beeinflussen (Goldin et al., 2009; Philipp, 2007).

Ein wichtiger Einfluss von Überzeugungen besteht dabei in ihrer Auswirkung auf die Unterrichtspraxis, die trotz bisher divergenter Forschungsergebnisse (Buehl & Beck, 2015) empirisch zumindest teilweise nachgewiesen werden konnte (z. B. Calderhead, 1996; Davis et al., 2019; Eichler & Erens, 2015). Diesen Einfluss hatte bereits Klein (1908) als Anwendung „althergebrachte[r] Unterrichtstradition" (Klein, 1908, S. 1) ohne Bezug zum Hochschulstudium beschrieben. Auch die Bund-Länder-Kommission für Bildungsplanung und Forschungsförderung (1998) betont, dass das konkrete Handeln der Lehrkräfte im Klassenzimmer stark von „subjektiven Theorien" (ebd., S. 83) bestimmt ist, die bereits durch die eigene Schulzeit geprägt werden.

Überzeugungen zu einem persönlich wahrgenommenen Nutzen eines Sachverhaltes für die spätere berufliche Praxis werden häufig unter dem Begriff der Relevanz (relevance) eingeordnet (z. B. Albrecht & Karabenick, 2018). Als Relevanz wird dabei die Überzeugung des Nutzens eines Ziels verstanden, welche intrinsischen Ursprungs ist und die Zeit stabil überdauert (Canning & Harackiewicz, 2015; Vansteenkiste et al., 2018). Überzeugungen angehender Lehrkräfte, die als primär kognitiv geprägtes Konstrukt verstanden werden können, umfassen mit dem Bezug zur Relevanz ebenso eine motivationale Komponente (vgl. auch Hannula, 2012). Als wünschenswerte Überzeugungen im Hinblick auf die doppelte Diskontinuität sind dabei eine hohe Relevanzüberzeugung der universitären Mathematik für den Lehrberuf sowie eine reflektierte Kontinuitätsüberzeugung zu fokussieren.

Wichtig für das Anliegen dieses Beitrags ist die Annahme von Überzeugungen als veränderbare Konstrukte, wobei eine Veränderung insbesondere durch starke Impulse möglich scheint (z. B. Fives & Buehl, 2012; Liljedahl et al., 2012). Bezogen auf die bisherigen Ergebnisse zu Überzeugungen von Lehramtsstudierenden zur doppelten Diskontinuität verstehen wir unsere Interventionen über Schnittstellenaufgaben als gezielte Impulse, um die sich beim Übergang Schule-Hochschule in den ersten beiden Studienjahren entwickelnden und prägenden Überzeugungen zur doppelten Diskontinuität günstig zu beeinflussen. Die Interventionen sollen dabei die Studierenden darin unterstützen, Überzeugungen zur Kohärenz zwischen Schul- und Hochschulmathematik und zu einer stärkeren Relevanz in der universitären Mathematik für den Lehrberuf zu entwickeln.

8.4   Vernetzung zwischen Schul- und Hochschulmathematik

Die nachfolgend vorgestellten Interventionen in Form von Schnittstellenaufgaben an der Universität Kassel und an der Philipps-Universität Marburg sollen einen Überblick über das jeweilige zugrunde liegende Vernetzungskonzept der beiden universitären Standorte geben. Dabei wird je eine Aufgabe exemplarisch zur Illustration der Lernumgebung präsentiert. Für weiterführende Informationen sei auf die Publikationen Isaev und Eichler (2016), Isaev und Eichler (2018) sowie Bauer und Partheil (2009), Bauer (2012) und Bauer (2013) verwiesen.

8.4.1   Schnittstellenaufgaben an der Universität Kassel

Die im Rahmen des Projekts f-f-u (Vernetzung fachwissenschaftlichen, fachdidaktischen und unterrichtspraktischen Wissens im Bereich Mathematik[1]) an der Universität Kassel entwickelten Schnittstellenaufgaben zielen insbesondere darauf ab, die Nutzung mathematischer Kompetenzen als Basis für unterrichtliches Handeln bereits in mathematischen Grundlagenveranstaltungen anzuregen und somit dem Problem der doppelten Diskontinuität von Beginn an zu begegnen. Ausgehend von dem Leitgedanken der Vernetzung werden dabei im Rahmen eines sogenannten Integrationsmodells für Studierende des Lehramts Aspekte fachdidaktischen und unterrichtspraktischen Wissens und Handelns von Lehrkräften innerhalb einer traditionellen Fachveranstaltung zur Analysis implementiert (Isaev & Eichler, 2018). Dabei bearbeiten die Lehramtsstudierenden wöchentlich eine Schnittstellenaufgabe auf den obligatorischen Übungsblättern, auf denen entsprechend eine von meist vier Aufgaben durch solch eine Schnittstellenaufgabe ersetzt wird.

Die Konzeptualisierung der Schnittstellenaufgaben ist im Kern an die Theorie des „content knowledge for teaching" nach Ball und Thames und Phelps (2008) angelehnt. Insbesondere werden in den Schnittstellenaufgaben verschiedene, für das Lehren und Lernen von Mathematik charakteristische „mathematical tasks of teaching" (Ball et al., 2008, S. 400) implementiert, die alltägliche mathematische Handlungsanforderungen an Lehrkräfte repräsentieren (siehe auch Bass & Ball, 2004; Prediger, 2013). Diese Facetten des professionellen Wissens und Handelns von Lehrkräften wie etwa das fachliche Analysieren von Auszügen aus Schulbüchern oder die eigene Bearbeitung von Anforderungen an Schülerinnen und Schüler auf verschiedenen Niveaustufen sollen in den Schnittstellenaufgaben sowohl Verbindungen zwischen Schulmathematik und Hochschulmathematik deutlich machen als auch die Relevanz der universitären Mathematik

---

[1] Das Projekt f-f-u ist Teil des Projektes PRONET (Professionalisierung durch Vernetzung), das im Rahmen der „Qualitätsoffensive Lehrerbildung" vom Bundesministerium für Bildung und Forschung gefördert wird.

für den späteren Lehrberuf aufzeigen, wobei der Schwerpunkt der Aufgaben auf dem Aufzeigen der Relevanz liegt.

Als Beispiel wird die in Abb. 8.1 gezeigte Schnittstellenaufgabe zur Konvergenz von Reihen aus der Veranstaltung Grundlagen der Analysis 1 betrachtet. Vordergründig geht es dabei um die Bearbeitung einer Aufgabe aus einem Schulbuch zur Analysis (eigene Darstellung nach Griesel & Postel, 2005), aus der im Anschluss tiefergehende Fragestellungen entwickelt werden. Durch die eigene Bewältigung der an Schülerinnen und Schüler gestellten Anforderung und die anschließende kritische Reflexion der Schulbuch-Aufgabe wird dabei innerhalb einer authentischen berufsbezogenen Situation im Sinne eines situierten Lernens ein Wechsel von der Lernerperspektive in die Betrachtungsweise einer Lehrkraft vollzogen. So kann in Aufgabenteil b) beispielsweise zum Ausdruck kommen, dass die Zeichnung aus dem Schulbuch zu dem Irrtum führen könnte, dass ein stückweise parabelförmiger Weg gesucht ist anstatt die senkrecht als Höhe zurückgelegte Entfernung des Balles zum Boden, und dass Achsenbeschriftungen die Abbildung potenziell zugänglicher machen könnten. Dadurch soll diese Schnittstellenaufgabe insbesondere auch die zweite Diskontinuität in den Blick nehmen. In Aufgabenteil c) wird schließlich der Rückbezug zur fachlichen Veranstaltung Grundlagen der Analysis 1 genommen.

Aufgabe. Gegeben sei folgender Ausschnitt aus einem Schulbuch.

Ein Ball wird vom Boden aus bis zur Höhe 2,5 m hochgeworfen. Nach dem Auftippen erreicht er jeweils nur 70 % der vorherigen Höhe. Welchen Weg legt er bis zum 1., 2., 3., …, n-ten Auftippen zurück?

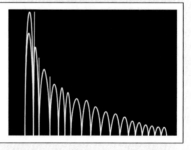

a) Lösen Sie die Aufgabe, indem Sie zunächst die allgemeine Weglänge zwischen den Momenten des Auftippens angeben und daraus dann den gesamten Weg S_n bis zum n-ten Auftippen bestimmen. Geben Sie S_1, S_2 und S_3 explizit an.

b) Warum könnte die Zeichnung zu einem Irrtum führen?

c) Was passiert mit dem gesamten Weg, wenn man den Ball beliebig lang weiter auftippen lässt?

Abb. 8.1 Schnittstellenaufgabe zur Konvergenz von Reihen

8.4.2   Schnittstellenaufgaben an der Philipps-Universität Marburg

Mit den Schnittstellenaufgaben an der Philipps-Universität Marburg wird primär das Ziel verfolgt, Schulmathematik und universitäre Mathematik in einer doppelten Wirkrichtung für die Studierenden als „füreinander nützlich und aufeinander bezogen" (Bauer, 2013, S. 41) erfahrbar zu machen. Sie werden in den Übungen zu den Veranstaltungen Analysis I und Analysis II (vorgesehen für das zweite bzw. dritte Fachsemester) eingesetzt und machen dort 25 % der Aufgaben auf den wöchentlichen Übungsblättern aus.

Zur Konzeption der Schnittstellenaufgaben werden vier Kategorien herangezogen, die als Teilziele innerhalb des übergeordneten Anliegens zur Herstellung von Verbindungen zwischen Schulmathematik und universitärer Mathematik betrachtet werden können (z. B. Bauer, 2013):

A. Grundvorstellungen aufbauen und festigen,
B. Unterschiedliche Zugänge verstehen und analysieren,
C. Mit hochschulmathematischen Werkzeugen Fragestellungen der Schulmathematik vertieft verstehen,
D. Mathematische Arbeitsweisen üben und reflektieren.

Durch die systematische Verknüpfung von schulmathematischen Voraussetzungen mit hochschulmathematischen Denk- und Arbeitsweisen (insb. in den Kategorien A und D) wird ein stärkerer Fokus auf die Überwindung der ersten Diskontinuität gelegt. Dabei werden neben Parallelen zwischen Schul- und Hochschulmathematik explizit auch Unterschiede in den Blick genommen, die zu einem reflektierten Umgang mit mathematischen Arbeitsweisen beitragen sollen (verstärkt in den Kategorien B und C).

Im Folgenden wird ein Beispiel einer Schnittstellenaufgabe betrachtet (siehe Abb. 8.2), welche primär zum Aufbau und Festigen von Grundvorstellungen dient. Die dieser Kategorie (A) zugeordneten Aufgaben verfolgen das Ziel, Grundvorstellungen zu mathematischen Begriffen in der Analysis, die bereits in der Schulmathematik aufgebaut wurden, in adäquater Weise zu entfalten und weiterzuentwickeln. Durch die explizite Anknüpfung an Vorkenntnisse und Vorerfahrungen sollen die Studierenden dabei unterstützt werden, Verbindungen zwischen der Schulmathematik und den an der Universität neu erworbenen Inhalten und Denkweisen der Hochschulmathematik aufzubauen. Die in Abb. 8.2 gezeigte Aufgabe zu Ableitungen als Tangentensteigungen zum Beispiel thematisiert Vorstellungen und Fehlvorstellungen zum Tangentenbegriff und ermöglicht hierdurch eine fruchtbare Anbindung der Schulanalysis an die universitäre Veranstaltung zur Analysis 1. So geht es etwa in Aufgabenteil c) um eine Vorstellung, die durch Verallgemeinerung aus der elementargeometrischen Situation bei Tangenten an Kreise entstanden sein kann. Während bei Kreisen eine lokale *Schmiegegerade* gleichzeitig eine globale *Stützgerade* ist, trifft dies jedoch bei beliebigen Kurven nicht mehr zu (siehe hierzu Blum und Törner, 1983, S. 94). Ebenso wird den Lehramtsstudierenden durch die

Aufgabe. Welche der folgenden Vorstellungen zum Ableitungsbegriff sind zutreffend, bei welchen handelt es sich um Fehlvorstellungen? Erläutern Sie jeweils, warum die Vorstellung zutreffend ist bzw. worin die Fehlvorstellung besteht.

a) Die Ableitung $f'(a)$ einer differenzierbaren Funktion $f : \mathbb{R} \to \mathbb{R}$ in einem Punkt $a \in \mathbb{R}$ gibt die Steigung der Tangente an den Graphen von f im Punkt $(a, f(a))$ an.

b) Es sei $f : \mathbb{R} \to \mathbb{R}$. Für Punkte $a \neq b$ aus $\mathbb{R}$ bezeichne $S_{f,a,b}$ die Gerade in $\mathbb{R}^2$, die durch die Punkte $(a, f(a))$ und $(b, f(b))$ geht (*Sekante*). Die Funktion f ist genau dann differenzierbar in a, wenn sich für jede Folge (a_n), die gegen a konvergiert, die Folge der Sekanten S_{f,a,a_n} einer Grenzgerade annähert, die endliche Steigung hat (d. h. nicht parallel zur y-Achse ist). Ist dies der Fall, so nennen wir diese Gerade die Tangente an f in a.

c) Es sei $f : \mathbb{R} \to \mathbb{R}$ eine differenzierbare Funktion. Dann schneidet die Tangente an f in a den Graphen von f nur im Punkt $(a, f(a))$.

d) Die Funktion $f : \mathbb{R} \to \mathbb{R}$ sei auf $\mathbb{R} \setminus \{a\}$ differenzierbar. Die Tangente an f in x werde mit t_x bezeichnet. Es ist f genau dann in $a \in \mathbb{R}$ differenzierbar, wenn sich t_x für $x \to a$ einer Grenzgerade annähert.

Abb. 8.2 Schnittstellenaufgabe zu Ableitungen als Tangentensteigungen

bewusste Verknüpfung der Inhalte verdeutlicht, dass die in der Schule erarbeiteten Vorstellungen aufbauend weiterentwickelt werden, sodass sich Schulmathematik nicht nur als nützlich, sondern auch als relevant für die universitäre Mathematik erweist.

8.5 Erhebungs- und Auswertungsmethodik

Um empirische Evidenz über die intendierte Wirkung der eingesetzten Schnittstellenaufgaben auf die Überzeugungen angehender Lehrkräfte im Hinblick auf die doppelte Diskontinuität zu erlangen, wurden an den Universitäten Kassel und Marburg Studierende des Lehramts jeweils zu Beginn und gegen Ende einer Vorlesungsreihe zur Analysis I mit dem „Fragebogen zur doppelten Diskontinuität" (Isaev & Eichler, im Druck) befragt. Dieses Fragebogeninstrument umfasst entsprechend der theoretischen Vorüberlegungen eine Skala zu Beliefs zur Kohärenz zwischen Schul- und Hochschulmathematik und eine Skala zur Relevanz der universitären Mathematik für den Lehrberuf[2].

---

[2] Zur Entwicklung des Fragebogens und seiner testtheoretischen Überprüfung sei auf die Publikation Isaev & Eichler (im Druck) verwiesen, die zusammen mit dem Fragebogeninstrument selbst in einem open repository (https://osf.io/uqs5y) online zur Verfügung steht.

Hinsichtlich der ersten Diskontinuität sind zur Messung von Kohärenzüberzeugungen der Studierenden Propositionen (propositions, siehe Philipp, 2007) zu inhaltlichen Verbindungen zwischen Schul- und Hochschulmathematik entwickelt worden, zu denen auf einer Likert-Skala von 1 (trifft gar nicht zu) bis 6 (trifft voll zu) jeweils der subjektive Grad der Zustimmung abgefragt wird. Ein Beispielitem für diese Dimension „Inhaltliche Verbindungen" (DDIV) ist die Aussage: „Schulmathematik und universitäre Mathematik sind inhaltlich aufeinander bezogen" – oder negativ im Sinne einer Diskontinuitätsüberzeugung: „Die universitäre Mathematik hat inhaltlich kaum etwas mit der Schulmathematik zu tun".

In der zweiten Dimension „Relevanz für den Beruf" (DDRB) wurden gerade solche Beliefs als Propositionen formuliert, die auf die zweite Diskontinuität in der Lehramtsausbildung verweisen. Sie betreffen somit die Überzeugung zur Nützlichkeit der universitären Mathematik für die spätere Tätigkeit als Lehrkraft in der Schule, die von den Studierenden im Voraus auf der Grundlage ihrer bisherigen Erfahrungen eingeschätzt werden soll. Ein Item, das auf dieser Skala abgebildet wird, ist z. B. die Aussage: „Die universitäre Mathematik werde ich nach meinem Studium kaum wieder benötigen".

Die Daten der Pre-Posttest-Erhebungen (Kassel: WiSe 2016/2017, N = 13; Marburg: SoSe 2019, N = 23) wurden in einem quasi-experimentellen Design mit einer Kontrollgruppe an der Universität Kassel verglichen (Kassel: WiSe 2016/2017, N = 12). Letztere wurde im Gegensatz zu der parallel abgehaltenen Treatmentgruppe nicht in einer separaten Übung für Lehramtsstudierende mit den Schnittstellenaufgaben, sondern in traditioneller Weise ohne Schnittstellenaufgaben zusammen mit den Mathematik-Bachelorstudierenden unterrichtet.

Neben der Fragestellung, ob und wie sich die Überzeugung von Lehramtsstudierenden zur Kohärenz und Relevanz mit dem Einsatz von Schnittstellenaufgaben im Vergleich zu einer Kontrollgruppe ohne entsprechende Aufgaben verändert, soll auf diese Weise ein explorativer Vergleich der beiden Interventionen in ihrer unterschiedlichen Schwerpunktsetzung bezogen auf ihre Wirkung auf die Überzeugungen von Studierenden gezogen werden. Zu berücksichtigen ist dabei, dass die Lehramtsstudierenden an der Universität Kassel die Veranstaltung Grundlagen der Analysis 1 regulär im dritten Semester ihrer Studienlaufbahn besuchen, während die Analysis 1 an der Philipps-Universität Marburg im zweiten Fachsemester des Studiengangs Lehramt Mathematik an Gymnasien vorgesehen ist.

Zur Prüfung der Wirksamkeit des Treatments im Sinne der oben formulierten Forschungsfragen wurden trotz der kleinen Stichprobengröße[3] im heuristischen Sinne Varianzanalysen mit Messwiederholung durchgeführt. Vor diesem Hintergrund sind die unten aufgeführten Ergebnisse als erste Hinweise zu betrachten, die in der empirischen Aussagekraft begrenzt sind.

---

[3] Die vorliegende Stichprobengröße ist auf die abfallende Anzahl von Teilnehmenden an den Vorlesungen zum Ende des Semesters zurückzuführen. Im Pretest haben insgesamt 56 (KS) bzw. 36 (MR) Lehramtsstudierende an der Befragung teilgenommen.

8.6   Ergebnisse

In Tab. 8.1 sind Mittelwerte (M) und Standardabweichungen (SD) zur Kohärenz zwischen Schul- und Hochschulmathematik (DDIV) für die beiden Treatmentgruppen in Kassel (KS) und Marburg (MR) sowie die Kontrollgruppe im Pretest und Posttest aufgeführt. Tab. 8.2 zeigt die entsprechenden deskriptiven Statistiken für die Variable zur Relevanz der universitären Mathematik für den Lehrberuf (DDRB).

Wie im Profilplot veranschaulicht (siehe Abb. 8.3) steigen die Mittelwerte in allen Gruppen zur Variablen DDIV (Kohärenz) an. Insbesondere zeigt sich kein Wechselwirkungseffekt zwischen den Gruppen. Ein signifikanter Haupteffekt in der Zeit zwischen Pre- und Posttest ergibt sich für die Marburger Treatmentgruppe ($p = 0.007$), wohingegen die beiden Kasseler Gruppen keine entsprechenden Effekte in der Zeit aufweisen (Treatmentgruppe: $p = 0.194$; Kontrollgruppe: $p = 0.270$).

Bezogen auf die Variable DDRB (Relevanz) steigen allein die Mittelwerte der Treatmentgruppen zum zweiten Messzeitpunkt an, während sie in der Kontrollgruppe abfallen. Tatsächlich zeigt sich im Verglich der Treatment- und Kontrollgruppe aus Kassel ein großer signifikanter Interaktionseffekt der Faktoren Zeit und Gruppe $F(1, 23) = 4.396, p = 0.047, \eta_p^2 = 0.160$.

Auffällig ist zudem über beide Standorte hinweg, dass die von Studierenden wahrgenommene Relevanz der universitären Mathematik für den Lehrberuf höher zu sein scheint als die Überzeugung zu einer Kohärenz von Schul- und Hochschulmathematik.

Tab. 8.1 Deskriptive Statistiken zur Variablen DDIV im Pre- und Posttest

Gruppe (Pretest)	M	SD	N	Gruppe (Posttest)	M	SD	N
Treatmentgruppe (KS)	3.19	0.576	13	Treatmentgruppe (KS)	3.45	0.763	13
Treatmentgruppe (MR)	2.62	0.696	23	Treatmentgruppe (MR)	2.97	0.776	23
Kontrollgruppe (KS)	2.67	0.720	12	Kontrollgruppe (KS)	2.80	0.597	12

Tab. 8.2 Deskriptive Statistiken zur Variablen DDRB im Pre- und Posttest

Gruppe (Pretest)	M	SD	N	Gruppe (Posttest)	M	SD	N
Treatmentgruppe (KS)	3.95	0.590	13	Treatmentgruppe (KS)	4.39	0.790	13
Treatmentgruppe (MR)	3.46	0.757	23	Treatmentgruppe (MR)	3.65	0.652	23
Kontrollgruppe (KS)	3.73	0.965	12	Kontrollgruppe (KS)	3.48	0.978	12

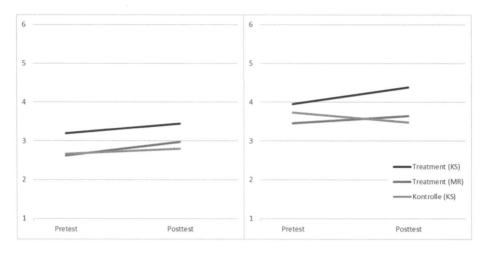

Abb. 8.3 Profilplot zur Variablen DDIV und DDRB im Pre- und Posttest

8.7   Diskussion

In diesem Beitrag wurde der Einsatz von Schnittstellenaufgaben zur Veränderung der Überzeugungen zur doppelten Diskontinuität im Lehramtsstudium Mathematik an den Universitäten Kassel und Marburg vorgestellt, welcher sich mit den „Bordmitteln eines üblichen Mathematikfachbereichs" (Bauer, 2013, S. 40) realisieren lässt. Zur Analyse der intendierten Wirkung dieser Interventionsmaßnahme auf die Überzeugung von Lehramtsstudierenden, nämlich der Stärkung der Überzeugungen zur Kohärenz zwischen Schul- und Hochschulmathematik (F1) und Stärkung der Überzeugungen zur Relevanz der universitären Mathematik für den Lehrberuf (F2) wurde ein Vergleich zu einer Kontrollgruppe durchgeführt. Zudem wurde ein Vergleich der beiden Standorte Kassel und Marburg untereinander im Hinblick auf die unterschiedlichen Schwerpunktsetzung in der Implementation solcher Schnittstellenaufgaben angestrebt (F3). Mit Beachtung der geringen Fallzahlen liefern die Ergebnisse der hier vorgestellten Untersuchung erste Hinweise zur Wirkung dieser Maßnahme auf die Überzeugung von Lehramtsstudierenden in Bezug auf die Kohärenz von Schul- und Hochschulmathematik und die Relevanz der universitären Mathematik für den Lehrberuf.

Zur Forschungsfrage 1 zeigt sich zumindest für eine Treatmentgruppe (Marburg) eine signifikante Verstärkung der Überzeugungen zur Kohärenz. Die beiden Kasseler Gruppen weisen hingegen keine entsprechenden Effekte in der Zeit zwischen Pre- und Posttest auf.

Zur Forschungsfrage 2 ergibt sich im Vergleich der Treatmentgruppe in Kassel und der Kontrollgruppe trotz der geringen Fallzahlen ein signifikanter und in der Größe bedeutsamer Interaktionseffekt. So scheint eine Intervention im Übungsapparat einer traditionellen Vorlesung zur Analysis, also eine begrenzte Intervention mit „Bord-mitteln" (Bauer, 2013, S. 40), eine erhebliche Auswirkung auf die Überzeugungen von Studierenden zur Relevanz der universitären Mathematik für den Lehrberuf zu haben. Das Verhältnis der beiden Treatmentgruppen ist wie zur anderen Variablen gleich-gerichtet und von der Kontrollgruppe unterschiedlich. Daher gehen wir davon aus, dass die fehlende Signifikanz des Interaktionseffekts der Treatmentgruppe in Marburg und der Kontrollgruppe auf die geringe Fallzahl zurückzuführen ist.

Zur Forschungsfrage 3 hat sich gezeigt, dass sich die beiden Treatmentgruppen statistisch, aber auch qualitativ in der Veränderungsrichtung der Überzeugungen der Studierenden nicht unterscheiden. Das ist insofern ein bemerkenswerter Aspekt, da die Schnittstellenaufgaben an der Universität Kassel und der an der Philipps-Universität Marburg eine etwas unterschiedliche Anlage haben: Während die Schnittstellenauf-gaben in Kassel durch die Integration authentischer Handlungsanforderungen an Mathematiklehrkräfte eine starke Akzentuierung auf die zweite Diskontinuität im Sinne einer Stärkung der wahrgenommenen Relevanz der universitären Mathematik für den späteren Lehrberuf setzen, verfolgen die Schnittstellenaufgaben in Marburg das generelle Ziel, Unterschiede zwischen Schul- und Hochschulmathematik zu bearbeiten und Ver-knüpfungen aufzubauen (zu einer ersten Typisierung von Aufgaben zur Vernetzung von Schul- und Hochschulmathematik siehe den Beitrag von Weber und Lindmeier, 2021 in diesem Band). Trotz dieser unterschiedlichen Ausrichtung sind die Effekte auf die Überzeugungen der Studierenden hinsichtlich der ersten und zweiten Diskontinuität jedoch sehr ähnlich. Möglicherweise ist die Gemeinsamkeit der Interventionen in ihrem Anliegen, Vernetzungen zwischen Schul- und Hochschulmathematik sichtbar zu machen, hinsichtlich der angestrebten Wirkung bedeutsamer als die Unterschiede in der Aus-richtung.

Über alle Forschungsfragen hinweg zeigt sich, dass gezielte Schnittstellenaktivi-täten im Studium die Überzeugungen zur doppelten Diskontinuität günstig beeinflussen können. Zum anderen wird vor dem Hintergrund der Forschung zu Beliefs und ihrer Veränderbarkeit ein Hinweis darauf gegeben, dass sich Überzeugungen angehender Lehrkräfte zu einem wesentlichen Teil ihres Professionswissens im Studium potenziell verändern lassen. Die Ergebnisse liefern zudem einen ersten Hinweis darüber, dass Studierende des Lehramts der universitären Mathematik offenbar durchaus eine gewisse Relevanz für ihre spätere Berufspraxis beimessen, auch wenn sie eher weniger Ver-bindungen zwischen der erworbenen Mathematik in der Schule und der an der Uni-versität adressierten Hochschulmathematik erkennen. Da die beiden Dimensionen „Inhaltliche Verbindungen" (DDIV) und „Relevanz für den Beruf" (DDRB) in Bezug auf ihre absoluten Scores nicht notwendig vergleichbar sind, auch wenn ein metrisch skaliertes Gesamtkonstrukt aus diesen beiden Subdimensionen vorausgesetzt wird, lassen sich zu diesem Phänomen allerdings nur Vermutungen formulieren, die mit anderen Methoden untersucht werden könnten.

Die hier vorgestellten Ergebnisse sind im Sinne eines explorativen Vergleichs zu ver-stehen. Weitere Erkenntnisse zur Entwicklung der Überzeugungen von Studierenden des Lehramts Mathematik zur doppelten Diskontinuität und zur Wirkung potenzieller Maßnahmen zur positiven Veränderung derselben könnten durch Kooperationen mit anderen Hochschulen mithilfe des in dieser Arbeit verwendeten Fragebogens erfolgen. Interessant sind in diesem Zusammenhang auch die Fragestellungen, wie die Beliefs von Studierenden jenseits der Veranstaltung Analysis 1 sind, ob Beliefs von Lehramtsstudierenden auch in höheren Semestern (noch) veränderbar sind und wie geeignete Schnittstellenaufgaben hierzu konzipiert werden sollten. Auch sollte in künftigen Forschungsarbeiten der Frage nachgegangen werden, inwieweit gezielte Interventionen dazu beitragen, dass Studierende ihr erworbenes Fachwissen in ihrer Berufspraxis tatsächlich flexibel nutzen und somit das Problem der doppelten Diskontinuität in der Praxis reduziert werden kann.

Literatur

Albrecht, J. R., & Karabenick, S. A. (2018). Relevance for learning and motivation in education. *The Journal of Experimental Education, 86*(1), 1–10.

Ball, D. L., Thames, M. H., & Phelps, G. (2008). Content knowledge for teaching. What makes is special? *Journal of Teacher Education, 59*(5), 389–407.

Bass, H., & Ball, D. L. (2004). A practice-based theory of mathematical knowledge for teaching: The case of mathematical reasoning. In W. Jianpan & X. Binyan (Hrsg.), *Trends and challenges in mathematics education* (S. 107–123). East China Normal University.

Bauer, T. (2012). *Analysis – Arbeitsbuch. Bezüge zwischen Schul- und Hochschulmathematik – sichtbar gemacht in Aufgaben mit kommentierten Lösungen.* Springer Spektrum.

Bauer, T. (2013). Schnittstellen bearbeiten in Schnittstellenaufgaben. In C. Ableitinger, J. Kramer, & S. Prediger (Hrsg.), *Zur doppelten Diskontinuität in der Gymnasiallehrerbildung* (S. 39–56). Springer Spektrum.

Bauer, T., & Partheil, U. (2009). Schnittstellenmodule in der Lehramtsausbildung im Fach Mathematik. *Mathematische Semesterberichte, 56*(1), 85–103.

Beutelspacher, A., Danckwerts, R., Nickel, G., Spies, S., & Wickel, G. (2011). *Mathematik Neu Denken. Impulse für die Gymnasiallehrerbildung an Universitäten.* Vieweg+Teubner.

Blum, W., & Törner, G. (1983). *Didaktik der Analysis. Moderne Mathematik in elementarer Darstellung.* Vandenhoeck & Ruprecht.

Buehl, M. M., & Beck, J. S. (2015). The relationship between teachers' beliefs and teachers' practices. In H. Fives (Hrsg.), *Educational psychology handbook series. International handbook of research on teachers' beliefs* (S. 66–84). Routledge.

Bund-Länder-Kommission für Bildungsplanung und Forschungsförderung. (1998). *Gutachten zur Vorbereitung des Programms „Steigerung der Effizienz des mathematisch-naturwissenschaftlichen Unterrichts".* BLK.

Bungartz, P., & Wynands, A. (1998). *Wie beurteilen Referendare ihr Mathematikstudium für das Lehramt Sekundarstufe II?* http://www.math.uni-bonn.de/people/wynands/Referendarbefragung.html. Zugegriffen: 15. Juli 2020.

Calderhead, J. (1996). Teachers: Beliefs and knowledge. In D. C. Berliner & R. C. Calfee (Hrsg.), *Handbook of educational psychology. A project of division 15, The division of educational psychology of the American Psychological Association* (S. 709–725). Macmillan.

Canning, E. A., & Harackiewicz, J. M. (2015). Teach it, don't preach it: The differential effects of directly-communicated and self-generated utility value information. *Motivation Science, 1*(1), 47–71.

Danckwerts, R. (2013). Angehende Gymnasiallehrer(innen) brauchen eine „Schulmathematik vom höheren Standpunkt"! In C. Ableitinger, J. Kramer, & S. Prediger (Hrsg.), *Zur doppelten Diskontinuität in der Gymnasiallehrerbildung* (S. 77–94). Springer Spektrum.

Davis, B., Towers, J., Chapman, O., Drefs, M., & Friesen, S. (2019). Exploring the relationship between mathematics teachers' implicit associations and their enacted practices. *Journal of Mathematics Teacher Education, 23*, 407–428.

DMV. (1979). *Gymnasiales Lehramt für Mathematik. Stellungnahme der Deutschen Mathematiker Vereinigung.* https://www.mathematik.de/presse/642-denkschrift-gymnasiales-lehramt-fuer-mathematik. Zugegriffen: 15. Juli 2020.

Eichler, A., & Erens, R. (2015). Domain-specific belief systems of secondary mathematics teachers. In B. Pepin & B. Roesken-Winter (Hrsg.), *From beliefs to dynamic affect systems in mathematics education. Exploring a mosaic of relationships and interactions* (S. 179–200). Springer.

Fives, H., & Buehl, M. M. (2012). Spring cleaning for the "messy" construct of teachers' beliefs: What are they? Which have been examined? What can they tell us? In K. R. Harris, S. Graham, & T. Urdan (Hrsg.), *APA Educational Psychology Handbook* (Bd. 2, S. 471–499). American Psychological Association.

Goldin, G., Rösken, B., & Törner, G. (2009). Beliefs – No longer a hidden variable in mathematical teaching and learning processes. In J. Maaß & W. Schlöglmann (Hrsg.), *Beliefs and attitudes in mathematics education. New research results* (S. 1–18). Sense Publishers.

Griesel, H., & Postel, H. (2005). *Elemente der Mathematik 11. Einführung in die Analysis.* Schroedel.

Gueudet, G. (2008). Investigating the secondary–tertiary transition. *Educational Studies in Mathematics, 67*(3), 237–254.

Guzmán, M. d., Hodgson, B. R., Robert, A., & Villani, V. (1998). Difficulties in the passage from secondary to tertiary education. *Documenta Mathematica. Extra Volume ICM III*, 747–762

Hannula, M. S. (2012). Exploring new dimensions of mathematics-related affect: Embodied and social theories. *Research in Mathematics Education, 14*(2), 137–161.

Hefendehl-Hebeker, L. (2013). Doppelte Diskontinuität oder die Chance der Brückenschläge. In C. Ableitinger, J. Kramer, & S. Prediger (Hrsg.), *Zur doppelten Diskontinuität in der Gymnasiallehrerbildung* (S. 1–16). Springer Spektrum.

Hoffmann, M. (2018). Schnittstellenaufgaben im Praxiseinsatz: Aufgabenbeispiel zur „Bleistiftstetigkeit" und allgemeine Überlegungen zu möglichen Problemen beim Einsatz solcher Aufgaben. In Fachgruppe Didaktik der Mathematik der Universität Paderborn (Hrsg.), *Beiträge zum Mathematikunterricht 2018* (S. 815–818). WTM.

Hoth, J., Jeschke, C., Dreher, A., Lindmeier, A., & Heinze, A. (2020). Ist akademisches Fachwissen hinreichend für den Erwerb eines berufsspezifischen Fachwissens im Lehramtsstudium? Eine Untersuchung der Trickle-down-Annahme. *Journal für Mathematik-Didaktik, 41*(2), 329–356.

Isaev, V., & Eichler, A. (2016). Auswege aus der doppelten Diskontinuität – Die Vernetzung von Fach und Fachdidaktik im Lehramtsstudium Mathematik. In Institut für Mathematik und Informatik der Pädagogischen Hochschule Heidelberg (Hrsg.), *Beiträge zum Mathematikunterricht 2016* (Bd. 1, S. 481–484). WTM.

Isaev, V., & Eichler, A. (2018). „Lehramts-Aufgaben" in mathematischen Fachveranstaltungen als situiertes Lernen an der Hochschule. In M. Meier, K. Ziepprecht, & J. Mayer (Hrsg.), *Lehrerausbildung in vernetzten Lernumgebungen* (S. 121–132). Waxmann.

Isaev, V., & Eichler, A. (im Druck). Der Fragebogen zur doppelten Diskontinuität. In S. Halverscheid & I. Kersten (Hrsg.), *Bedarfsgerechte fachmathematische Lehramtsausbildung – Zielsetzungen und Konzepte unter heterogenen Voraussetzungen.*

Klein, F. (1908). *Elementarmathematik vom höheren Standpunkte aus. Teil I: Arithmetik, Algebra, Analysis.* Teubner.

Leufer, N., & Prediger, S. (2006). „Vielleicht brauchen wir das ja doch in der Schule" – Sinnstiftung und Brückenschläge in der Analysis als Bausteine zur Weiterentwicklung der fachinhaltlichen gymnasialen Lehrerbildung. In A. Büchter, H. Humenberger, S. Hußmann & S. Prediger (Hrsg.), *Realitätsnaher Mathematikunterricht – vom Fach aus und für die Praxis. Festschrift für Hans-Wolfgang Henn zum 60. Geburtstag* (S. 265–276). Franzbecker.

Liljedahl, P., Oesterle, S., & Bernèche, C. (2012). Stability of beliefs in mathematics education: A critical analysis. *Nordic Studies in Mathematics Education, 17*(3–4), 23–40.

Mischau, A., & Blunck, A. (2006). Mathematikstudierende, ihr Studium und ihr Fach. Einfluss von Studiengang und Geschlecht. *Mitteilungen der Deutschen Mathematiker-Vereinigung, 14*(1), 46–52.

Philipp, R. A. (2007). Mathematics teachers' beliefs and affect. In F. K. Lester (Hrsg.), *Second handbook of research on mathematics teaching and learning* (S. 257–315). Information Age Publishing.

Prediger, S. (2013). Unterrichtsmomente als explizite Lernanlässe in fachinhaltlichen Veranstaltungen. Ein Ansatz zur Stärkung der mathematischen Fundierung unterrichtlichen Handelns. In C. Ableitinger, J. Kramer, & S. Prediger (Hrsg.), *Zur doppelten Diskontinuität in der Gymnasiallehrerbildung* (S. 151–168). Springer Spektrum.

Thomas, M. O. J., Freitas Druck, I. de, Huillet, D., Ju, M.-K., Nardi, E., Rasmussen, C. et al. (2015). Key Mathematical Concepts in the Transition from Secondary School to University. In S. J. Cho (Hrsg.), *The Proceedings of the 12th International Congress on Mathematical Education* (S. 265–284). Springer.

Vansteenkiste, M., Aelterman, N., de Muynck, G.-J., Haerens, L., Patall, E., & Reeve, J. (2018). Fostering personal meaning and self-relevance: A self-determination theory perspective on internalization. *The Journal of Experimental Education, 86*(1), 30–49.

Weber, B.-J., & Lindmeier, A. (2021). Typisierung von Aufgaben zur Verbindung zwischen schulischer und akademischer Mathematik. In V. Isaev, A. Eichler, & F. Loose (Hrsg.), *Professionsorientierte Fachwissenschaft – Kohärenzstiftende Lerngelegenheiten für das Lehramtsstudium.* Springer Spektrum.

Winsløw, C., & Grønbæk, N. (2014). Klein's double discontinuity revisited: Contemporary challenges for universities preparing teachers to teach to calculus. *Recherches en Didactique des Mathématiques, 34*(1), 59–86.

Die Koblenzer Methodenblätter – Ein Einstieg in wissenschaftliche Arbeitsweisen in der Hochschulmathematik für Lehramtsstudierende

Regula Krapf

Zusammenfassung

Seit dem Wintersemester 2017/2018 wird am Campus Koblenz der Universität Koblenz-Landau gekoppelt an die Vorlesung „Elementarmathematik vom höheren Standpunkt", welche von Lehramtsstudierenden aller Zielschularten sowie Studierenden der Informatik und Computervisualistik im ersten Semester belegt wird, ein neues Übungskonzept getestet. Neben einem herkömmlichen Übungsblatt mit Präsenz- und Hausaufgaben wird dabei jede Woche ein sogenanntes Methodenblatt interaktiv in Gruppenarbeit bearbeitet, in welchem die Studierenden einen methodischen Input zum wissenschaftlichen Arbeiten in der Hochschulmathematik mit kontextspezifischen innovativen Übungsaufgaben erhalten. Behandelt werden beispielsweise der deduktive Aufbau der Mathematik aus Definitionen, Sätzen und Beweisen, die Suche nach geeigneten Beweismethoden und Gegenbeispielen, das Lesen und Aufschreiben mathematischer Sachverhalte, Vorwärts- und Rückwärtsarbeiten sowie die Identifizierung und Analyse häufiger Fehlerquellen. Die Konzeption dieser Methodenblätter soll anhand zweier Best-Practice-Beispiele erläutert werden und es werden erste Ergebnisse einer Evaluierung mit Hilfe der Bielefelder Lernzielorientierten Evaluation (BiLOE) präsentiert.

9.1 Einleitung

Der Übergang von der Schule zur Hochschule stellt hinsichtlich vieler Aspekte eine Diskontinuität dar. Der Lerngegenstand, die Hochschulmathematik, unterscheidet sich in

R. Krapf (✉)
Mathematisch-Naturwissenschaftliche Fakultät; Mathematisches Institut, Universität Bonn, Bonn, Deutschland
E-mail: krapf@math.uni-bonn.de

V. Isaev et al. (Hrsg.), *Professionsorientierte Fachwissenschaft,* Konzepte und Studien zur Hochschuldidaktik und Lehrerbildung Mathematik, https://doi.org/10.1007/978-3-662-63948-1_9

wesentlichen Aspekten wie Abstraktionsgrad, Fachsprache, Arbeitsweisen und soziomathematischen Normen von demjenigen der Schule (Guedet, 2008). Anders als in der Schulmathematik nehmen mathematische Beweise an Hochschulen sowohl in der Vorlesung als auch in der Übung eine zentrale Rolle ein und die Aufgaben erreichen ein deutlich höheres Komplexitätsniveau. Während in der Schule anschauliche Begründungen wie Beispiele und Skizzen zulässig sind, werden solche Argumente an Hochschulen nicht als Beweise akzeptiert (Selden & Selden, 2008). Des Weiteren folgt die Präsentation von Lehrinhalten, anders als in der Schule, in der Regel einem deduktiv-axiomatischen Aufbau (Dreyfus, 1991; Weber, 2004) im Format Definition – Satz – Beweis, oft mit nur wenigen Beispielen und Skizzen. Aufgrund dieser Veränderung des Lerngegenstands erleben viele Studierende Schwierigkeiten in der Studieneingangsphase. Dies trifft insbesondere auf Lehramtsstudierende mit Fach Mathematik zu, auf die im vorliegenden Artikel eingegangen wird.

Zur Unterstützung der Studierenden greifen die Hochschulen zu vielfältigen Maßnahmen wie Mathematikvorkurse, Lernzentren oder semesterbegleitende Brückenkurse. An der Universität Paderborn wurde beispielsweise ein Modul „Einführung in das mathematische Denken und Arbeiten" konzipiert, welches neben zentralen mathematischen Begriffen auch mathematische Arbeitsweisen behandelt (Hilgert et al., 2015a, b). Ein ähnlicher Ansatz wurde am Campus Koblenz der Universität Koblenz-Landau verfolgt, welcher die wöchentliche Bearbeitung sogenannter Methodenblätter vorsieht, eine Art Arbeitsblatt mit Tipps und Tricks sowie maßgeschneiderten Aufgaben zu Themen wie Lesen und Schreiben mathematischer Texte, Umgang mit Beispielen oder Auswahl einer geeigneten Beweismethode. Im vorliegenden Artikel soll die Konzeption dieser Methodenblätter theoriebasiert (siehe Abschn. 9.3.3 und 9.3.4) und anhand von Beispielen präsentiert werden und es werden erste Evaluationsergebnisse in der Form einer Selbsteinschätzung dargestellt.

9.2   Theoretischer Hintergrund

9.2.1   Schwierigkeiten von Studierenden in der Studieneingangsphase

Der Übergang von der Schule zur Hochschule stellt die Studienanfänger*innen im Fach Mathematik vor vielfältige Herausforderungen: Die Studierenden müssen eine Symbolsprache lernen, die durch eine enorme Informationsdichte geprägt ist. Gerade die Präzision, Prägnanz und Formalisierung der mathematischen Fachsprache unterscheidet sich von derjenigen der Schule (Hertleif, 2016). Sowohl das Verständnis dieser Sprache als auch deren Einsatz beim Aufschreiben von Übungsaufgaben stellt für viele Studierende eine große Hürde dar (Moore, 1994; Guedet, 2008). Ein entscheidender Unterschied zwischen der Schul- und Hochschulmathematik besteht in der Begriffsbildung. Aufgrund der abstrakten Einführung neuer Begriffe ist die Generierung von Beispielen und visuellen Repräsentationen für ein intuitives Begriffsverständnis von zentraler Bedeutung. Allerdings fällt vielen Studierenden die eigenständige Suche nach Beispielen und Gegenbeispielen sowie der Einsatz von Definitionen in Beweisen schwer (Moore, 1994; Dahlberg & Housman, 1997). Eine ähnliche Problematik betrifft das Arbeiten mit mathematischen Sätzen. So besteht eine Schwierigkeit darin, die logische Struktur eines Satzes, welcher in natürlicher Sprache formuliert ist, zu erkennen (Selden & Selden, 2008). Beispielsweise müssen implizit formulierte Quantoren in Sätzen wie „Differenzierbare Funktionen sind stetig" erkannt werden. Da gerade die eben genannten Aspekte beim Beweisen von zentraler Bedeutung sind, fällt den Studienanfänger*innen das Beweisen oft schwer. So stellt für viele bereits die Suche nach einem passenden Lösungsansatz zu einer Beweisaufgabe eine große Schwierigkeit dar (Moore, 1994). Baker und Campbell (2004) konnten in ihrer Studie nachweisen, dass zwar die Mehrheit der Studierenden ein gutes Verständnis von Aussagen- und Prädikatenlogik aufweisen, dieses aber beim Beweisen nicht anwenden können. So ist zwar den meisten klar, dass die Implikation nicht das Kommutativgesetz erfüllt, aber dennoch wird oft die Umkehrung statt der Behauptung gezeigt. Die Studie zeigt auch, dass viele Studierende Probleme beim Aufschreiben von Beweisen haben. Erschwert wird dies weiterhin durch die Abwesenheit einheitlicher Normen zum Verfassen von Beweistexten (Burton & Morgan, 2000; Lew & Mejía-Ramos, 2020). Auch beim Lesen weisen viele Studierende Schwierigkeiten auf, so scheitern sie bereits an der Unterscheidung zwischen korrekten und falschen Beweisen (Alcock & Weber, 2005).

Selden und Selden (2008) schlagen vor, die oben beschriebene Problematik in universitären Lehrveranstaltungen explizit anzusprechen, beispielsweise durch die Aufforderung, eigene Beispiele zu generieren, durch Diskussionen über die Korrektheit studentischer Beweise oder durch eine transparente Kommunikation des Unterschieds zwischen Beweisprozess und -produkt. Die Autor*innen unterstreichen dabei die Bedeutung der Interaktion zwischen Studierenden und Lehrenden sowie untereinander, da das eigenständige Beweisen nicht alleine durch die Präsentation von Beweisen in Vorlesungen vermittelt werden kann.

9.2.2 Wissen in der Hochschulmathematik

Vollrath und Roth (2012) unterscheiden vier Arten schulmathematischen Wissens: Wissen über mathematische Begriffe, Wissen über mathematische Sachverhalte, Wissen über Verfahren und metamathematisches Wissen, welches wir im Folgenden als mathematisches Metawissen bezeichnen, um dieses von der Metamathematik im Sinne der mathematischen Logik (Kleene, 1952), abzugrenzen. Letztes ist laut den Autoren Wissen darüber, „wie man Probleme löst und Algorithmen entwickelt, wie Mathematik angewendet wird und wie eine Theorie entwickelt wird" (Vollrath & Roth, 2012, S. 46). Allgemeiner kann darunter Wissen verstanden werden, *wie* Mathematik betrieben wird. Dazu gehören auch Techniken zum wissenschaftlichen Schreiben oder zum Textverständnis, strategisches Wissen über den geeigneten Einsatz von Beweis- und Problemlösestrategien oder auch Wissen über mathematischen Stil. So umfasst es auch Kenntnis von Strategien zum Textverständnis wie beispielsweise das Anfertigen einer geeigneten Skizze oder die Suche nach Beispielen oder Gegenbeispielen sowie das Wissen über den Einsatz multipler Repräsentationen.

Während die ersten drei Wissensarten explizit in mathematischen Lehrveranstaltung durch die Behandlung von Definitionen, Sätzen sowie Algorithmen thematisiert werden, so werden Beweisfindungs- und Begriffsbildungsprozesse, die für die Entwicklung von Meta-wissen essentiell sind, nur in seltenen Fällen expliziert. Wenn überhaupt, so erfolgt dies eher implizit und wird insbesondere mündlich präsentiert, wodurch es kaum in die Vorlesungs-mitschriften eingeht (Lew et al., 2016; Fukawa-Connelly et al., 2017). Dementsprechend wird mathematisches Metawissen überwiegend implizit vermittelt. Die Studie von Azrou und Khelladi (2019) legt nahe, dass Studierenden oft wichtiges Metawissen zum Beweisen fehlt, beispielsweise der Unterschied zwischen dem Beweisprozess auf dem Schmierblatt und dem finalen Beweisprodukt. Die Autor*innen empfehlen daher eine explizite Vermitt-lung von Metawissen in den Lehrveranstaltungen. Um dies umzusetzen, entstand die Idee der Koblenzer Methodenblätter, welche im Folgenden vorgestellt werden.

9.3 Die Konzeption der Methodenblätter

9.3.1 Aufbau der *Elementarmathematik vom höheren Standpunkt*

Vor dem soeben beschriebenen Hintergrund wurde am Campus Koblenz der Universität Koblenz-Landau ein neues Übungskonzept zum Modul *Elementarmathematik vom höhe-ren Standpunkt* (kurz *Elementarmathematik*) entwickelt, welches in der Regel von Lehr-amtsstudierenden aller Zielschularten mit Fach Mathematik sowie seit dem Wintersemes-ter 2019/2020 auch von Studierenden der Informatik und Computervisualistik im ersten Semester belegt wird. Die Ziele der Lehrveranstaltung bestehen darin, dass die Studierenden grundlegende Begriffe der Hochschulmathematik wie Mengen, Relationen und Funktionen kennenlernen und in Beispielen anwenden können sowie Beweismethoden und Problemlö-sestrategien in variablen Kontexten, also auch in Themen aus der Schulmathematik, geeignet einsetzen können.

Das Modul besteht aus zwei curricular verankerten Teilveranstaltungen, einer Vorlesung (2 SWS) und einer Übung (2 SWS), sowie der Bearbeitung eines Übungsblatts, welches wöchentlich zur Korrektur abgegeben werden soll. Während die Vorlesung vor allem die Rolle der Wissensvermittlung einnimmt, ermöglicht der Übungsbetrieb die Vertiefung und Anwendung der in der Vorlesung behandelten Konzepte und Methoden anhand von konkre-ten Beispielen. So soll die Übung ermöglichen, dass die Studierenden „typische Merkmale mathematischer Erkenntnisentwicklung exemplarisch an Kernthemen der Mathematik erle-ben und reflektieren" (Fischer, 2012). In der *Elementarmathematik* wird in der Übungsstunde einerseits ein Teil der Aufgaben des vorangehenden Übungsblatts nachbesprochen mit einem besonderen Fokus auf häufigen Problemen, welche sich bei der Korrektur herauskristallisie-ren. Die übrigen Lösungen der Aufgaben werden online gestellt. Andererseits wird in der

Übung Freiraum geschaffen, in welchem die Studierenden das aktuelle Übungsblatt unter der Betreuung studentischer Hilfskräfte in Gruppenarbeit bearbeiten können.

Seit dem Wintersemester 2017/2018 wird zusätzlich eine freiwilliges Tutorium angeboten, welches den Übergang von der Schule zur Hochschule erleichtern und eine bessere Verzahnung von Vorlesung und Übung ermöglichen soll. So werden im Tutorium Präsenzaufgaben interaktiv bearbeitet, welche die Vorlesung nachbereiten und auf das kommende Übungsblatt vorbereiten sollen. Aus diesem Grund findet das Tutorium immer zwischen der Vorlesung und der Übung statt. Im zweiten Teil des Tutoriums erhalten die Studierenden einen methodischen Input in der Form eines sogenannten „Methodenblatts", welches die Studierenden in die Arbeitsweisen der Hochschulmathematik einführt. So werden Themen wie Schreiben und Lesen mathematischer Texte, die Suche nach Beispielen und Gegenbeispielen, die Wahl einer geeigneten Beweismethode oder der Umgang mit mathematischen Symbolen wie Summenzeichen behandelt. Im Folgenden werden wir genauer auf die Konzeption dieser Methodenblätter eingehen. Das Tutorium findet in Gruppen von bis zu 30 Studierenden statt und wird von geschulten studentischen Hilfskräften angeleitet.

9.3.2 Konzeption der Methodenblätter

Das Ziel der Methodenblätter besteht in der Einführung universitären Arbeitsweisen in der Mathematik und somit in einer Unterstützung im Enkulturationsprozess des ersten Semesters im Mathematikstudium. Auch wenn die Behandlung der Methodenblätter an die Vorlesung *Elementarmathematik* gekoppelt ist, sollen die darin vermittelten Techniken für alle Mathematikmodule relevant sein. Inwieweit ein solcher Transfer auf andere Lehrveranstaltungen stattfindet, bleibt jedoch noch zu klären.

Jedes Methodenblatt enthält einen kurzen methodischen Input mit Begriffsklärungen (beispielsweise „Was ist eine Definition?"), Tipps und Tricks (beispielsweise zum mathematischen Schreiben) und Hinweise zu häufigen Fehlerquellen (beispielsweise die Problematik empirischer „Beweise"). Dieser wird in der Regel durch einfache Beispiele illustriert, welche gemeinsam an der Tafel erarbeitet werden. Weiterhin verfügen alle Methodenblätter über Aufgaben, welche in Gruppenarbeit gelöst und anschließend im Plenum besprochen werden. Dazu werden kontextspezifische Aufgabenformate eingesetzt, wie beispielsweise „Finde-den-Fehler"-Aufgaben, Aufgaben, in denen diskutiert werden soll, welche Beweismethode sich eignet oder Aufgaben, in denen Beispiele und Gegenbeispiele gefunden werden sollen. Es handelt sich also um eine Art „Meta-Aufgaben". Die Methodenblätter sind nicht wie Übungsblätter oder Vorlesungsskripte, sondern im Lückentextformat gestaltet und bestehen üblicherweise aus zwei A4-Seiten. Sie sind weitestgehend unabhängig voneinander aufgebaut und stellen in sich abgeschlossene Lerneinheiten dar, sodass grundsätzlich die Möglichkeit besteht, einzelne Themen auszulassen. Die Konzeption der Methodenblätter erfolgte basierend auf den Lehrerfahrungen der Autorin sowie literaturbasiert (siehe dazu Abschn. 4.3 und 4.4). In mehreren Durchläufen zwischen dem Wintersemester 2017/2018

Tab. 9.1 Überblick über die Methodenblätter

Titel	Beschreibung
Termumformungen[1]	Wiederholung zum Thema Termumformungen
Definitionen	Lesen von und Arbeiten mit Definitionen
Mathematische Sätze	Verschiedene Arten von Sätzen, Verallgemeinerung und Spezialisierung, Arbeiten mit Sätzen
Beispiele und Gegenbeispiele	Auswahl geeigneter Beispiele und Gegenbeispiele
Vorwärts- und Rückwärtsarbeiten	Kombination von Strategien des Vorwärts-/Rückwärtsarbeitens
Welche Beweismethode?	Überblick über verschiedene Beweismethoden
Aufschreiben von Beweisen	Tipps & Tricks zum Aufschreiben von Beweisen (siehe Abschn. 4.3)
Lesen von Beweisen	Strategien zum Lesen von Beweisen (siehe Abschn. 4.4)
Summen- und Produktzeichen	Umgang mit dem Summen- und Produktzeichen, Rechenregeln
Wohldefiniertheit	Wohldefiniertheit von repräsentantenweise definierten Funktionen und Eigenschaften
Häufige Fehler	Übersicht über häufige Fehler, insbesondere beim Beweisen

und dem Wintersemester 2019/2020 konnten die Methodenblätter überarbeitet und optimiert werden. Eine Übersicht über die im Wintersemester 2019/2020 eingesetzten Methodenblätter ist Tab. 9.1 zu entnehmen.

9.3.3 Erstes Beispiel: Aufschreiben von Beweisen

Mathematische Beweistexte stellen ein eigenes linguistisches Genre dar (Selden & Selden, 2014), dessen Entwicklung aus einer langen historischen Tradition hervorgeht. Sie zeichnen sich im Idealfall durch eine Kompaktheit, Prägnanz, Vollständigkeit und Verständlichkeit aus (Hertleif, 2016) und dokumentieren nicht etwa den Beweisprozess, sondern lediglich das Beweisprodukt (Selden & Selden, 2014). Der aufgeschriebene Beweis ist dabei das Produkt eines mehrstufigen Prozesses (Boero, 1999), dessen letzter Schritt die Organisation der Argumente zu einem den mathematischen Standards entsprechenden ausformulierten Beweis darstellt. Konkret bedeutet dies, dass dem endgültigen Beweis eine oft unstrukturierte Explorationsphase und missglückte Beweisversuche auf einem Schmierzettel vorangehen. Im Gegensatz dazu lassen sich schulische Mathematikaufgaben in der Regel direkt lösen, sodass die zusätzliche Verfassung einer Reinschrift entfällt.

---

[1] Dieses Blatt ist das einzige, welches kein Metawissen vermittelt, sondern als Einstieg Schulwissen auffrischen soll.

In der „Ratgeber-Literatur" für Studienanfänger*innen (u. a. Houston, 2012; Alcock, 2017; Beutelspacher, 2004) finden sich zahlreiche Tipps und Tricks zum mathematischen Schreiben; deren Behandlung wird allerdings in der Regel dem Selbststudium überlassen. Lew und Mejía-Ramos (2015) konnten in einer empirischen Studie einige häufige potentielle Normverletzungen durch Studierende identifizieren, so beispielsweise die Verwendung von Variablen ohne deren Spezifikation, eine mehrfache Belegung von Variablen, Vermischung von Text und mathematischer Notation oder die fehlende Angabe von Annahmen. Lew und Mejía-Ramos (2019) zufolge sind die Konventionen der mathematischen Fachsprache den Studierenden allerdings oft nicht bewusst. Erschwerend kommt hinzu, dass es keine einheitlichen Normen zum mathematischen Schreiben gibt (Burton & Morgan, 2000) und dass diese vom Kontext abhängig sind (Lew & Mejía-Ramos, 2020). So konnten Lew und Mejía-Ramos (2020) in ihrer Studie zeigen, dass Mathematiker*innen Verletzungen von Normen in Textbüchern, bei Aufgabenbearbeitungen und in Vorlesungen unterschiedlich bewerten. Beispielsweise hielt über 80 % der von Lew und Mejía-Ramos befragten Mathematiker*innen die Vermischung von mathematischer Notation und natürlicher Sprache für unzulässig in Lehrbüchern, aber etwas mehr als die Hälfte der Befragten fand dies akzeptabel in studentischen Aufgabenbearbeitungen und ein noch höherer Anteil beurteilte dies als zulässig bei Tafelbeweisen. Gerade diese Abhängigkeit linguistischer Normen mathematischer Texte vom pädagogischen Kontext ist für Anfängerstudierende problematisch, da sie über keinen Orientierungsrahmen verfügen. Insbesondere eine höhere Akzeptanz informeller Schreibweisen in Tafelpräsentationen als bei Übungsabgaben kann sich irreführend auswirken, da ja gerade die in Vorlesungen vorgeführten Beweise als Vorbildrolle aufgefasst werden könnten.

Aus diesen Gründen wurde an der Universität Koblenz-Landau ein Methodenblatt entwickelt, welches einerseits eine Liste an Konventionen und Fallstricken zum mathematischen Schreiben bereitstellt und andererseits die Möglichkeit bietet, dies an konkreten Beispielen zu üben. Als Input auf dem Methodenblatt wird sowohl positives Wissen, also Wissen über erwünschte Formulierungen und Normen, als auch negatives Wissen, d. h. Wissen über Fehlerquellen und Abgrenzung zwischen richtigen und falschen Schreibweisen, zum mathematischen Schreiben vermittelt (Oser & Spychiger, 2005). Als Aufgabenformat wurden sogenannte „Finde-den-Fehler"-Aufgaben ausgewählt. Dabei handelt es sich um konstruierte, schlecht formulierte Beweise, die basierend auf häufigen Fehlern von Studienanfänger*innen entwickelt wurden. Um den Fokus auf das Schreiben zu legen, wurden die Beispiele so verfasst, dass ihre grundlegenden Herangehensweisen schlüssig sind. Die Fehler wurden auf der Grundlage der aktuellen Übungsabgaben der *Elementarmathematik vom höheren Standpunkt* sowie literaturbasiert (Lew & Mejía-Ramos, 2015, 2019; Wheeler & Champion, 2013; Strickland & Rand, 2016) erstellt. Den Studierenden werden dann fehlerhafte Beweise vorgelegt mit der Aufforderung, die Fehler zu identifizieren, zu analysieren und zu korrigieren. Ziel ist die Förderung eines produktiven Umgangs mit Fehlern sowie die Anregung, eigene Fehler zur reflektieren. Die Studie von Heemsoth und Heinze (2016) aus dem schulischen Mathematikunterricht zeigt, dass sich eine solche Fehlerreflexion lernförderlich auswirken kann.

Ein besonderer Fokus wird auf den Umgang mit Variablen gelegt; eine Liste mit Tipps und Tricks aus dem Methodenblatt zum Umgang mit Variablen ist in Abb. 9.1 dargestellt. So muss jede neue Variable eingeführt werden (üblicherweise in der Form „Sei $n \in \mathbb{N}$" oder durch einen Existenzquantor) und innerhalb ihres Geltungsbereichs darf eine Variable nicht mehrfach belegt werden. Beide Fehler finden sich in dem in Abb. 9.2 präsentierten „Beweis": So werden die Variablen a und b nicht eingeführt und die Variable k wird doppelt belegt, woraus sich fälschlicherweise $a = b$ ergeben würde. Die Variable l wird ebenfalls nicht weiter spezifiziert; diese sollte (unter der Annahme, dass die Umformungen bis dahin korrekt wären) als $l := 3k^2 + 2k$ definiert werden, kann aber nach dem Prinzip der Minimalität auch weggelassen werden. Weiterhin fehlt die Angabe der Annahme und es wird statt einer Gleichheitskette eine unverknüpfte Aneinanderreihung von Gleichheiten dargestellt. Man könnte dies also verkürzt in der Form $ab = \ldots = 3(3k^2 + 2k) + 1$ angeben.

Zur Strukturierung von Beweisen werden die Studierenden auf dem Methodenblatt darauf hingewiesen, bei indirekten Beweisen die Beweismethode und die sich daraus ergebende Behauptung anzugeben. Beim in Abb. 9.3 präsentierten Beweis wird ein Kontrapositionsbeweis verwendet, wobei dies nicht expliziert wird. Besser wäre folgende Formulierung: „Wir geben einen Kontrapositionsbeweis an. Sei $a \in \mathbb{Z}$. Wir zeigen $3 \nmid a \Rightarrow 3 \nmid a^2$". Dadurch erkennt die Leserschaft, dass es sich in der ersten Zeile um eine Umformulierung der Behauptung, nicht etwa um eine Annahme handelt. Weiterhin werden in den beiden Fällen nicht Aussagen, sondern Terme („$3k + 1$" resp. „$3k + 2$") angeführt; ein Fehler, der in Übungsabgaben mehrfach bemerkt wurde und auch in der Literatur (Lew & Mejía-Ramos, 2020) als unzulässige Normverletzung angeführt wird. So ist im ersten Fall eigentlich „$\exists k \in \mathbb{Z} : a = 3k + 1$" gemeint. In beiden Fällen findet sich zudem die Formulierung „$= $ Rest 1", was eine Vermischung von Text und symbolischer Notation und damit einen Stilbruch darstellt.

Umgang mit Variablen:

- Jede Variable, die verwendet wird, muss bei der ersten Verwendung eingeführt werden (üblicherweise in der Form „Sei $n \in \mathbb{N}$.").
- Keine Variable darf doppelt belegt werden, d.h. jede Variable darf innerhalb eines Textbausteins (z.B. Satz, Beweis, Fall) nur eine Bedeutung haben.
- Quantoren (insbesondere Existenzquantoren) müssen immer *vor* der Aussage stehen, in der die quantifizierte Variable vorkommt (also nicht $P(x) \exists x$ sondern $\exists x : P(x)$) und ein Quantor kann nur eine Variable, nicht aber einen „komplexen" Term einführen (also nicht $\exists n^2 \in \mathbb{N} : n^2 \leq 5$, sondern $\exists n \in \mathbb{N} : n^2 \leq 5$).
- Es sollten nur so viele Variablen eingeführt werden wie nötig, damit die Notation nicht unübersichtlich wird.

Abb. 9.1 Auszug aus dem Methodenblatt „Aufschreiben von Beweisen"

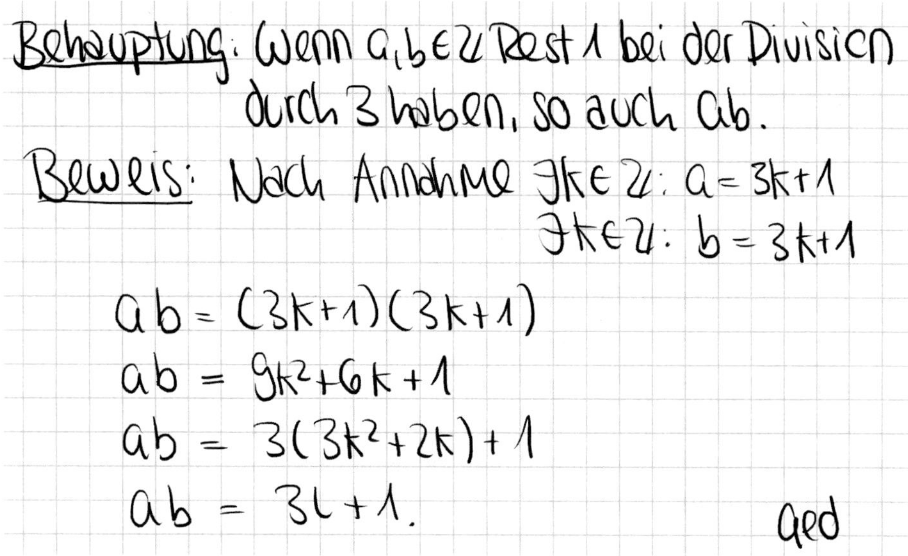

Behauptung: Wenn $a, b \in \mathbb{Z}$ Rest 1 bei der Division durch 3 haben, so auch ab.

Beweis: Nach Annahme $\exists k \in \mathbb{Z}$: $a = 3k+1$

$\exists k \in \mathbb{Z}$: $b = 3k+1$

$ab = (3k+1)(3k+1)$

$ab = 9k^2 + 6k + 1$

$ab = 3(3k^2 + 2k) + 1$

$ab = 3l + 1.$ qed

Abb. 9.2 Fehlerhafter Beweis auf dem Methodenblatt „Aufschreiben von Beweisen"

Bei der Besprechung des Methodenblatts im Tutorium wurde deutlich, dass die Studierenden Schwierigkeiten mit dem Geltungsbereich von Variablen hatten. So schlug ein Studierender vor, beim Beweis in Abb. 9.3, im zweiten Fall statt k eine andere Variable zu

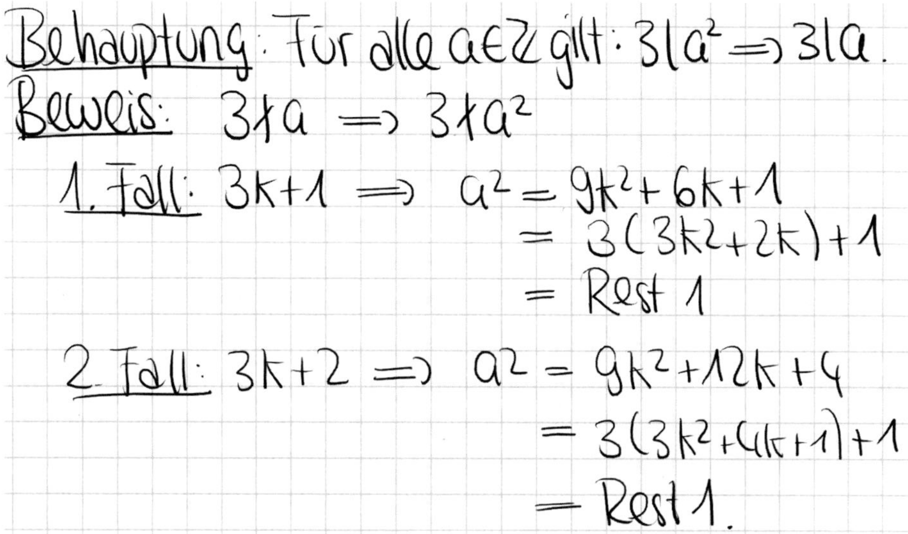

Behauptung: Für alle $a \in \mathbb{Z}$ gilt: $3|a^2 \Rightarrow 3|a$.

Beweis: $3 \nmid a \Rightarrow 3 \nmid a^2$

1. Fall: $3k+1 \Rightarrow a^2 = 9k^2 + 6k + 1$
$= 3(3k^2 + 2k) + 1$
$= $ Rest 1

2. Fall: $3k+2 \Rightarrow a^2 = 9k^2 + 12k + 4$
$= 3(3k^2 + 4k + 1) + 1$
$= $ Rest 1.

Abb. 9.3 Fehlerhafter Beweis auf dem Methodenblatt „Aufschreiben von Beweisen"

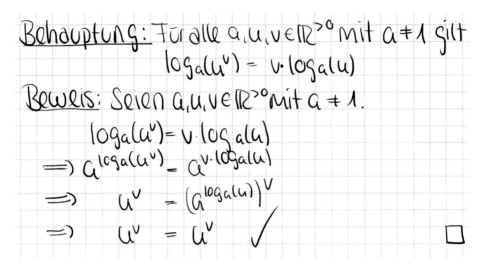

Abb. 9.4 Fehlerhafter Beweis auf dem Methodenblatt „Aufschreiben von Beweisen"

verwenden, damit die Variable k nicht doppelt belegt wird. Dass der Geltungsbereich der Variable k, da sie innerhalb des ersten Falls belegt wurde, sich nicht über den ersten Fall hinausstreckt, war dem Studierenden nicht bewusst.

Ein häufiger Fehler besteht in der Verwechslung von Implikationspfeilen, Äquivalenzpfeilen und Gleichheitszeichen. So wird in Abb. 9.4 aus der Behauptung eine triviale Gleichheit gefolgert statt umgekehrt. Dieses Beispiel dokumentiert den Lösungsweg, welcher durch Rückwärtsarbeiten entwickelt wird. Beim Aufschreiben des Beweises sollte man den Beweis jedoch vorwärts aufschreiben.

9.3.4 Zweites Beispiel: Lesen mathematischer Texte

Mathematikvorlesungen bestehen in der Regel größtenteils aus der Präsentation von Beweisen durch die Dozierenden (Weber, 2004), wodurch dem Beweisverständnis eine zentrale Rolle im Lernprozess zugewiesen wird. Die Nachbereitung der Vorlesung, in welcher die vorgestellten Beweise nachvollzogen werden, erfolgt jedoch im Selbststudium. Allerdings lesen sich mathematische Texte nicht linear wie Zeitungsartikel und Studienanfänger*innen müssen neue Techniken entwickeln, um Beweise zu lesen und zu analysieren. Zahlreiche empirische Studien (Weber et al., 2008; Alcock & Weber, 2005; Inglis & Alcock, 2012) deuten jedoch daraufhin, dass Studierende über erhebliche Schwierigkeiten beim Lesen mathematischer Beweise verfügen; so können viele Studierende nicht zwischen korrekten und falschen Argumenten unterscheiden (Alcock & Weber, 2005).

Mejía-Ramos et al. (2012) entwickelten ein multidimensionales Modell zur Beurteilung des Beweisverständnisses von Studierenden. Dabei unterscheiden die Autor*innen zwischen lokalen Aspekten, wie beispielsweise der Identifikation der verwendeten Beweismethode und der Überprüfung von Folgerungen in jedem Beweisschritt, und holistischen Aspekten, die den Beweis als Ganzes ins Auge fassen. Unter letzteren werden beispielsweise eine Zusammenfassung der übergreifenden Beweisidee, die Übertragung der verwendeten Ideen auf andere Kontexte oder die Veranschaulichung anhand eines laufenden Beispiels aufgefasst. Studierende und Forschende unterscheiden sich hinsichtlich ihrer Motive und Art, Beweise zu lesen. So überprüfen Forschende Beweise weniger auf Korrektheit, sondern lesen Beweise primär, um Methoden zu identifizieren, die sich auf andere Beweise übertragen lassen (Mejía-Ramos & Weber, 2014). Studienanfänger*innen legen in der Regel einen stärkeren Fokus auf eine schrittweise Verifikation (Selden & Selden, 2008; Weber et al., 2008), während fortgeschrittene Studierende oder Forschende sich mehr auf holistische Aspekte konzentrieren. Hodds et al., (2014) konnten in ihrer Studie zudem zeigen, dass die Verwendung von Selbsterklärungen das Beweisverständnis erhöht.

Um die Studierenden an die verschiedenen Aspekte des Beweisverständnisses heranzuführen, erhalten sie im Rahmen eines Methodenblatts ein Liste mit Tipps und Tricks zum Lesen von Beweisen (siehe Abb. 9.5), welche auf dem Modell von Mejía-Ramos et al. (2012) basiert. Anschließend werden die Teilnehmenden in Zweierteams eingeteilt. Dabei erhalten sie zwei Beweise (Beweise A und B, siehe Abb. 9.6 und 9.7) des Satzes von Euklid über die Unendlichkeit der Primzahlmenge, wobei jeweils ein Studierender pro Team den Beweis A und der andere Beweis B lesen sollte. Zur Erleichterung der Beweisanalyse wurden den Studierenden einige Fragen zum Überlegen in einer Selbsterklärungsphase vorgelegt. Im Anschluss sollten beide ihren Beweis dem Partner oder der Partnerin vorstellen, insbeson-

---

Um einen mathematischen Text, insbesondere einen Beweis, zu verstehen, braucht man deutlich mehr Zeit als um einen Zeitungsartikel zu lesen. Dabei ist es jeweils hilfreich, sich Gedanken zu Folgendem zu machen:

- Was wird genau bewiesen? Formulieren Sie die Behauptung in Ihren eigenen Worten.
- Welche Beweismethode wird verwendet? Wieso ist diese Beweismethode hier geeignet?
- Überlegen Sie bei jedem Schritt, wieso er gilt. Oft enthalten mathematische Texte in Lehrbüchern kleine Lücken, die man selber füllen muss.
- Machen Sie Beispiele und/oder eine Skizze.
- Lässt sich der Satz/Beweis verallgemeinern? Gilt auch die Umkehrung?
- Erklären Sie den Text jemand anderem! Dann merken Sie, ob Sie ihn wirklich verstanden haben.

Zu beachten: Beweise liest man in der Regel nicht linear, sondern man kehrt oft mehrfach zurück, um unklare Schritte nachzuvollziehen oder Schritte miteinander in Beziehung zu setzen.

Abb. 9.5 Auszug aus dem Methodenblatt zum Thema „Lesen von Sätzen und Beweisen"

Beweis A. Sei $n \in \mathbb{N}$ mit $n > 1$. Da n und $n + 1$ aufeinanderfolgende Zahlen sind, sind sie teilerfremd. Somit muss $n(n + 1)$ mindestens zwei verschiedene Primfaktoren besitzen. Nun sind auch $n(n+1)$ und $n(n+1) + 1$ teilerfremd, also besitzt $n(n+1)(n(n+1)+1)$ mindestens drei Primfaktoren. Dieser Prozess kann beliebig fortgesetzt werden, und somit gibt es unendlich viele Primzahlen. $\quad\square$

Fragen zum Überlegen:

- Welche Beweismethode wird hier verwendet?
- Wieso sind n und $n + 1$ teilerfremd?
- Was wäre der nächste Schritt?
- Wie lauten die ersten vier Schritte für $n = 3$?
- Wieso folgt aus dem Text, dass es unendlich viele Primzahlen gibt?

Abb. 9.6 Auszug aus dem Methodenblatt „Lesen von Sätzen und Beweisen"; der Beweis wurde leicht modifiziert übernommen aus dem Buch von Alsina und Nelsen (2013)

dere durch die Zusammenfassung der grundlegenden Beweisidee. Sowohl Selbsterklärungen als auch gegenseitiges Erklären bilden konstruktive Lernaktivitäten, die sich positiv auf den Lernerfolg auswirken können (Ploetzner et al., 1999). Zur Ergebnissicherung wurden die Beweise danach im Plenum kurz besprochen. Die Wahl alternativer Beweise zum Satz des Euklid sollte den Studierenden auch die Vielfältigkeit der Beweismöglichkeiten für einen Satz illustrieren; der klassische Beweis von Euklid wurde dabei in der vorangehenden Vorlesung behandelt. Beide Beweise unterstreichen auf eindrückliche Weise die Prägnanz der mathematischen Fachsprache (Hertleif, 2016); so weisen sie in nur fünf kompakt formulierten Zeilen eine enorme Informationsdichte auf, die sich für Anfänger*innen nur durch Nebenüberlegungen entschlüsseln lassen.

Im ersten Beweis (siehe Abb. 9.6) sollte beispielsweise erkannt werden, dass rekursiv eine Zahlenfolge konstruiert wird, sodass das k-te Folgenglied mindestens k verschiedene Primfaktoren besitzt. Die Rekursion ist nur implizit angedeutet durch die Angabe, dass der Prozess beliebig oft fortgesetzt werden kann. Um den Beweis ausführlich darzustellen, kann man die Rekursion

$$a_1 = n \qquad \text{(für einen beliebigen Startwert } n > 1\text{),}$$
$$a_{k+1} = a_k(a_k + 1)$$

explizieren. Nun erkennt man, dass a_k und $a_k + 1$ teilerfremd sind, weswegen a_k mindestens k Primfaktoren besitzt. Daher gibt es gleich viele Primzahlen wie natürliche Zahlen, also unendlich viele. In Beweis B (siehe Abb. 9.7) wird ein Widerspruchsbeweis geführt, bei dem ähnlich wie bei Euklids Beweis für endlich viele gegebene Primzahlen eine Zahl konstruiert wird, die durch keine dieser Primzahlen teilbar ist.

Beweis B. Angenommen, es gibt nur n Primzahlen $p_1, \ldots, p_n$. Es seien $N := p_1 \cdot \ldots \cdot p_n$ und $Q_i := N/p_i$ für $i = 1, \ldots, n$. Für kein i teilt p_i die Zahl Q_i, wohingegen p_i ein Teiler von Q_j ist für $j \neq i$. Man setze $S := Q_1 + \ldots + Q_n$ und bezeichne mit q einen beliebigen Primteiler von S. Dann ist q verschieden von allen p_i, daher muss q eine weitere Primzahl sein, ein Widerspruch. □

Fragen zum Überlegen:

- Welche Beweismethode wird verwendet? Wieso eignet sich diese Methode?
- Wie lauten N, S, Q_1, Q_2, Q_3 für $p_1 = 2, p_2 = 3, p_3 = 5$? Wie kann man q wählen?
- Wieso gilt $p_i \nmid Q_i$ und $p_i \mid Q_j$ für $i \neq j$?
- Wieso ist $q \neq p_i$ für jedes $i \in \{1, \ldots, n\}$?
- Worin besteht der Widerspruch?

Abb. 9.7 Auszug aus dem Methodenblatt „Lesen von Sätzen und Beweisen"; der Beweis wurde leicht modifiziert übernommen aus dem Buch von Ribenboim (2011)

9.4 Evaluationsergebnisse

9.4.1 Bielefelder Lernzielorientierte Evaluation (BiLoE)

Um den Einsatz der Methodenblätter zu evaluieren, wurde die sogenannte *Bielefelder Lernzielorientierte Evaluation (BiLOE)* (Frank & Kaduk, 2017) eingesetzt. Dabei handelt es sich um eine summative Evaluation einer Lehrveranstaltung, die davon ausgeht, dass der Lernprozess erfolgreicher und nachhaltiger ist, wenn dieser durch aktive, konstruktive oder interaktive Lernhandlungen erfolgt (Chi, 2009). Die Idee besteht darin, durch die Fokussierung auf Lernzielen eine Lehrveranstaltung vom Ende her zu denken und Lernziele und Studienaktivitäten aufeinander abzustimmen (Frank & Kaduk, 2017), weswegen diese Evaluationsmethode auch bereits bei der Konzeption neuer Lehrformate wie der Methodenblätter unterstützt. Die Studierenden können dabei in einem Fragebogen angeben, wie wichtig ihnen die von Dozierenden formulierten Lernziele sind, inwieweit diese erfüllt werden und welche der Studienaktivitäten ihnen dabei geholfen haben, die Lernziele zu erreichen. Dies soll einerseits die Reflexion von Seiten der Lehrenden und Lernenden sowie die Transparenz fördern. Die BiLOE ist auch hilfreich bei der Nachjustierung von Lehrveranstaltungen, da sie eine Überprüfung der Passung von Lernhandlungen und Lernzielen ermöglicht (Frank & Kaduk, 2017). Für die Methodenblätter wurden folgende fünf Lernziele formuliert:

- **Lernziel 1 (Deduktiver Aufbau):** Ich kenne den deduktiven Aufbau der Mathematik bestehend aus Definitionen, Sätzen und Beweisen.

- **Lernziel 2 (Lesen):** Ich habe Methoden gelernt, mir einen mathematischen Text verständlich zu machen, beispielsweise durch die Angabe von Beispielen und Nichtbeispielen und durch Verwendung geeigneter Darstellungen.
- **Lernziel 3 (Schreiben):** Ich kenne grundlegende mathematische Schreibweisen (z. B. Summenzeichen) und kann mathematische Sachverhalte (insb. Übungsaufgaben) formal korrekt aufschreiben.
- **Lernziel 4 (Beweisen):** Ich verstehe die verschiedenen Beweismethoden, d. h. ich kann bei Beweisaufgaben eine geeignete Beweismethode auswählen und einen passenden Lösungsansatz finden.
- **Lernziel 5 (Fehleranalyse):** Ich kann häufige Fehlerquellen (bspw. Formfehler oder logische Fehler) identifizieren und die Fehler entsprechend korrigieren.

Weiterhin wurden drei Aktivitäten identifiziert, die einen Beitrag zum Erreichen der Lernziele leisten können:

- **Aktivität 1:** Bearbeitung der Aufgaben auf den Methodenblättern
- **Aktivität 2:** Austausch in der Lerngruppe über die Inhalte der Methodenblätter
- **Aktivität 3:** Gemeinsame Besprechung der Methodenblätter an der Tafel

9.4.2 Forschungsfragen

Im Rahmen der Evaluation sollen folgende Forschungsfragen beantwortet werden:

1. Inwieweit schätzen die Studierenden die einzelnen Lernziele als wichtig ein?
2. Inwieweit konnten nach der Einschätzung der Studierenden die einzelnen Lernziele durch die Bearbeitung der Methodenblätter erfüllt werden?
3. Welchen Beitrag konnten nach der Einschätzung der Studierenden die einzelnen Lernaktivitäten zur Erfüllung der Lernziele leisten?

9.4.3 Die Umfrage

Die BiLOE wurde in der zweitletzten Woche im Modul *Elementarmathematik* im Wintersemester 2019/2020 in der Form einer Paper-and-Pencil-Umfrage durchgeführt. Dabei mussten die Studierenden auf vierstufigen Likert-Skalen beurteilen, wie wichtig die einzelnen Lernziele ihrer Ansicht nach waren, inwiefern diese erfüllt wurden und – im Falle der Angabe, dass die Lernziele vollständig oder eher erfüllt waren – welche Aktivitäten für den Lernerfolg verantwortlich waren. Exemplarisch ist der Auszug aus dem Fragebogen zur Einschätzung von Lernziel 1 in Abb. 9.8 dargestellt.

Lernziel 1: *Ich kenne den deduktiven Aufbau der Mathematik bestehend aus Definitionen, Sätzen und Beweisen.*

Wie wichtig war es für Sie, dieses Lernziel zu erreichen?

sehr wichtig ☐—☐—☐—☐ sehr unwichtig

Inwiefern haben Sie dieses Lernziel erreicht?

vollständig ☐—☐—☐—☐ gar nicht
erreicht   erreicht

Falls Sie dieses Lernziel „eher nicht" oder „gar nicht erreicht" haben, überspringen Sie bitte die folgende Frage:

Inwieweit haben Ihnen die folgenden Aktivitäten geholfen, dieses Lernziel zu erreichen? Mir hat geholfen, ...

	trifft voll und ganz zu	trifft eher zu	trifft eher nicht zu	trifft gar nicht zu	habe ich nicht gemacht
...dass ich die Aufgaben auf den Methodenblättern bearbeitet habe.	☐	☐	☐	☐	☐
...dass ich mich in meiner Lerngruppe über die Inhalte des Methodenblatts ausgetauscht habe.	☐	☐	☐	☐	☐
...dass ich die gemeinsame Besprechung des Methodenblatts (z.B. an der Tafel) verfolgt habe.	☐	☐	☐	☐	☐

Abb. 9.8 Auszug aus dem Fragebogen zum Lernziel 1 (Deduktiver Aufbau)

9.4.4 Stichprobe

Neben der Hauptzielgruppe der Lehramtsstudierenden mit Fach Mathematik aller Zielschularten besuchen seit dem Wintersemester 2019/2020 auch Studierende der Informatik und Computervisualistik die Vorlesung *Elementarmathematik vom höheren Standpunkt*, weswegen die Teilnahme am Tutorium auch für diese Gruppe geöffnet wurde. An der Umfrage nahmen 145 Studierende teil, wobei zu Beginn des Semesters 328 Studierende in diesem Modul eingeschrieben waren. Von diesen Teilnehmenden haben 27 Studierende das Tutorium nur unregelmäßig besucht und elf den Fragebogen unvollständig eingereicht, weswegen in der Auswertung nur 107 Studierende berücksichtigt werden. Die allgemeinen Informationen wurden in einer früheren Umfrage erhoben und über einen personalisierten Code abgeglichen (siehe Tab 9.2). Bei drei Umfrageteilnehmern konnten diese Informationen nicht zugeordnet werden.

Während die Lehramtsstudierenden überwiegend weiblich sind, gestaltet sich das Geschlechterverhältnis bei den Informatikstudierenden gegenteilig. Die Eingangsvoraussetzungen der verschiedenen Gruppen sind vergleichbar, außer hinsichtlich der Teilnahme an einem Leistungskurs. Den höchsten Anteil an Absolvent*innen eines Leistungskurses

Tab. 9.2 Stichprobe (Alter, Abiturnote und Mathematiknote als arithmetisches Mittel)

Gruppe	Anzahl	Geschlecht	Alter	LK	Abiturnote	Mathematiknote[2]
LA Grundschule	53	77,8 % w	20,0	51,9 %	2,3	9,8
LA Gym/RS+/BBS	24	66,7 % w	19,8	58,3 %	2,4	10,0
Informatik	27	33,2 % w	21,2	66,7 %	2,2	10,1
Insgesamt	104	64,4 % w	20,3	58,8 %	2,3	9,9

weisen die Studierenden der Informatik auf, den geringsten die Grundschulstudierenden mit Fach Mathematik.

9.4.5 Ergebnisse

Die Ergebnisse zu den Lernzielen, ihrer Wichtigkeit und Erfüllung nach Einschätzung der Studierenden sind in Abb. 9.9 dargestellt. Auf einer vierstufigen Likert-Skala von $0 = $ „trifft nicht zu" bis $3 = $ „trifft zu" werden alle Lernziele von mit Werten zwischen 2,3 und 2,9 von den Studierenden als wichtig eingeschätzt (Forschungsfrage 1). Die Lernziele werden überwiegend erreicht mit Werten deutlich über der theoretischen Skalenmitte (Forschungsfrage 2). Eine Ausnahme stellt das Lernziel 4 (Beweisen) dar, welches als besonders wichtig ($M = 2,82$) eingeschätzt, allerdings nur von etwas mehr als der Hälfte der Studierenden (57,1 %; $M = 1,66$) erreicht wird. Diejenigen Studierenden, die die Lernziele nicht oder eher nicht erfüllen konnten, wurden aufgefordert, dies zu begründen. Die meisten Antworten betrafen die inhärente Schwierigkeit des Themas; so schreibt ein Studierender: „Die Methodenblätter geben gute Richtlinien, die Anwendung auf einen Einzelfall fällt mir aber schwer." Einige geben auch an, dass ihnen Motivation fehlt oder sie noch zu wenig Übung haben: „Ich müsste mich noch mehr mit Beispielen beschäftigen in diesem Themenbereich."

Abb. 9.10 zeigt die Beurteilung der einzelnen Lernaktivitäten durch die Studierenden. Dabei lassen sich keine signifikanten Unterschiede zwischen den einzelnen Lernzielen feststellen (Forschungsfrage 3). Bemerkenswert ist allerdings, dass aktive (Bearbeitung der Aufgaben) und interaktive Lernhandlungen (Austausch in der Lerngruppe) als etwas weniger hilfreich bewertet werden als die anschließende Besprechung der Methodenblätter im Plenum, obwohl es sich hierbei um die passivste der drei Aktivitäten handelt (vgl. auch Chi, 2009), wobei dieser Unterschied für alle Lernziele außer das Beweisen auf dem Niveau von 5 % signifikant ist.

---

[2] in MSS-Punkten.

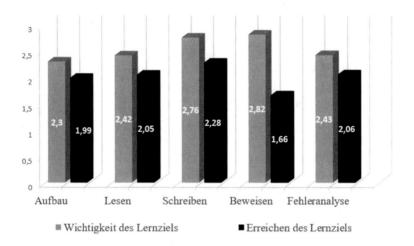

Abb. 9.9 Wichtigkeit und Erreichen der formulierten Lernziele (Mittelwerte auf einer vierstufigen Skale von 0 bis 3)

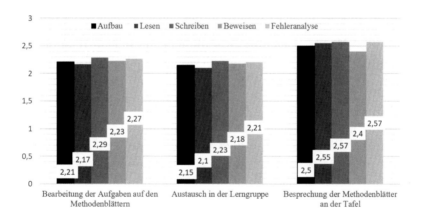

Abb. 9.10 Beitrag der Lernaktivitäten zum Erreichen der Lernziele (Mittelwerte auf einer vierstufigen Skale von 0 bis 3)

9.5   Diskussion und Ausblick

In diesem Artikel wurde ein Konzept vorgestellt, dass Lehramtsstudierende im Enkulturationsprozess im ersten Semester des Mathematikstudiums durch die gezielte Behandlung mathematischen Metawissens unterstützen soll. Dabei werden Arbeitsweisen wie Lese- und Schreibtechniken oder die Wahl von Gegenbeispielen und Beweismethoden, deren Vermittlung üblicherweise ins Selbststudium verlagert wird und nur implizit erfolgt (Lew et al., 2016; Fukawa-Connelly et al., 2017), in einer Präsenzveranstaltung explizit thematisiert. Die Idee beruht auf der Vorstellung, dass Kenntnisse dieses Metawissens eine Grundvoraussetzung für das Meistern des Übergangs zur Hochschulmathematik darstellt.

Die Evaluationsergebnisse zeigen, dass ein erheblicher Anteil der Studierenden die Methodenblätter regelmäßig bearbeitet, obwohl es sich um ein freiwilliges Zusatzangebot handelt. Die Methodenblätter werden überwiegend positiv beurteilt und die Ziele werden nach der Einschätzung der Umfrageteilnehmenden mehrheitlich erreicht. Gerade die beiden Lernziele, zu denen die entsprechenden Methodenblätter im vorliegenden Beitrag beschrieben wurden, wurden mit Werten deutlich über dem theoretischen Skalenmittel als wichtig eingestuft und größtenteils erreicht. Das einzige Lernziel, welches nur von einer knappen Mehrheit der Befragten erfüllt wurde, ist der Einsatz von Beweismethoden. Als Begründung wird von vielen die inhärente Schwierigkeit der Thematik angegeben. Die Probleme der Studierenden beim Beweisen könnten in Zukunft als Anlass verstanden werden, das Thema Beweisen in den Methodenblättern noch ausführlicher zu behandeln, beispielsweise durch die Vermittlung typischer Beweisschemata (Selden & Selden, 2018), einer Art „Beweisrahmen", gemäß welchem Beweise durch kombiniertes Vorwärts- und Rückwärtsarbeiten schematisch entwickelt werden können.

Die Bearbeitung der Methodenblätter erfolgt interaktiv mit Gruppenarbeitsphasen und anschließender Besprechung im Plenum. Obwohl die Literatur (Chi, 2009) nahelegt, dass gerade interaktive Aktivitäten besonders lernförderlich sind, schätzen viele Studierende die – passivere – gemeinsame Besprechung der Methodenblätter an der Tafel als etwas hilfreicher ein als die Gruppenarbeit. Zu beachten ist allerdings, dass es sich bei der Bielefelder lernzielorientierten Evaluation um eine reine Selbsteinschätzung durch die Studierenden handelt. Inwieweit die Studierenden selbst beurteilen können, welchen Beitrag die einzelnen Lernhandlungen leisten können, bleibt unklar. Sinnvoll wäre daher eine qualitative Untersuchung von Aufgabenbearbeitungen durch Studierende oder ein Pretest-Posttest-Design, um die Wirkung der Methodenblätter zu erfassen. Beispielsweise könnte die Reihenfolge zweier Methodenblätter in verschiedenen Tutoriumsgruppen getauscht werden, sodass ein Effekt auf die darauffolgende Bearbeitung von Übungsaufgaben untersucht werden könnte. Interessant wäre auch festzustellen, inwieweit ein Transfer der durch die Methodenblätter vermittelten Strategien auf andere Mathematikmodule stattfindet.

Literatur

Alcock, L. (2017). *Wie man erfolgreich Mathematik studiert: Besonderheiten eines nicht-trivialen Studiengangs.* Springer Spektrum.

Alcock, L., & Weber, K. (2005). Proof validation in real analysis: Inferring and evaluating warrants. *Journal of Mathematical Behavior, 24*(2), 125–134.

Alsina, C., & Nelsen, R. B. (2013). *Bezaubernde Beweise. Eine Reise durch die Eleganz der Mathematik.* Springer Spektrum.

Azrou, N., & Khelladi, A. (2019). Why do students write poor proof texts? A case study on undergraduates' proof writing. *Educational Studies in Mathematics, 102*(2), 257–274.

Baker, D., & Campbell, C. (2004). Fostering the development of mathematics thinking: Obserservations from a proofs course. *PRIMUS, 14*(4), 345–353.

Beutelspacher, A. (2004). *Das ist o.B.d.A. trivial! Tipps und Tricks zur Formulierung mathematischer Gedanken.* Vieweg + Teubner.

Boero, P. (1999). Argumentation and mathematical proof: A complex, productive, unavoidable relation-ship in mathematics and mathematics education. *International Newsletter on the Teaching and Learning of Mathematical Proof, 1999*, 7–8.

Burton, L., & Morgan, C. (2000). Mathematicians writing. *Journal for Research in Mathematics Education, 31*(4), 429–453.

Chi, M. (2009). Active-constructive-interactive: A conceptual framework for differentiating learning activities. *Topics in Cognitive Science, 1*, 73–105.

Dahlberg, R. P., & Housman, D. L. (1997). Facilitating learning events through example generation. *Educational Studies in Mathematics, 33*, 283–299.

Dieter, M. (2012). *Studienabbruch und Studienfachwechsel in der Mathematik: Quantitative Bezifferung und empirische Untersuchung von Bedingungsfaktoren.* Dissertation an der Universität Duisburg-Essen.

Dreyfus, T. (1991). Advanced mathematical thinking processes. In D. Tall (Hrsg.), *Advanced mathematical thinking* (S. 25–41). Kluwer.

Fischer, A. (2012). Anregung mathematischer Erkenntnisprozesse in Übungen. In C. Ableitinger et al. (Hrsg.), *Zur doppelten Diskontinuität in der Gymnasiallehrerbildung: Ansätze zu Verknüpfungen der fachinhaltlichen Ausbildung mit schulischen Vorerfahrungen und Erfordernissen* (S. 95–116). Wiesbaden: Springer Spektrum.

Frank, A., & Kaduk, S. (2017). Lernen im Fokus von Lehrveranstaltungsevaluation. Teaching Analysis Poll (TAP) und Bielefelder Lernzielorientierte Evaluation (BiLOE). In W.-D. Webler & H. Jung-Paarmann (Hrsg.), *Zwischen Wissenschaftsforschung, Wissenschaftspropädeutik und Hochschulpolitik. Hochschuldidaktik als lebendige Werkstatt* (S. 203–218). Universitätsverlag Webler.

Fukawa-Connelly, T., Weber, K., & Mejía-Ramos, J. P. (2017). Informal content and student notetaking in advanced mathematics classes. *Journal for Research in Mathematics Education, 48*(5), 567–579.

Guedet, G. (2008). Investigating the secondary-tertiary transition. *Educational Studies in Mathematics, 67*(3), 237–254.

Heemsoth, T., & Heinze, A. (2016). Secondary school students learning from reflections on the rationale behind self-made errors: A field experiment. *Journal of Experimental Education, 84*(1), 98–118.

Hertleif, C. (2016). „Und wie soll ich das jetzt aufschreiben?". Über gutes Aufschreiben, Einstellungen im Schreibprozess und Schreibförderung. In W. Paravicini & J. Schnieder (Hrsg.), *Hanse-Kolloquium zur Hochschuldidaktik der Mathematik 2014* (63-76). WTM.

Hilgert, J., Hoffmann, M., & Panse, A. (2015a). Kann professorale Lehre tutoriell sein? Ein Modellversuch zur „Einführung in mathematisches Denken und Arbeiten". In W. Paravicini & J. Schnieder (Hrsg.), *Hanse-Kolloquium zur Hochschuldidaktik der Mathematik 2013. Beiträge zum gleichnamigen Symposium am 8. & 9. November 2013 an der Universität zu Lübeck.* WTM.

Hilgert, J., Hoffmann, M., & Panse, A. (2015b). *Einführung ins mathematische Denken und Arbeiten: Tutoriell und transparent.* Springer Spektrum.

Hodds, M., Alcock, L., & Inglis, M. (2014). Self-explanation training improves proof comprehension. *Journal for Research in Mathematics Education, 45*(1), 62–101.

Houston, K. (2012). *Wie man mathematisch denkt. Eine Einführung in die mathematische Arbeitstechnik.* Springer Spektrum.

Inglis, M., & Alcock, L. (2012). Expert and novice approaches to reading mathematical proofs. *Journal for Research in Mathematics Education, 43*(4), 358–390.

Kleene, S. (1952). *Introduction to metamathematics.* D. Van Nostrand Co.

Lew, K., & Mejía-Ramos, J. P. (2015). Unconventional uses of mathematical language in undergraduate proof writing. In *Proceedings of the 18th annual conference on research in undergraduate mathematics education.* PA.

Lew, K., & Mejía-Ramos, J. P. (2019). Linguistic conventions of mathematical proof writing at the undergraduate level: Mathematicians' and students' perspectives. *Journal for Research in Mathematics Education, 50*(2), 121–155.

Lew, K., & Mejía-Ramos, J. P. (2020). The linguistic conventions of mathematical proof writing across pedagogical contexts. *Educational Studies in Mathematics, 103*(5), 43–62.

Lew, K., Fukawa-Connelly, T. P., Mejía-Ramos, J. P., & Weber, K. (2016). Lectures in advanced mathematics: Why students might not understand what the mathematics professor is trying to convey. *Journal for Research in Mathematics Education, 47*(2), 162–198.

Lung, J. (2019). *Schulcurriculares Fachwissen von Mathematiklehramtsstudierenden. Struktur, Entwicklung und Einfluss auf den Studienerfolg.* Dissertation an der Universität Würzburg.

Mejía-Ramos, J. P., & Weber, K. (2014). Why and how mathematicians read proofs: Further evidence from a survey study. *Educational Studies in Mathematics, 85*(2), 161–173.

Mejía-Ramos, J. P., Fuller, E., Weber, K., Rhoads, K., & Samkoff, A. (2012). An assessment model for proof comprehension in undergraduate mathematics. *Educational Studies in Mathematics, 79*(1), 3–18.

Moore, R. C. (1994). Making the transition to formal proof. *Educational Studies in Mathematics, 27,* 249–266.

Oser, F., & Spychiger, M. (2005). Lernen aus Fehlern Zur Psychologie des negativen Wissens. In W. Althof (Hrsg.), *Fehler-Welten* (S. 11–41). Leske + Budrich.

Ploetzner, R., Dillenbourg, P., Praier, M., & Traum, D. (1999). Learning by explaining to oneself and to others. In P. Dillenbourg (Hrsg.), *Collaborative-learning: Cognitive and computational approaches* (S. 103–121). Elsevier.

Ribenboim, P. (2011). *Die Welt der Primzahlen. Geheimnisse und Rekorde.* Springer.

Selden, A., & Selden, J. (2003). *Errors and misconceptions in college level theorem proving. Tech report no. 2003-3.* Tennessee Tech University.

Selden, A., & Selden, J. (2008). Overcoming students' difficulties in learning to understand and construct proofs. In M. Carlson & C. Rasmussen (Hrsg.), *Making the connection: Research and teaching in undergraduate mathematics education* (S. 95–110). Mathematical Association of America.

Selden, A., & Selden, J. (2014). The genre of proof. In M. N. Fried & T. Dreyfus (Hrsg.), *Mathematics & mathematics education: Searching for common ground* (S. 248–251). Springer.

Selden, A., & Selden, J. (2018). Proof frameworks – A way to get started. *PRIMUS, 28*(1), 31–45.

Strickland, S., & Rand, B. (2016). A framework for identifying and classifying undergraduate student proof errors. *PRIMUS, 26*(10), 905–921.

Vollrath, H.-J., & Roth, J. (2012). *Grundlagen des Mathematikunterrichts in der Sekundarstufe.* Spektrum Akademischer.

Weber, K. (2004). Traditional instruction in advanced mathematics courses: A case study of one professor's lectures and proofs in an introductory real analysis course. *Journal of Mathematical Behavior, 23*(2), 115–133.

Weber, K., Brophy, A., & Lin, K. (2008). How do undergraduates learn about advanced mathematical concepts by reading text? In *Proceedings of the 12th conference for research in undergraduate mathematics education,* San Diego.

Wheeler, A., & Champion, J. (2013). Students' proofs of one-to-one and onto properties in introductory abstract algebra. *International Journal of Mathematical Education in Science and Technology, 44*(8), 1107–1116.

Aufgaben zur Verknüpfung von Schul- und Hochschulmathematik: Haben derartige Aufgaben Auswirkungen auf das Interesse von Lehramtsstudierenden?

10

Stefanie Rach

Zusammenfassung

Der Erwerb von mathematischem Fachwissen, der vor allem durch geeignete Aufgaben gesteuert werden kann, ist essentiell im Lehramtsstudium. Manche Studierende sehen jedoch wenig Wert darin, sich mit derartigen Aufgaben zur Hochschulmathematik zu beschäftigen. Eine Möglichkeit diesen Wert zu erhöhen, könnten Aufgaben darstellen, die eine Verknüpfung zwischen Hochschulmathematik und Schulmathematik schaffen. Anhand einer Studierendenbefragungen in einem experimentellen Design mit 11 Aufgabenpaaren aus den Gebieten Analysis und Zahlentheorie wird erörtert, inwiefern derartige Aufgaben das Interesse der Studierenden erhöhen und welche weiteren Faktoren das Interesse von Studierenden bei der Aufgabenbearbeitung beeinflussen könnten. Lineare Mischmodelle geben Hinweise, dass Studierende Aufgaben mit einer derartigen Verknüpfung einen höheren Wert als Aufgaben ohne explizite Verknüpfung zuweisen. Ein weiterer wichtiger Faktor, der mit der Einschätzung von Nützlichkeit zusammenhängt, ist die Selbstwirksamkeitserwartung, die mit der Aufgabe verbunden wird. Die Ergebnisse werden in Erwartungs-Wert-Modelle eingeordnet und Überlegungen diskutiert, um derartige Verknüpfungsaufgaben lernförderlich in mathematische Lehrveranstaltungen einzubauen.

S. Rach (✉)
Institut für Algebra und Geometrie, Didaktik der Mathematik, Otto-von-Guericke-Universität Magdeburg, Magdeburg, Deutschland
E-Mail: stefanie.rach@ovgu.de

© Der/die Autor(en), exklusiv lizenziert durch Springer-Verlag GmbH, DE, ein Teil von Springer Nature 2022
V. Isaev et al. (Hrsg.), *Professionsorientierte Fachwissenschaft,* Konzepte und Studien zur Hochschuldidaktik und Lehrerbildung Mathematik, https://doi.org/10.1007/978-3-662-63948-1_10

177

10.1   Einleitung

Ergebnisse zeigen, dass Fachwissen, mediiert über fachdidaktisches Wissen, essentiell
für hohe Unterrichtsqualität im Mathematikunterricht ist (Krauss et al., 2008). Das Lehramtsstudium ist ein wichtiger Baustein für ein späteres, professionelles Lehrerhandeln,
denn im Lehramtsstudium wird dieses mathematische Fachwissen aufgebaut. Jedoch
gibt es Berichte, dass Lehramtsstudierende sich wenig für fachmathematische Lehrveranstaltungen interessieren und diese Veranstaltungen z. T. als wenig relevant ansehen
(Hefendehl-Hebeker, 2013). Diese geringe Motivation, sich mit Mathematik an der
Hochschule (im Folgenden als Hochschulmathematik bezeichnet) zu beschäftigen, liegt
möglicherweise darin begründet, dass die Studierenden schon zu Studienbeginn einen
substanziellen Unterschied zwischen Schul- und Hochschulmathematik wahrnehmen
(Isaev & Eichler, 2017; Kosiol et al., 2019). Da die spätere Berufstätigkeit das Unterrichten von Schulmathematik ist, sehen manche Studierende wenig Relevanz, sich mit
Hochschulmathematik zu beschäftigen (Weber et al., 2020).

Damit Lehramtsstudierende sich stärker mit Hochschulmathematik auseinandersetzen und Zusammenhänge zwischen Schul- und Hochschulmathematik bilden,
werden Schnittstellenaufgaben als sinnvolle Möglichkeiten diskutiert (Bauer, 2013).
Die Evaluation dieser Aufgaben zeigt jedoch inkonsistente Ergebnisse (Hoffmann &
Biehler, 2017), so dass in diesem Beitrag derartige Aufgaben, die Schul- und Hochschulmathematik verknüpfen, unter kontrollierten Bedingungen evaluiert werden. Zudem
werden Hypothesen generiert, welche Faktoren das Interesse von Lehramtsstudierenden
beeinflussen, wenn sich die Studierenden mit Aufgaben zur Hochschulmathematik
beschäftigen.

10.1.1 Schul- und Hochschulmathematik im Lehramtsstudium

Im Lehramtsstudium ist neben dem Erwerb von fachdidaktischem und pädagogischem
Wissen der Erwerb von fachlichem Wissen zentral. Fachliches Wissen ist die Grundlage,
um qualitativ hochwertigen Unterricht zu planen, durchzuführen und zu reflektieren. Als
Fachlehrkräfte sind die Lehrkräfte zudem Repräsentanten eines Faches, das sie unterrichten, wofür Kenntnisse auch über die hinter dem Schulfach stehende wissenschaftliche Disziplin wichtig sind. Somit ist es essentiell, dass Lehramtsstudierende sich mit
Hochschulmathematik in ihrem Studium beschäftigen und auch eine Beziehung, z. B. in
Form von Interesse, zu diesem Gegenstand aufbauen. Aktuelle Beiträge unterscheiden
das fachliche Wissen im Lehramtsstudium nicht nur in Wissen über Schulmathematik
bzw. Hochschulmathematik, sondern auch in ein schulbezogenes Fachwissen (Weber &
Lindmeier in diesem Band). In diesem Beitrag steht der Erwerb von Wissen über Hochschulmathematik im Fokus.

Hochschulmathematik unterscheidet sich von Schulmathematik in dem Sinne, dass Hochschulmathematik die Konzepte und Arbeitstätigkeiten der wissenschaftlichen Disziplin Mathematik umfasst. Für die Mathematik sind das die Konstruktion deduktiver Beweise und das Umgehen mit formalen Begriffsdefinitionen, um eine kohärente, mathematische Theorie aufzubauen (Engelbrecht, 2010; Liebendörfer, 2018). In der Schulmathematik stehen dagegen eher die Beschreibung außermathematischer Situationen mit Hilfe von Mathematik im Vordergrund (Rach & Heinze, 2017). Somit unterscheidet sich das zu diesen Lerngegenständen zugehörige Wissen, das durch die Lernenden erworben wird.

Da sich die Lerngegenstände zwischen Schule und Hochschule substanziell unterscheiden und Lehramtsstudierende häufig mit einem festen Berufsbild ihr Studium beginnen, wird insbesondere in der Studieneingangsphase ein Motivationsverlust berichtet. Beispielsweise beginnen Lehramtsstudierende schon mit einem geringeren Interesse als Fachmathematikstudierende ihr Studium und das Interesse an Hochschulmathematik sinkt bei Lehramtsstudierenden im ersten Semester stark ab (Rach & Heinze, 2013; Rach et al., 2018). Manche Lernende berichten auch von fehlender Relevanz, die sie der Beschäftigung mit Hochschulmathematik zuschreiben (Liebendörfer, 2018; Weber et al., 2020). Bei der Analyse mathematischer Aufgaben im Lehramtsstudium fällt aber auf, dass ähnliche Konzepte wie in der Schule zentral sind (Vollstedt et al., 2014) und z. T. auch ähnliche Tätigkeiten zu bewältigen sind (Weber & Lindmeier, 2020), aber Zusammenhänge zwischen Hochschul- und Schulmathematik nicht expliziert werden (Álvarez et al., 2020). Deshalb stellt sich die Frage, inwiefern die Studierenden dabei unterstützt werden können, die implizit in den Aufgaben vorhandenen Verknüpfungen zwischen Schul- und Hochschulmathematik zu erkennen, oder in einem ersten Schritt explizite Verknüpfungen in Aufgaben helfen, damit Studierende daraus Interesse für die Hochschulmathematik entwickeln können. Denn für die Schulmathematik interessieren sich die meisten Lehramtsstudierenden stark (Liebendörfer, 2018; Ufer et al., 2017). Bevor ich auf Fördermöglichkeiten eingehe, um dieses Interesse zu steigern, werde ich klären, was in diesem Beitrag unter Interesse zu verstehen ist und warum dessen Vorhandensein in Lernprozessen wichtig ist.

10.1.2 Bedeutung von Interesse für erfolgreiche Lernprozesse

Aus den verschiedenen Motivationstheorien werden in diesem Beitrag zwei Stränge kurz vorgestellt: Modelle zum Konstrukt Interesse (vgl. Hidi & Renninger, 2006; Krapp, 2002) und Erwartungs-Wert-Modelle (vgl. Eccles & Wigfield, 2002). Das Konstrukt Interesse beschreibt die Beziehung zwischen einer Person und einem Gegenstand bzw. einer Situation und kann in ein überdauerndes Interesse, individuelles Interesse, und in ein in einer Situation auftretendes Interesse, situationales Interesse, unterschieden werden (Hidi & Renninger, 2006; Krapp, 2002). Es wird vermutet, dass, wenn situationales Interesse vermehrt auftritt, sich dieses in mehreren Schritten zu individuellem Interesse ausbilden kann. Individuelles Interesse an (Hochschul-) Mathematik wiederum beeinflusst Bildungsentscheidungen, z. B. die Wahl eines Mathematikkurses bzw. eines Studiums, und hängt mit dem Wohlbefinden in Bildungs-prozessen, z. B. der Studienzufriedenheit, zusammen (Geisler, 2020; Köller et al., 2006; Kosiol et al., 2019).

In vielen Konzeptualisierungen wird dieses Konstrukt in zwei Komponenten auf-geteilt (vgl. Krapp, 2002): eine emotionsbezogene Komponente („Mathematik macht mir Freude") und eine wertbezogene Komponente („Mathematik ist mir wichtig"). Eine weitere Ausdifferenzierung dieser beiden Komponenten ist in Erwartungs-Wert-Modellen zu finden. Der Wert eines Gegenstandes wird in eine intrinsische Komponente (intrinsic value), ähnlich zur emotionsbezogenen Komponente in Interessensmodellen, in eine Zielerreichungskomponente (attainment value), in eine Nützlichkeitskomponente (utility value) und z. T. in eine Kosten-Komponente (costs) eingeteilt (Eccles & Wigfield, 2002; Urhahne, 2008). Die Nützlichkeitskomponente kann dann wiederum gegliedert werden in eine Nützlichkeit bezüglich Studium, Alltag etc. (Gaspard et al., 2015). Das zweite wichtige Konstrukt in Erwartungs-Wert-Modellen, die Erwartung, kann definiert werden als die Erwartungen, die Studierende haben, eine Aufgabe erfolgreich zu bewältigen und sich als kompetent zu erleben (Dietrich et al., 2017). Dieses Konstrukt hängt empirisch und z. T. auch theoretisch sehr eng mit den Konstrukten Selbstkonzept und Selbstwirksamkeitserwartungen zusammen, die in anderen Konzeptualisierungen verwendet werden. Das Konstrukt „(personale) Selbstwirksamkeitserwartungen", das Bandura (1977) bekannt gemacht hat, ist im Gegensatz zum Konstrukt Selbstkonzept zukunftsorientiert und fokussiert die Überzeugung, die Studierende haben, dass sie erfolgreich bei der Bewältigung der nächsten Aufgabe sind oder nicht. Diese Art der Erwartung bezüglich einer speziellen Aufgabe geht auch (negativ) einher mit der Schwierigkeit, die Studierende einer Aufgabe zuweisen (Eccles & Wigfield, 2020).

Der Wert zusammen mit den Erwartungen, die einer Handlung zugewiesen werden, bestimmen die individuellen Handlungen in einem Lernprozess. Empirische Studien zeigen beispielsweise, dass die Erwartungen bezüglich einer Lernsituation und der individuelle Wert, den Studierende Lernsituationen zuschreiben, mit der Anstrengungs-bereitschaft im Lehramtsstudium zusammenhängen (Dietrich et al., 2017). Dass Lehramtsstudierende Interesse an Hochschulmathematik entwickeln bzw. diesem Lern-gegenstand einen Wert zuschreiben sollen, kann also nicht nur mit der Profession von Lehrkräften begründet werden, sondern auch mit einer zu erwartenden, positiven Wirkung auf Lernprozesse im Studium. Die Frage ist nun, wie das Ausbilden von Interesse in Hochschulmathematik in einem Lehramtsstudium gefördert werden kann.

10.1.3 Verknüpfung von Schul- und Hochschulmathematik im Lehramtsstudium

Damit Lehramtsstudierende eine positive Beziehung zur Hochschulmathematik aufbauen, kann der Umweg über die Nützlichkeit von Hochschulmathematik gewählt werden (vgl. Gaspard et al., 2015; Hulleman et al., 2017). Wenn die Studierenden erkennen, dass Hochschulmathematik für ihr späteres Unterrichtshandeln nützlich ist, dann kann sich daraus Interesse für Hochschulmathematik ausbilden. Im Mathematikstudium werden mathematische Inhalte häufig in Vorlesungen präsentiert und über Aufgaben kommuniziert, die im Selbststudium gelöst und in Übungen diskutiert werden. Somit bieten sich Aufgaben an, um die Nützlichkeit von Mathematik für späteres, unterrichtliches Wirken zu explizieren. Solche eine Explizierung von Nützlichkeit kann auch zu einer Steigerung der vertikalen, konsekutiven Kohärenz des fachlichen, universitären Lehrangebotes mit dem schulischen Lehrangebot führen, sodass eine stärkere Passung zwischen Lernvoraussetzungen der Lernenden und dem Lehrangebot erreicht wird (Rach, 2019).

Um diese Nützlichkeit darzustellen, werden Aufgaben entwickelt, in denen explizit Verknüpfungen zwischen Schul- und Hochschulmathematik hergestellt werden. Diese Verknüpfungen sind darauf ausgelegt, dass Studierende Interesse für Hochschulmathematik entwickeln, und sind weniger darauf ausgelegt, auch andere Wissensfacetten, z. B. schulbezogenes Fachwissen oder fachdidaktisches Wissen, zu stärken (wie z. B. mitgedacht in Álvarez et al., 2020). Damit differieren diese Verknüpfungsaufgaben von sog. Schnittstellenaufgaben, die auch den Aufbau anderer Wissensfacetten in den Blick nehmen (Bauer, 2013; vgl. auch Hefendehl-Hebeker et al., 2013). Die in diesem Beitrag thematisierten Verknüpfungsaufgaben unterscheiden sich in den fachlichen Anforderungen nicht von „üblichen" Übungsaufgaben im Mathematikstudium, sondern nur in der expliziten Verknüpfung zwischen Schul- und Hochschulmathematik. Mithilfe dieser Aufgaben werden also auch keine zusätzlichen Reflexionsanregungen geschaffen, wie sie beispielsweise von Bauer und Hefendehl-Hebeker (2019) für das gymnasiale Lehramtsstudium vorgeschlagen werden.

Und jetzt stellt sich die Frage, ob allein durch diese Verknüpfung[1] das situationale Interesse an diesen Aufgaben höher ist als bei üblichen Mathematikaufgaben. Wenn diese Annahme bestätigt wird, werden in den Verknüpfungsaufgaben die gleichen fachlichen Anforderungen abgefordert wie in üblichen Aufgaben und zusätzlich tragen diese Aufgaben zur Interessensentwicklung zur Hochschulmathematik bei.

---

[1] Der Begriff „Vernetzung" wird aus dem Grund nicht verwendet, dass im Vergleich zum Begriff „Verknüpfung" unter Vernetzung eine noch stärkere Beschäftigung mit Zusammenhängen zwischen Schul- und Hochschulmathematik verstanden wird.

10.2   Erprobung Verknüpfungsaufgaben zu Schul- und Hochschulmathematik

Zur Erprobung der Verknüpfungsaufgaben wurden insgesamt 14 Aufgaben aus den Gebieten Analysis und Zahlentheorie entwickelt. Diese beiden Gebiete wurden ausgewählt, da sie für ein Lehramtsstudium grundlegend und wichtig sind. Bei der Erprobung wurden übliche Mathematikaufgaben im Studium mit den entwickelten Verknüpfungsaufgaben verglichen. Um äußere Einflüsse auf die Studierendenbewertungen der Aufgaben, z. B. mathematisches Thema, Formulierung der Aufgabe etc., möglichst auszuschließen, wurden die Aufgaben als Aufgabenpaare entwickelt: eine Verknüpfungsaufgabe (Aufgabe mit Verknüpfung) und eine übliche Aufgabe (Aufgabe ohne Verknüpfung). Die Aufgaben eines Aufgabenpaares unterschieden sich nicht in den inhaltlichen Anforderungen, sondern nur darin, dass die Verknüpfungsaufgabe einen expliziten Bezug zwischen Schul- und Hochschulmathematik herstellt. Diese Verknüpfung ist inhaltlich-mathematisch (z. B. durch Explizieren der Nützlichkeit der Kenntnis eines mathematischen Beweises für den Schulunterricht) und sprachlich (z. B. durch das Einbinden von Wörtern wie „Schule", „Unterricht") implementiert. Bei der Erprobung erhielt jede Studentin bzw. jeder Student zufällig eine Aufgabe aus jedem Aufgabenpaar und wurde gebeten, die Aufgabe anhand verschiedener Faktoren zu beurteilen. Diese Faktoren sind intrinsischer Wert (Freude) sowie Nützlichkeit als Indikatoren für das situationale Interesse und Verständlichkeit sowie Selbstwirksamkeitserwartung als Kontrollvariablen.

Bei dieser Erprobung stehen die folgenden Fragen im Vordergrund:

1. Inwiefern bewerten Studierende Verknüpfungsaufgaben als interessanter als übliche Aufgaben?
2. Welche Faktoren hängen mit dem situationalen Interesse der Studierenden bei der Aufgabenbearbeitung zusammen?

Nach den Arbeiten von Bauer (2013) und Hulleman et al. (2017) ist zu erwarten, dass Studierende die Verknüpfungsaufgaben als nützlicher für ihren späteren Beruf wahrnehmen und somit mehr Interesse berichten. Die explorativ gestellte zweite Frage hat das Ziel, weitere Faktoren zu identifizieren, die mit dem berichteten, situationalen Interesse von Studierenden zusammenhängen. Diese Faktoren könnten dann dazu beitragen, die Aufgaben weiter zu entwickeln.

10.3 Methodisches Vorgehen

Die Erprobung fand an der Universität Magdeburg statt. 22 Lehramtsstudierende (11 Studierende im Bachelor, 5 Studierende im berufsbildenden Master, 5 Studierende im gymnasialen Master, 1 ohne Angabe) bewerteten auf freiwilliger Basis jeweils eine Aufgabe aus jedem Aufgabenpaar. Bis auf zwei Studierende hatten alle die Vorlesungen zur Analysis 1 und Linearen Algebra 1 besucht.

Die Studierenden bewerteten die Aufgaben nach vier Kriterien auf Einzelitem-Basis: Verständlichkeit der Formulierung, Selbstwirksamkeitserwartung bei der Aufgabenlösung, intrinsischer Wert (Freude) bei der Beschäftigung mit der Aufgabe („Es würde mir Spaß machen, mich mit dieser Aufgabe zu beschäftigen.") und Nützlichkeit fürs spätere Berufsleben („In dieser Aufgabe werden wertvolle Dinge für mein späteres Berufsleben thematisiert.") (vgl. Gaspard et al., 2015). Die Aussagen schätzten die Studierenden auf einer vierstufigen Likert-Skala von trifft zu (4) bis trifft nicht zu (1) ein.

Diese experimentelle Laborstudie hat einige Vor-, aber auch Nachteile gegenüber einer Studie, in der die Aufgaben im Feld, also durch den Einsatz in konkreten, mathematischen Lehrveranstaltungen, erprobt werden (z. B. Vorgehen in Hoffmann & Biehler, 2017 oder Weber et al., 2020). Aus Gründen der ökologischen Validität ist der Einsatz im Praxisfeld dem einer Laborstudie vorzuziehen, jedoch ist das Praxisfeld deutlich weniger kontrollierbar. Durch diese Laborstudie können besser Faktoren identifiziert werden, die die Studierendeneinschätzungen von Aufgaben bedingen.

Da die Aufgaben für weitere Studien verwendet werden, wird hier ein Aufgabenpaar präsentiert (vgl. Aufgabe ohne Verknüpfung und Aufgabe mit Verknüpfung), das sich in parallel zu dieser Erprobungsstudie stattgefundenen Pilotierungsstudien als ungeeignet herausgestellt hat und in weiteren Studien keine Berücksichtigung findet. Dieses Aufgabenpaar ist gut geeignet, um die Charakteristika der Aufgabenpaare zu verdeutlichen. Das Aufgabenpaar ist in das Gebiet der Analysis einzuordnen und beinhaltet das wichtige, mathematische Konzept der „Umkehrfunktion". Die inhaltliche Verknüpfung zwischen Schul- und Hochschulmathematik wird dadurch geschaffen, dass der Begriff der Umkehrfunktion als Zugangsmöglichkeit zur Wurzelfunktion im Schulunterricht angesprochen wird. Dadurch, dass die Wörter „Schulunterricht" und „Mathematikunterricht" in der Aufgabe mit Verknüpfung verwendet werden, wird zudem die Verknüpfung noch stärker explizit gemacht. Aufgrund dieser expliziten Verknüpfung sind die Aufgaben mit Verknüpfung im Allgemeinen etwas länger als die dazugehörigen Kontrollaufgaben, also die Aufgaben ohne Verknüpfung. Ansonsten sind die beiden Aufgaben gleich gestaltet – bezüglich des Ausdruckes und bezüglich der mathematischen Anforderung. Denn nicht die inhaltlichen Anforderungen, die die Studierenden bewältigen sollen, oder die sprachliche Formulierung der Aufgabe sind als Designprinzipien der Aufgaben ausgewählt worden, sondern der Schwerpunkt liegt in der expliziten oder nicht-expliziten Verknüpfung zwischen Schul- und Hochschulmathematik.

Aufgabe ohne Verknüpfung

Seien $f : \mathbb{R}_{\geq 0} \to \mathbb{R}_{\geq 0}, f(x) = x^2$ und $g : \mathbb{R}_{\geq 0} \to \mathbb{R}_{\geq 0}, g(x) = \sqrt{x}$ Funktionen. Beweisen Sie, dass die Funktion g die Umkehrfunktion von f ist. ◄

Aufgabe mit Verknüpfung

Seien $f : \mathbb{R}_{\geq 0} \to \mathbb{R}_{\geq 0}, f(x) = x^2$ und $g : \mathbb{R}_{\geq 0} \to \mathbb{R}_{\geq 0}, g(x) = \sqrt{x}$ Funktionen, die im Schulunterricht eine Rolle spielen. Im Mathematikunterricht wird die Funktion g häufig als Umkehrfunktion von f eingeführt. Beweisen Sie, dass die Funktion g die Umkehrfunktion von f ist. ◄

Den Studierenden wurden insgesamt 14 Aufgaben vorgelegt. Weitere Prinzipien, die bei der Aufgabenentwicklung eine Rolle gespielt haben, sind Authentizität im Studium und für den Schulunterricht. Deshalb wurden nach Expertenmeinungen durch Personen aus der Fachmathematik und Fachdidaktik und nach weiteren Pilotierungsstudien drei Aufgabenpaare ausgeschlossen. Die hier dargestellten Ergebnisse basieren auf den Einschätzungen von elf Aufgabenpaaren, von denen vier Aufgaben der Analysis und sieben der Zahlentheorie zuzuordnen sind.

10.4   Ergebnisse der Erprobung

Die Erprobung der Aufgabenpaare verfolgte zwei Ziele: erstens der Vergleich der Verknüpfungsaufgaben mit üblichen Aufgaben durch Studierendenbeurteilungen und zweitens die Identifikation von Faktoren, die die Aufgabenbeurteilung von Studierenden beeinflussen. Es wurden deskriptive Analysen durchgeführt und lineare Mischmodelle mit der Software R (mit dem Package lme4; Bates et al., 2015) verwendet.

10.4.1 Vergleich der Verknüpfungsaufgaben mit Kontrollaufgaben

Die beiden Aufgabentypen werden hinsichtlich der folgenden vier Beurteilungsfaktoren miteinander verglichen: Verständlichkeit, Selbstwirksamkeitserwartung, Freude und Nützlichkeit fürs spätere Berufsleben. Die letzten beiden Faktoren sind Indikatoren für das situationale Interesse bezüglich der einzelnen Aufgaben, die ersten beiden Faktoren Kontrollvariablen.

Die Mittelwerte indizieren, dass die Aufgaben im Allgemeinen verständlich sind, aber nicht alle Studierende davon überzeugt sind, alle Aufgaben lösen zu können (siehe Tab. 10.1). Bezüglich der Indikatoren des situationalen Interesses, Freude und Nützlichkeit, lässt sich nur für die Nützlichkeit ein Vorteil der Aufgaben mit Verknüpfung vermuten: Studierende bewerten im Mittel aller Aufgaben die Nützlichkeit der Aufgaben

Tab. 10.1 Vergleich der Aufgabentypen

	Aufgabe ohne Verknüpfung	Aufgabe mit Verknüpfung
Verständlichkeit	3,34 (0,86)	3,24 (0,82)
Selbstwirksamkeitserwartung	2,68 (0,89)	2,71 (0,89)
Freude	2,50 (0,91)	2,60 (0,93)
Nützlichkeit fürs spätere Berufsleben	2,27 (0,90)	2,50 (1,06)

Anmerkung: Die Einzelaussagen wurden auf einer vierstufigen Likert-Skala von 1 (trifft nicht zu) bis 4 (trifft zu) eingeschätzt

mit Verknüpfung höher als ohne Verknüpfung. Um diesen Einfluss des Aufgabentyps auf die Bewertung der Nützlichkeit einzuschätzen, werden im nächsten Schritt weitere Einflussfaktoren auf die Aufgabenbeurteilung analysiert und mit dem Aufgabentyp verglichen.

10.4.2 Einflussfaktoren auf Aufgabenbeurteilungen

Aus den deskriptiven Analysen wird deutlich, dass der Aufgabentyp sich auf die Studierendeneinschätzungen auswirkt. Die sich daraus ergebenden Fragen sind, welche weiteren Faktoren die Beurteilung von Aufgaben und die Ausprägung von situationalem Interesse noch beeinflussen und wie groß der Einfluss des Aufgabentyps im Vergleich zu den anderen Faktoren ist. Die Daten zur Beurteilung von Aufgaben liegen geschachtelt in einer Clusterstruktur vor: Jede Person beurteilt jede Aufgabe, die wiederum in einem von zwei verschiedenen Aufgabentypen vorliegt. Das bedeutet, dass es Abhängigkeiten zwischen den einzelnen Beurteilungen gibt, da sie von derselben Person bzw. zu derselben Aufgabe gemacht werden. Um derartig strukturierte Daten zu analysieren, sind lineare Mischmodelle als Verallgemeinerungen von linearen Regressionsmodellen geeignet.

Für die Beantwortung dieser Fragen wurden zwei lineare Mischmodelle bezüglich der abhängigen Variablen „Freude" und „Nützlichkeit" durchgeführt. Person, Aufgabe und Aufgabentyp werden als zufällige Effekte betrachtet. Die Ergebnisse zeigen, dass die Varianz in der Aufgabenbeurteilung zu 21 % bzw. 17 % durch die beurteilende Person bedingt ist, zu 22 % bzw. 15 % durch die konkrete Aufgabe bedingt ist und zu 1 % bzw. 2 % vom Aufgabentyp abhängig ist. Die Einschätzung der Freude bzw. Nützlichkeit bezüglich einer Aufgabe variiert demnach stark zwischen Personen und Aufgaben und der Aufgabentyp erklärt dann nur wenig zusätzliche Varianz.

Um weiter zu analysieren, warum bestimmte Aufgaben als nützlicher wahrgenommen oder mit mehr Freude verbunden werden, werden zwei weitere Einschätzungen mit einbezogen, die die Studierenden zu den einzelnen Aufgaben getroffen haben: wie verständlich die Aufgabe ist und ob die Studierenden sich zutrauen, die Aufgabe zu lösen. Wenn nun diese beiden Faktoren, Verständlichkeit und Selbstwirksamkeitserwartungen, als feste Effekte zusätzlich in die Analyse einbezogen werden, dann sinkt die Varianzaufklärung für die abhängigen Variablen „Freude" und „Nützlichkeit" durch die konkrete Aufgabe deutlich ab. Insbesondere die Selbstwirksamkeitserwartung scheint die Aufgabenbeurteilung bezüglich Freude und Nützlichkeit stark zu beeinflussen. Trotz der weiteren Einflussfaktoren kann durch den Aufgabentyp Varianz in den Nützlichkeitsüberzeugungen erklärt werden: Studierende bewerten Aufgaben mit Verknüpfung insgesamt als nützlicher als Aufgaben ohne Verknüpfung, auch unter Kontrolle von Verständlichkeit und Selbstwirksamkeitserwartungen.

10.5   Diskussion

Zusammenfassung

In der Diskussion um die Verbesserung des Lehramtsstudiums wird häufig der Wunsch von Studierenden geäußert, dass die Relevanz der Hochschulmathematik für die spätere Unterrichtspraxis stärker herausgestellt wird (Liebendörfer, 2018). Diese Relevanz zu explizieren und trotzdem die mathematischen Anforderungen beizubehalten, ist in diesem Beitrag mit Hilfe von „Verknüpfungsaufgaben" thematisiert. Bei diesen Verknüpfungsaufgaben handelt es sich um Übungsaufgaben, die in mathematischen Lehrveranstaltungen an der Hochschule eingesetzt werden können und in denen die Verknüpfung zwischen Schul- und Hochschulmathematik explizit dargestellt wird. Da die mathematischen Anforderungen beibehalten werden, wären die Aufgaben sicherlich in den meisten mathematischen Lehrveranstaltungen einsetzbar. Bei der Erprobung dieser Aufgaben stellten sich die Fragen, ob solche kleinen Änderungen an Aufgaben wirklich zu höherem situationalen Interesse führt und welche Faktoren das situationale Interesse, indiziert durch Aufgabenbeurteilungen, noch beeinflussen.

Ein zentrales Ergebnis dieser Erprobung ist, dass Aufgaben mit Verknüpfung eine höhere Nützlichkeit für das spätere Berufsleben im Vergleich zu Aufgaben ohne Verknüpfung zugeschrieben werden. Auffällig ist, dass das situationale Interesse (in Form von Freude und Nützlichkeit) bezüglich Aufgaben stark mit den Selbstwirksamkeitserwartungen beim Lösen der Aufgaben zusammenhängen. Wenn die Studierenden also davon ausgehen, dass sie die Aufgaben lösen können, sind sie auch interessierter an den Aufgaben.

Diese Ergebnisse bilden die Basis für Chancen und Herausforderungen für Lehrpersonen, wenn sie Aufgaben für ihre Lehrveranstaltung auswählen. Denn einerseits ist es sinnvoll, kognitiv anspruchsvolle und damit schwierige Aufgaben zu stellen, aus deren Bearbeitung Studierende viel lernen können. Andererseits hängt die Schwierigkeit einer Aufgabe eng mit der Selbstwirksamkeitserwartung (negativ) zusammen (Eccles & Wigfield, 2020) und somit (negativ) mit dem situationalen Interesse, sodass im Mittel leichtere Aufgaben als nützlicher angesehen und mit mehr Freude verbunden werden. Wenn Lehrpersonen Aufgaben auswählen, sind somit neben inhaltlichen Faktoren, z. B. Passung zu den Lernzielen der Veranstaltungen, auch weitere Faktoren der Aufgabe zu beachten.

Stärken und Limitationen

Diese Studie ist eingebettet in das Projekt „Situationales Interesse im Mathematik-studium" und gibt einen ersten Einblick, welche Art von Aufgaben das situationale Interesse positiv beeinflussen könnten. Dabei stellt sich die Frage, ob Studierende über-haupt Aufgaben beurteilen können, ohne sich mit diesen vorher zu beschäftigen (vgl. Schukajlow et al., 2012 für ein ähnliches Vorgehen). Neben Analysen in Laborstudien sollten die Aufgaben im Praxisfeld erprobt werden, da auch die Implementation einer Aufgabe in Lehr-Lern-Situationen zu beachten ist. Die bei dieser Erprobungsstudie gewählten, kontrollierten Bedingungen haben jedoch den Vorteil, dass viele Störfaktoren ausgeschlossen werden können. Somit kann im ersten Schritt das Potential dieser Auf-gaben untersucht werden, bevor im zweiten Schritt diese Aufgaben zur Verbesserung des Lehramtsstudiums eingesetzt werden.

10.6   Ausblick und Fazit

Insgesamt zeigt diese Studie interessante Einblicke in die Beurteilung fachlicher Auf-gaben durch Lehramtsstudierende. Um Gründe zu identifizieren, warum sich manche Studierende für einige Mathematikaufgaben mehr oder weniger interessieren, wird zur-zeit zusätzlich eine Interviewstudie durchgeführt. Die Ergebnisse der hier vorgestellten Erprobungsstudie deuten darauf hin, dass Erwartungen (in Form von Selbstwirksam-keitserwartungen) und Werte (in Form von Freude und Nützlichkeit) eng miteinander zusammenhängen. Diese beiden Konstrukte sind nach Erwartungs-Wert-Modellen (Eccles & Wigfield, 2002) wichtig für Entscheidungsprozesse und Handlungen in Lern-prozessen, sodass bei der Entwicklung von Unterstützungsmaßnahmen, um die Wert-überzeugungen für Hochschulmathematik zu steigern, auch die Erwartungskomponenten berücksichtigt werden sollten. Wenn die fehlende Wertzuschreibung bezüglich Hoch-schulmathematik auf Überforderung der Lehramtsstudierenden zurückgeführt werden kann, dann muss stärker die Passung zwischen inhaltlichen Anforderungen und Lern-voraussetzungen der Studierenden fokussiert werden (vgl. Geisler, 2020; Rach & Heinze, 2017).

Anhand einer größeren Stichprobe kann mithilfe der Aufgabenpaare analysiert werden, inwieweit die Studierenden bei einem erhöhten, situationalen Interesse sich auch bei der Aufgabenbearbeitung mehr anstrengen, also ihr Lernhandeln positiv unter-stützt wird (vgl. Dietrich et al., 2017). Denn das ist sicherlich eine der Wünsche von Dozierenden in einem Mathematikstudium, dass sich Lehramtsstudierende mit der Hoch-schulmathematik ernsthaft auseinandersetzen und fachliches Wissen erwerben.

Anmerkung: Dieses Projekt „Situationales Interesse im Mathematikstudium: Individuelle Bedingungsfaktoren und Stimulation durch wertexplizierende Materialien" wird gefördert durch die DFG.

Literatur

Álvarez, J. A. M., Arnold, E. G., Burroughs, E. A., Fulton, E. W., & Kercher, A. (2020). The design of tasks that address applications to teaching secondary mathematics for use in undergraduate mathematics courses. *The Journal of Mathematical Behavior, 60,* 100814.

Bandura, A. (1977). Self-efficacy: Toward a unifying theory of behavioral change. *Psychological Review, 84*(2), 191–215.

Bates, D., Mächler, M., Bolker, B. M., & Walker, S. C. (2015). Fitting linear mixed-effects models using lme4. *Journal of Statistical Software, 67*(1), 1-48.

Bauer, T. (2013). *Analysis – Arbeitsbuch. Bezüge zwischen Schul- und Hochschulmathematik; sichtbar gemacht in Aufgaben mit kommentierten Lösungen.* Springer Spektrum.

Bauer, T., & Hefendehl-Hebeker, L. (2019). *Mathematikstudium für das Lehramt an Gymnasien.* Springer Spektrum.

Dietrich, J., Viljaranta, J., Moeller, J., & Kracke, B. (2017). Situational expectancies and task values: Associations with students' effort. *Learning and Instruction, 47,* 53–64.

Eccles, J. S., & Wigfield, A. (2002). Motivational beliefs, values, and goals. *Annual Review of Psychology, 53,* 109–132.

Eccles, J. S., & Wigfield, A. (2020). From expectancy-value theory to situated expectancy-value theory: A developmental, social cognitive, and sociocultural perspective on motivation. *Contemporary Educational Psychology, 61*(4), 101859.

Engelbrecht, J. (2010). Adding structure to the transition process to advanced mathematical activity. *International Journal of Mathematical Education in Science and Technology, 41*(2), 143–154.

Gaspard, H., Dicke, A.-L., Flunger, B., Brisson, B. M., Häfner, I., Nagengast, B., & Trautwein, U. (2015). Fostering adolescents' value beliefs for mathematics with a relevance intervention in the classroom. *Developmental Psychology, 51*(9), 1226–1240.

Geisler, S. (2020). *Bleiben oder Gehen? Eine empirische Untersuchung von Bedingungsfaktoren und Motiven für frühen Studienabbruch und Fachwechsel in Mathematik.* Dissertation an der Universität Bochum.

Hefendehl-Hebeker, L. (2013). Doppelte Diskontinuität oder die Chance der Brückenschläge. In C. Ableitinger, J. Kramer, & S. Prediger (Hrsg.), *Zur doppelten Diskontinuität in der Gymnasial-lehrerbildung: Ansätze zu Verknüpfungen der fachinhaltlichen Ausbildung mit schulischen Vorerfahrungen und Erfordernissen* (S. 1–15). Springer Spektrum.

Hefendehl-Hebeker, L., Ableitinger, C., & Herrmann, A. (2013). Aufgaben zur Vernetzung von Schul- und Hochschulmathematik. In H. Allmendinger, K. Lengnink, A. Vohns, & G. Wickel (Hrsg.), *Mathematik verständlich unterrichten. Perspektiven für den Unterricht und Lehrerbildung* (S. 217–233). Springer Spektrum.

Hidi, S., & Renninger, K. A. (2006). The four-phase model of interest development. *Educational Psychologist, 41*(2), 111–127.

Hoffmann, M., & Biehler, R. (2017). Schnittstellenaufgaben für die Analysis I – Konzept, Beispiele und Evaluationsergebnisse. In U. Kortenkamp & A. Kuzle (Hrsg.), *Beiträge zum Mathematikunterricht 2017* (S. 441–444). WTM.

Hulleman, C. S., Kosovich, J. J., Barron, K. E., & Daniel, D. B. (2017). Making connections: Replicating and extending the utility value intervention in the classroom. *Journal of Educational Psychology, 109*(3), 387–404.

Isaev, V., & Eichler, A. (2017). Measuring beliefs concerning the double discontinuity in secondary teacher education. In T. Dooley & G. Gueudet (Hrsg.), *Proceedings of the tenth congress of the European society for research in mathematics education* (S. 2916–2923). DCU Institute of Education and ERME.

Köller, O., Trautwein, U., Lüdtke, O., & Baumert, J. (2006). Zum Zusammenspiel von schulischer Leistung, Selbstkonzept und Interesse in der gymnasialen Oberstufe. *Zeitschrift für Pädagogische Psychologie, 20*(1/2), 27–39.

Kosiol, T., Rach, S., & Ufer, S. (2019). (Which) mathematics interest is important for a successful transition to a university study program? *International Journal of Science and Mathematics Education, 17*(7), 1359–1380.

Krapp, A. (2002). Structural and dynamic aspects of interest development: Theoretical considerations from an ontogenetic perspective. *Learning and Instruction, 12,* 383–409.

Krauss, S., Neubrand, M., Blum, W., Baumert, J., Brunner, M., Kunter, M., & Jordan, A. (2008). Die Untersuchung des professionellen Wissens deutscher Mathematik-Lehrerinnen und -Lehrer im Rahmen der COACTIV-Studie. *Journal für Didaktik der Mathematik, 29,* 223–258.

Liebendörfer, M. (2018). *Motivationsentwicklung im Mathematikstudium.* Springer Spektrum.

Rach, S. (2019). Lehramtsstudierende im Fach Mathematik – Wie hilft uns die Analyse von Lernvoraussetzungen für eine kohärente Lehrerbildung. In K. Hellmann, J. Kreutz, M. Schwichow, & K. Zaki (Hrsg.), *Kohärenz in der Lehrerbildung: Theorien, Modelle und empirische Befunde* (S. 69–84). Springer Spektrum.

Rach, S., & Heinze, A. (2013). Welche Studierenden sind im ersten Semester erfolgreich? Zur Rolle von Selbsterklärungen beim Mathematiklernen in der Studieneingangsphase. *Journal für Mathematik-Didaktik, 34*(1), 121–147.

Rach, S., & Heinze, A. (2017). The transition from school to university in mathematics: Which influence do school-related variables have? *International Journal of Science and Mathematics Education, 15*(7), 1343–1363.

Rach, S., Ufer, S., & Kosiol, T. (2018). Interesse an Schulmathematik und an akademischer Mathematik: Wie entwickeln sich diese im ersten Semester? In Fachgruppe Didaktik der Mathematik der Universität Paderborn (Hrsg.), *Beiträge zum Mathematikunterricht 2018* (S. 1447–1450). WTM.

Schukajlow, S., Leiss, D., Pekrun, R., Blum, W., Müller, M., & Messner, R. (2012). Teaching methods for modelling problems and students' task-specific enjoyment, value, interest and self-efficacy expectations. *Educational Studies in Mathematics, 79,* 215–237.

Ufer, S., Rach, S., & Kosiol, T. (2017). Interest in mathematics = Interest in mathematics? What general measures of interest reflect when the object of interest changes. *ZDM Mathematics Education, 49*(3), 397–409.

Urhahne, D. (2008). Sieben Arten der Lernmotivation. Ein Überblick über zentrale Forschungskonzepte. *Psychologische Rundschau, 59*(3), 150–166.

Vollstedt, M., Heinze, A., Gojdka, K., & Rach, S. (2014). Framework for examining the transformation of mathematics and mathematics learning in the transition from school to university. In S. Rezat, M. Hattermann, & A. Peter-Koop (Hrsg.), *Transformation – A fundamental idea of mathematics education* (S. 29–50). Springer Spektrum.

Weber, B.-J., & Lindmeier, A. (2020). Viel Beweisen, kaum Rechnen? Gestaltungsmerkmale mathematischer Übungsaufgaben im Studium. *Mathematische Semesterberichte, 67,* 263–284.

Weber, K., Mejía-Ramos, J. P., Fukawa-Connelly, T., & Wasserman, N. (2020). Connecting the learning of advanced mathematics with the teaching of secondary mathematics: Inverse functions, domain restrictions, and the arcsine function. *The Journal of Mathematical Behavior, 57,* 100752.

Teil III
Professionsorientierung in Seminaren

Digitale Mathematikwerkzeuge in der Lehramtsausbildung – Ein Mastermodul zur Stärkung der Werkzeug- und Beurteilungskompetenz

Marvin Titz und Johanna Heitzer

Zusammenfassung

Im Zentrum dieses Beitrags steht die Förderung von Lehramtsstudierenden in Kompetenzbereichen, die für den Einsatz digitaler Werkzeuge im Mathematikunterricht wesentlich sind. Auf der Basis einer Zusammenstellung bedeutsamer Kompetenzen sowie grundlegender Begriffe wird ein Studienmodul zum Einsatz von Mathematikwerkzeugen aus dem Aachener Lehramtsmaster vorgestellt. Neben der Präsenzübung liegt ein Fokus auf der praxisorientierten Prüfungsleistung, zu deren Bestandteilen die Teilnahme an einem Peer-Review-Verfahren gehört. Anhand der studentischen Produkte wird eine Einschätzung in Bezug auf die Kompetenzzuwächse der Studierenden vorgenommen.

M. Titz (✉)
Fachgruppe Mathematik, Didaktik der Mathematik, Rheinisch-Westfälische Technische Hochschule Aachen, Aachen, Deutschland
E-Mail: marvin.titz@rwth-aachen.de

J. Heitzer
Fachgruppe Mathematik, Didaktik der Mathematik, Rheinisch-Westfälische Technische Hochschule Aachen, Aachen, Deutschland
E-Mail: johanna.heitzer@matha.rwth-aachen.de

V. Isaev et al. (Hrsg.), *Professionsorientierte Fachwissenschaft*, Konzepte und Studien zur Hochschuldidaktik und Lehrerbildung Mathematik, https://doi.org/10.1007/978-3-662-63948-1_11

11.1 Ausganspunkt und Vorüberlegungen einer Studiengangserweiterung

11.1.1 Relevanz der fachspezifischen Lehramtsausbildung

Der Einsatz digitaler Medien im Schulunterricht gewinnt seit Jahren an Bedeutung. Ein Grund hierfür sind die vielfältigen Potentiale und Vorzüge für die Lernenden (Tulodziecki et al., 2010). Gerade im Fach Mathematik ermöglichen digitale Medien neben ihrem Einsatz bei Instruktion und Austausch unmittelbare Erfahrungen durch vielfältiges Experimentieren und Simulieren sowie die Option, Berechnungen durchführen bzw. kontrollieren zu können (Greefrath & Siller, 2018). So ist seit langem bekannt, dass der Einsatz digitaler Medien im Mathematikunterricht das Lernen von Mathematik positiv verändern kann (Barzel & Schreiber, 2017).

Für den nachhaltigen Lernerfolg ist die Art und Weise des Medieneinsatzes von entscheidender Bedeutung, die wiederum wesentlich von der Lehrkraft abhängt (Klinger, Thurm, Barzel, Greefrath & Büchter, 2018). Dementsprechend nimmt die Lehrkraft eine Schlüsselrolle bei der Digitalisierung des Schulunterrichts ein (Eilerts & Rinkens, 2017). Schließlich legt diese fest, mit welcher Aufgabenstellung und in welchem Lernsetting Medien eingesetzt werden, sodass sie einen wesentlichen Einfluss drauf hat, ob der Einsatz in der Schulpraxis zu positiven Lerneffekten führen kann (Barzel, 2019).

Mehrere internationale Studien belegen, dass der schulische Einsatz digitaler Medien in Deutschland vergleichsweise gering ist (Eickelmann et al., 2014). Trotz vieler Bemühungen gelingt die Integration digitaler Werkzeuge in den Schulalltag nur zögerlich (Barzel & Schreiber, 2017). Gleichwohl gibt es Bestrebungen und Ansätze, den Einsatz in der Schule zu verbessern. Die Kultusministerkonferenz zeigt dazu in ihrem Strategiepapier „Bildung in der digitalen Welt" konkrete Handlungsfelder auf (Kultusministerkonferenz, 2016). Mit Blick auf das Handlungsfeld der Aus-, Fort- und Weiterbildung von Lehrenden wird gefordert, „dass Lehrkräfte digitale Medien in ihrem jeweiligen Fachunterricht professionell und didaktisch sinnvoll nutzen sowie […] inhaltlich reflektieren können." (Kultusministerkonferenz, 2016, S. 19). Dabei ist unstrittig, dass eine stärkere Berücksichtigung der Digitalisierung im Schulunterricht auch fachspezifisch und nicht nur allgemeinpädagogisch betrachtet werden muss (Frederking & Romeike, 2018; Medienberatung NRW, 2020; Pinkernell et al., 2017).

Damit eine stärkere und fachspezifische Digitalisierung des Schulunterrichts gewinnbringend erfolgen kann, müssen Lehrkräfte in der Lage sein, die zur Verfügung stehenden fachspezifischen Werkzeuge zielgerichtet einzusetzen. Allerdings scheint aus Sicht aktiver Lehrkräfte nicht nur der zeitliche Aufwand einen Hinderungsgrund für mehr Werkzeugeinsatz im Mathematikunterricht darzustellen, sondern auch die als zu gering eingeschätzten eigenen Werkzeugkompetenzen (Roth, 2015). Diese Selbsteinschätzung wiegt umso schwerer, da sie die Selbstwirksamkeitserwartung der Lehrkräfte negativ beeinflusst, was sich wiederum schwächend auf die tatsächliche Mediennutzung im Unterricht auswirkt (Eilerts & Rinkens, 2017). Wenn die Digitalisierung weitere Fortschritte machen soll, ist eine gezielte Aus- und Weiterbildung von Lehrpersonen in allen Phasen der Lehrerbildung dringend geboten (Barzel & Schreiber, 2017; Eilerts & Rinkens, 2017).

An diesem Punkt setzt das Modul „Zeitgemäße Inhalte und binnendifferenzierende Medien in der Schulmathematik" an, das Bestandteil des Aachener Lehramtsstudiums Mathematik ist und im Folgenden vorgestellt wird. Vor einer konkreten Formulierung fachspezifischer Kompetenzen, die u. a. mit diesem Modul gefördert werden sollen, ist der Blick auf die konkreten Medien sowie den Werkzeug- und Lernpfadbegriff zu richten.

11.1.2 Einsatz digitaler Mathematikwerkzeuge im Unterricht

Im Sinne eines fachspezifischen Unterrichtseinsatzes sind für das Modul zwei Begriffe von zentraler Bedeutung: der des (digitalen) Werkzeugs und der des Lernpfads.

Unter *Werkzeugen* werden themenneutrale Hilfsmittel verstanden, die zur Erarbeitung, Veranschaulichung, Bearbeitung und Gestaltung eingesetzt werden können (Prasse, 2012; Tulodziecki et al., 2010). Mit ihnen können wichtige Lernaktivitäten unterstützt bzw. ermöglicht werden, sodass diese zur Arbeitserleichterung beitragen können (Elschenbroich, 2010). Mathematikspezifisch zählen zu den klassischen Werkzeugen beispielsweise das Geodreieck und der Zirkel. Im Kontext digitaler Werkzeuge sind dies vorwiegend dynamische Geometrie-Programme (DGS), Tabellenkalkulation, Funktionsplotter und Computeralgebra-systeme (CAS). Ein besonderes Potential liegt in Multirepräsentationswerkzeugen, die mehrere Werkzeuge ineinander vereinen bzw. vernetzen und so die methodischen und didaktischen Möglichkeiten deutlich erweitern (Heintz et al., 2014).

Derartige Werkzeuge entfalten ihr Potential besonders dann, wenn sie in schülerorientierte Unterrichtsprozesse integriert werden (Prasse, 2012). Dies steht im Einklang damit, dass sich die Integration der Werkzeuge in Lernumgebungen und –pfade, als lernförderlich herausgestellt hat (Prasse, 2012). Auf diese Weise können die Lernenden mit themenbezogenen Fragestellungen konfrontiert werden, um durch eine aktive Auseinandersetzung mit dem Gegenstand zu lernen (Tulodziecki et al., 2010). *Lernpfade* bestehen aus einer Sequenz aufeinander abgestimmter Arbeitsaufträge, in die digitale Werkzeuge in Form interaktiver Bestandteile integriert sind und so dem Lernenden ein handlungsorientiertes und eigenverantwortliches Arbeiten ermöglichen (Roth, 2015). Richtig eingesetzt können Lernpfade dazu beitragen, digitale Mathematikwerkzeuge so in den Lernprozess zu integrieren, dass die Kompetenzbereiche Modellieren und Operieren gefördert werden und die Lernenden neue Zugänge zu mathematischen Inhalten finden (Wiesner & Wiesner-Steiner, 2015). Eine weitere Chance besteht bei einem modularen Aufbau in der möglichen Individualisierung der Lernwege sowie der Differenzierung und Berücksichtigung unterschiedlicher Lerntypen (ebd.).

11.1.3 Hilfreiche Kompetenzen (angehender) Lehrkräfte

Damit Lehrkräfte digitale Mathematikwerkzeuge mit entsprechenden Lernpfaden in ihrem Unterricht verstärkt einsetzen, müssen sie über eine Reihe verschiedener Kompetenzen verfügen. Mit Blick auf die zu entwickelnde Lehrveranstaltung soll hier ein Fokus auf die folgenden Kompetenzen gelegt werden, die jeweils fachspezifisch zu betrachten sind:

Von zentraler Bedeutung sind die von Heintz, Elschenbroich, Laakmann, Langlotz, Rüsing, Schacht und Schmidt und Tietz (2017) vorgestellten *Werkzeugkompetenzen,* die einen mathematischen Schwerpunkt haben. Diese sind zwar primär für Schülerinnen und Schüler formuliert, jedoch sollten erst recht Lehrkräfte hier über ein hohes Kompetenzniveau verfügen. Werkzeugkompetent bedeutet in diesem Zusammenhang „mit Werkzeugen kompetent Mathematik zu treiben" (Heintz et al., 2016, S. 17). Diese Kompetenzen umfassen vier Teilkompetenzen, von denen hier insbesondere die ersten drei relevant sind: 1) Das passende Werkzeuge kann situationsgerecht und in zielgerichteter Weise ausgewählt werden. 2) Das genutzte Werkzeug kann bedient werden. 3) Für jedes Werkzeug werden die Potentiale, die Grenzen und der jeweilige Nutzen kritisch reflektiert. 4) Bearbeitungsprozesse und Ergebnisse werden in angemessener Weise dokumentiert.

Zudem sind *Beurteilungskompetenzen* für Materialien und Lernumgebungen elementar. Diese umfassen in Anlehnung an die Standards für die Lehrerbildung im Fach Mathematik die Fähigkeit, existierende Materialien anhand von fachspezifischen Kriterien analysieren und beurteilen zu können, um zu entscheiden, ob diese für ein gedachtes Einsatzszenario und die Lernziele des konkreten Unterrichts gewinnbringend einsetzbar sind (Ziegler et al., 2008). Die Bedeutung dieser Kompetenzen wächst vor dem Hintergrund der steigenden Anzahl online verfügbarer Materialien. Gerade auf offenen Plattformen findet vor Veröffentlichung meist keine inhaltliche oder didaktische Überprüfung statt. Für Lehrkräfte liegt deshalb eine Herausforderung in der Beurteilung dieser Materialien, um Geeignetes von Ungeeignetem unterscheiden und dieses bei Bedarf überarbeiten zu können (Arnold et al., 2018).

Zwangsläufig entstehen bei der Nutzung, Anpassung und Verbreitung von digitalen Materialien und Lernpfaden rechtliche Unsicherheiten, sodass *OER-Kompetenzen* (Open Educational Resources) transdisziplinär hilfreich sind. Durch die Verwendung offener Lizenzformate wie den Creative Commons Lizenzen können Lehrkräfte lizenzrechtlich sichere Lösungen finden, um Material anderer Personen zu verwenden und für ihren Lehrkontext anzupassen (Arnold et al., 2018). Um perspektivisch die Digitalisierung des Schulunterrichts weiter zu fördern, ist es zielführend, Lehrkräfte zur Weitergabe ihrer Materialien zu motivieren und die Verbreitung von offenen Bildungsressourcen zu forcieren. Eine gezielte Sensibilisierung und Qualifizierung ermöglicht es den Lehrenden, Materialien zu erstellen, zu nutzen, zu bearbeiten und zu verbreiten, ohne sich in rechtlich unsichere Bereiche zu begeben (Ali, Röpke & Bergne 2018). Politisch wird diese Förderung ebenfalls seit einigen Jahren eingefordert (Arbeitsgruppe des Bundesforschungsministeriums (BMBF) und Kultusministerkonferenz (KMK), 2015).

Unabhängig von diesen herausgestellten Kompetenzen ist vielschichtiges fach-didaktisches Wissen zur Entwicklung von Lernumgebungen und –pfaden hilfreich, das Krauss et al., (2008, S. 227 und 235) beispielsweise mit den Kategorien „Erklären und repräsentieren", „Schülerkognitionen" und „Aufgaben" zu fassen versuchen. Diese Kompetenzen sind ebenfalls von hoher Bedeutung, stehen aber nicht im Zentrum dieses Beitrags, weil sie innerhalb des Aachener Lehramtsstudiengangs in anderen Lehrver-anstaltungen verortet sind.

11.2   Konzeption eines Studienmoduls für den Aachener Lehramtsmaster

11.2.1 Herausforderungen in der ersten Phase der Lehramtsausbildung

Eine Herausforderung ist die Integration der genannten Aspekte in den Gesamtkontext der Lehramtsausbildung, da die Veranstaltung am Ende der ersten und kurz vor Beginn der zweiten Phase verortet ist (Übergang Studium, Referendariat). Um das Modul sinn-voll einzubetten, geben die Standards für die Lehrerbildung nach Terhard (2002) eine hilfreiche Orientierung. Aus diesen ist ableitbar, auf welchen Kompetenzniveaus die Lernziele zu verfolgen sind. So soll im Studium (1) eine Wissensbasis gelegt, (2) die Reflexionsfähigkeit über Sachthemen weiterentwickelt, (3) die Kommunikationsfähig-keit über Inhalte, Strukturen und Probleme gefördert und (4) die Urteilsfähigkeit gestärkt werden (Terhard, 2002). Zu beachten ist allerdings, dass wesentliche Teile der Urteils-fähigkeit sowie die noch folgende Stufe des Könnens erst in der zweiten Phase (Referen-dariat) verortet werden. Somit sind die in Abschn. 11.1.3 genannten Kompetenzen in der ersten Phase auf mindestens den ersten drei Niveaus und in Ansätzen auf dem Niveau der Urteilsfähigkeit zu realisieren.

Eine weitere Herausforderung ist die zunehmende *Heterogenität der Studierenden-schaft,* auf die in der Lehre zu reagieren ist (Arnold et al., 2018). Für dieses Modul verstärkt sich diese durch individualisierte Studienverläufe und unterschiedliche Erfahrungen im Praxissemester. Darüber hinaus ist die methodische Berücksichtigung individueller Entwicklungsstände in der Lehramtsausbildung auch mit Blick auf die Berufsvorbereitung geboten. Schließlich sollen zukünftige Lehrkräfte differenzierende Maßnahmen in ihrem späteren Beruf in der Rolle des Lehrenden einsetzen. Dazu ist es hilfreich, wenn nicht sogar notwendig, zuvor Erfahrungen in der Rolle des Lernenden mit diesen Maßnahmen zu machen (Andresen & Lischke, 2014).

11.2.2 Rahmenbedingungen des Moduls im Aachener Lehramtsstudium

Das Pflichtmodul „Zeitgemäße Inhalte und binnendifferenzierende Medien in der Schulmathematik" ist ein neues Modul im Masterstudiengang für das Lehramt Mathematik und konnte zur Stärkung der Fachdidaktik neu eingeführt werden. Aus diesem Grund bestand die seltene Möglichkeit, neue Inhalte in den Studiengang zu integrieren, ohne existierende Bestandteile im eigenen Fachbereich reduzieren zu müssen. Bei der Überarbeitung der Prüfungsordnung konnte das Modul mit vier Creditpoints in den Studiengang integriert werden, sodass der Workload ca. 100–120 Arbeitsstunden umfasst.

Das Modul liegt bewusst im letzten Studienjahr mit dem Ziel, vorhandenes Wissen einordnen, anwenden und vertiefen zu können. Inhaltlich kann nicht nur auf die Veranstaltungen des Bachelorstudiengangs Bezug genommen werden, sondern die Studierenden können ebenso ihre Erkenntnisse aus dem in NRW obligatorischen Praxissemester mit einbringen.

Aus fachdidaktischer Sicht sind Kenntnisse über die Lernzielformulierung, differenzierende Methoden und die Gestaltung von Aufgaben(-sets) notwendige Voraussetzungen.

Mit Blick auf die Beurteilungskompetenzen bringen die Studierenden zwar das nötige Wissen über Qualitätskriterien für Lernmaterialien aus früheren Veranstaltungen mit, aber es fehlt ihnen noch weitgehend die Übung in der Anwendung der Kriterien und der Austausch über diese. Vor dem Hintergrund der im Praxissemester gemachten Erfahrungen sollen deshalb in diesem Modul die Beurteilungskompetenzen einerseits auf Materialien zum Einsatz digitaler Werkzeuge übertragen und andererseits auf ein höheres Niveau gehoben werden, auf dem die Studierenden nach den Stufen Terhards (2002) vermehrt kommunizieren und urteilen können.

Auch im Bereich der Werkzeugkompetenzen bringen die Studierenden gewisse Vorkenntnisse mit, da digitale Werkzeuge integrativer Bestandteil der Studienmodule im fachdidaktischen Bereich sind. Ebenso wurden durch die verpflichtende Bachelor-Veranstaltung „Maple-Praktikum für Lehramt" vertiefte Kenntnisse eines ausgewählten Werkzeugs erworben (RWTH Aachen University). Dennoch fehlt eine systematische und kategorisierende Betrachtung unterschiedlicher Werkzeuge, mit der eine begründete Auswahl und kritische Reflexion verlässlich möglich wäre.

11.2.3 Entwicklung des Moduls und erste Erkenntnisse aus der Pilotierung

Neben der Förderung der in Abschn. 11.1.3 genannten Kompetenzen und unter Berücksichtigung der genannten Rahmenbedingungen soll die Veranstaltung an den studentischen Interessen und Bedürfnissen sowie der späteren Berufspraxis ausgerichtet werden. Aus diesem Grund wurde die Einführung des Moduls als Pflichtelement über einen längeren Zeitraum vorbereitet. Einerseits konnten verschiedene Formate sowohl mit Studierenden als auch in Teilen mit aktiven Lehrkräften vorab getestet werden, um frühzeitig Rückmeldungen einzuholen. Andererseits gab es vielfältige Vorerfahrungen, die in die Entwicklung einflossen.

Erste Erprobungen mit Studierenden gehen auf ein freiwilliges Zusatzseminar „Medieneinsatz im Mathematikunterricht" zurück, das im Wintersemester 2016/17 und im Sommersemester 2017 angeboten wurde. Mit kleinen Gruppen wurde getestet, welche Arbeitsformate praktikabel sind, und sondiert, welche Themen und Arbeitsformen auf besonderes Interesse stoßen. Durch persönliche Gespräche mit den Studierenden, die ausführliches Feedback gaben, konnten wichtige Erkenntnisse gewonnen werden. Um im Bereich der Computeralgebrasysteme ein klareres Bild der Bedürfnisse zeichnen zu können, wurde im Sommersemester 2018 ein weiteres Zusatzseminar unter dem Titel „GTR und CAS im Mathematikunterricht" angeboten, mit dem ergänzende Erfahrungen gesammelt wurden.

Zur Perspektive aktiver Lehrkräfte lagen Rückmeldungen aus entsprechenden Arbeitsphasen verschiedener Lehrerfortbildungen vor, wie dem Aachener Didaktiktag 2017 und einer Fachteamleiter-Schulung des Ministeriums der Deutschsprachigen Gemeinschaft im November 2018. Diese tragen dazu bei, die Relevanz der Modulinhalte für den späteren Berufsalltag fundierter bewerten zu können.

Im Wintersemester 2017/2018 wurde das Modul durch zwei Blocktermine erstmals pilotiert, bevor es im Wintersemester 2018/2019 in das reguläre Lehrangebot übernommen wurde.

Neben vielen kleinen Verbesserungen gab es im Wesentlichen folgende Erfahrungen, die sich größtenteils in der Literatur wiederfinden lassen und die in die Konzeption eingeflossen sind:

- Im Kontext der technischen Werkzeugkompetenzen sind große Unterschiede zwischen den Studierenden erkennbar. Ähnliche Erfahrungen hat Schiefeneder (2019) in vergleichbaren Lehrveranstaltungen gemacht, in denen merkliche Unterschiede gerade in den Bereichen des Vorwissens und der Bereitschaft, sich mit digitalen Werkzeugen auseinanderzusetzen, festgestellt wurden.
- Für den Kompetenzaufbau ist es zielführend, die Studierenden mit unterschiedlichen Werkzeugen und Programmen unmittelbar arbeiten zu lassen und ihnen einen Erstkontakt zu ermöglichen. Diese Erfahrung deckt sich mit den im Kontext der Medienkompetenz gewonnenen Ergebnissen von Blömeke (2003): Studierende erwarten von der Lehramtsausbildung auch, spezifische Medien und Werkzeuge besser bedienen zu können.
- Die Studierenden zeigen ein hohes Interesse an einer Betrachtung der digitalen Werkzeuge auf einer Metaebene, an einem Vergleich verschiedener Werkzeuge der gleichen Kategorie sowie an fachdidaktischen Forschungsergebnissen aus dem Bereich der Werkzeuge.

- Seitens der Studierenden scheint ein hoher Gesprächs- und Austauschbedarf zu bestehen, der anhand lebhafter Diskussionen greifbar wird. Für einen derartigen Austausch muss der zeitliche und organisatorische Raum geschaffen werden, auch um im Sinne Terhards (2002) ein hohes Kompetenzniveau zu erreichen.
- Die Studierenden schätzen in den Zusatzseminaren die Inhalte als sehr praxisrelevant ein und befürworten in diesem Zusammenhang die Thematisierung weiterer Best-Practice-Beispiele. Dies deckt sich mit den Erfolgsmerkmalen für Aus- und Weiterbildungssituationen des Deutschen Zentrum für Lehrerbildung Mathematik (Barzel, Biehler, Blömeke, Brandtner, Bruns, Dohrmann, Kortenkamp, Lange, Leuders, Rösken-Winter, Scherer, Selter, 2018). Neben der Bedienung und dem didaktischen Wissen ist für den späteren Einsatz der Werkzeuge im Unterricht die Vermittlung von konkreten Beispielen wichtig (Klinger et al., 2018).

Nicht nur an der konstanten Teilnahme der Studierenden an den freiwilligen Zusatzseminaren und den Rückmeldungen der Lehrkräfte werden die Bedarfe deutlich, die mit einer derartigen Lehrveranstaltung zu bedienen sind. Allerdings sind die eingeholten Rückmeldungen vor dem Hintergrund zu betrachten, dass an Zusatzseminaren ohnehin nur Personen teilnehmen, die motiviert sind, sich in diesem Bereich weiterzubilden, und dass diese mutmaßlich die Bedeutung digitaler Werkzeuge höher einschätzen, als dies für die gesamte Studierendenschaft angenommen werden kann.

11.2.4 Konzept des neu eingeführten Moduls

Das Modul besteht aus einer Übungsveranstaltung (1 SWS), einer Vorlesung (1 SWS) und einer Modulabschlussprüfung. Da der inhaltliche Schwerpunkt der Vorlesung mehr auf den Verknüpfungen zwischen Schul- und Hochschulmathematik als auf einer Arbeit mit Mathematik-Werkzeugen liegt, wird im Folgenden nur die Übungsveranstaltung und Prüfungsleistung detaillierter thematisiert.

Die Prüfungsleistung basiert auf den Kenntnissen, die die Studierenden im Rahmen der Übung erworben haben, sodass diese zeitlich nacheinander anzuordnen sind. Aus diesem Grund wird in der ersten Semesterhälfte die Übung (1 SWS) als neunzigminütige Veranstaltung angeboten und in der zweiten Hälfte die Vorlesung. Der Prozess der Prüfung schließt an die Übungstermine an, verläuft also parallel zu den Wochen mit Vorlesungsterminen (vgl. Tab. 11.1). Im Sinne einer kompetenzorientierten Prüfungsgestaltung wird diese in einem situativen Format durchgeführt, das die Anwendung von Wissen sowie die Bearbeitung von realitätsnahen Problemstellungen fordert (Schaperunter, 2012).

Tab. 11.1 Zeitlicher Ablauf des Moduls in Semesterwochen

Semesterwoche	Präsenztermine à 90 min	Meilenstein Prüfungsleistung
1	7 × Übungstermine (Anwesenheitspflicht)	
…		
3		Verbindliche Anmeldung
…		
7		Festlegung des individuellen Themas
8	7 × Vorlesungstermine	Start Einreichungsphase (Lernpfad & Begleitmaterial)
…		
14		Übergang Einreichungs- zu Beurteilungsphase
17		Übergang Beurteilungs- zu Überarbeitungsphase
21		Endabgabe Lernpfad und Begleitmaterial

11.2.5 Gestaltung der Präsenzveranstaltung

Gegenstand der Präsenztermine ist neben einer Förderung der technischen Werkzeug-kompetenzen die Vermittlung von fachdidaktischem Hintergrundwissen zum Einsatz digitaler Mathematikwerkzeuge. Die Studierenden sollen nach dem Besuch der Veranstaltung einen guten Überblick über verschiedene Werkzeuge haben und diese begründet für ihren Unterricht auswählen können. Die Hauptlernziele decken sich folglich mit den beschriebenen Werkzeugkompetenzen. Darüber hinaus werden in einer Sitzung die Grundlagen der Creative Commons Lizenzen vorgestellt, sodass die inhaltliche Basis für den Erwerb der genannten OER-Kompetenzen gelegt wird.

Die Übung enthält frontale Inputs, Selbsterarbeitungsphasen und Raum für Diskussionen. Die frontalen Anteile umfassen u. a. Best-Practice-Beispiele und die Vorstellung fachdidaktischer Forschungsergebnisse, um die Relevanz der Werkzeuge und der Mathematikdidaktik für den späteren Lehrerberuf konkret aufzuzeigen.

Trotz der zu erwartenden Heterogenität innerhalb der Lerngruppe sollen alle Studierenden beim Umgang mit digitalen Werkzeugen Erfolgserlebnisse haben. Diese sind ein wichtiger Faktor für die Selbstwirksamkeitserfahrung der Studierenden (Schwarzer & Jerusalem, 2002) und sollten folglich auf unterschiedlichen Niveaus ermöglicht werden. Aus diesem Grund gibt es in der Übung keine bewerteten und defizitorientierten Abgaben oder eine leistungsabhängige Prüfungszulassung, sondern Übungsaufgaben, die innerhalb der Präsenzzeit (mit Anwesenheitspflicht) zu bearbeiten sind und nicht bewertet werden. Bei Schwierigkeiten können neben Nachfragen bei Kommilitonen und Dozierenden auch kurze Recherchen im Internet und Hilfematerialien genutzt werden. Ebenso stehen in den Arbeitsphasen oft unterschiedliche Aufgaben zur Wahl, um im Sinne einer offenen Differenzierung den Studierenden das Setzen realistischer Lernziele bzw. die Wahl eigener Lernwege zu ermöglichen. Je nach Thema kann dabei nicht nur das Anspruchsniveau, sondern auch das Werkzeug gewählt werden. Haben die Studierenden in ihrer eigenen Schulzeit beispielsweise vorwiegend mit dem Taschenrechnersystem eines Herstellers A gearbeitet, können in der Veranstaltung technisch einfache Aufgaben mit dem System B bearbeitet werden.

Damit den Studierenden die gewünschte Kategorisierung und Systematisierung digitaler Werkzeuge besser gelingt, gibt es in jeder Sitzung eine Werkzeugkategorie, auf die ein besonderer Schwerpunkt gelegt wird. Beispielsweise sind Gegenstand der zweiten Sitzung dynamische Geometriesoftwareprogramme, sodass es praktische Übungen zu Sketchometry und dem DGS-System innerhalb des Multifunktionstools GeoGebra gibt (vgl. Tab. 11.2).

11.2.6 Gestaltung der Prüfungsleistung

Die Prüfungsleistung des Moduls besteht im Kern aus der Produktion eines digitalen Lernpfads und eines schriftlichen Begleitmaterials. Die Aufgabenstellung ist so angelegt, dass sowohl neues Wissen über digitale Medien aus der Übung angewendet werden kann als auch vorhandene Vorkenntnisse einzubringen sind. Für das Begleitmaterial ist eine fachdidaktische Reflexion des Themengebiets und des Werkzeugeinsatzes durchzuführen. Zusätzlich soll das Begleitmaterial den Einsatz des erstellten Lernpfads in einem möglichen Unterrichtskontext für Dritte vereinfachen und die Praxisnähe unterstreichen. Zur Förderung der Beurteilungskompetenzen durchlaufen die Studierenden ein Peer-Review-Verfahren, dessen Grundlage ein Kriterienkatalog bildet. So wird jeder Lernpfad vor der Bewertung durch die Lehrenden jeweils von zwei Kommilitonen begutachtet und anschließend vom Urheber überarbeitet.

Die Modulabschlussnote setzt sich aus einer Note für die Abgabeversion des Lernpfads (50 %) inkl. Begleitmaterial (30 %) sowie für die Qualität der verfassten Reviews (20 %) zusammen. Als Reviewqualitätsmerkmale werden dabei u. a. die Konstruktivität der Rückmeldungen, die Tiefe der inhaltlichen Überlegungen und die Einhaltung von Reviewregeln gesehen.

Tab. 11.2 Zeitlicher Ablauf einer Präsenzveranstaltung zum Thema Dynamische Geometriesoftware

Inhalt	Dauer
Einführung Dynamische Geometriesoftware (Frontaler Input)	20 Min
Sketchometry – Eine erste Übung (Arbeitsphase)	15 Min
Austausch Sketchometry & Kurz-Vorstellung GeoGebra	10 Min
GeoGebra – Einführung und Vertiefung (Arbeitsphase mit Auswahl zwischen 3 Aufgaben, je nach Vorkenntnissen)	25 Min
Fachdidaktisches Hintergrundwissen, Sicherung (Frontaler Input)	20 Min

Lernpfad inkl. Begleitmaterial

Für die Prüfungsleistung müssen die Studierenden einen Lernpfad zu einem Thema aus dem Schul-Hochschul-Bereich erstellen, bei dessen Entwicklung die Werkzeug- und OER-Kompetenzen praktisch angewandt und vertieft werden.

Die Leistungsanforderung ist somit der aufgabenorientierten Didaktik zuzuordnen, da die Studierenden eine Aufgabe aus dem Kontext einer beruflichen Situation gestellt bekommen und bei der Bearbeitung die intendierten Fähigkeiten und Fertigkeiten erwerben sollen (Arnold et al., 2018). Ein Vorteil dieses Ansatzes ist die Ausrichtung des Moduls auf die Bewältigung der späteren beruflichen Anforderungen (Felbrich, Müller & Blömeke, 2008), was den Studierenden gegen Ende des Studiums ermöglicht, die zuvor meist disziplinorientiert vermittelten Erkenntnisse im Zweckzusammenhang anzuwenden. Diese Aufgabenart ermöglicht Rückschlüsse auf die berufliche Handlungskompetenz (Arnold et al., 2018).

Die Studierenden haben in ihrem bisherigen Studienverlauf einerseits Seminare zur didaktischen Umsetzung mathematischer Themen aus den Lehrplänen beider Sekundarstufen belegt und verfügen andererseits über ein hohes fachlich-wissenschaftliches Niveau. Da für die Prüfungsaufgabe inhaltlich ein Thema aus dem Schul-Hochschul-Bereich gewählt werden muss, kann dieses Potential in das Modul mit eingebracht werden. In der schülergerechten Aufbereitung eines mathematischen Themengebiets, zu dem in der Regel keine eigene Schulerfahrung vorhanden ist und es auch kaum Schulbuchvorlagen gibt, liegt eine neue Herausforderung, die den Fähigkeiten der Zielgruppe gerecht wird. Die Themen werden aus den Skripten des Aachener Schul-Hochschul-Projekts iMPACt gewählt, mit dem wöchentlich mehrere hundert Lernende der Sekundarstufe II erreicht werden (Heitzer, 2015). Durch die Integration der erstellten Lernpfade in das Projekt haben die Studierenden nicht nur eine konkrete Zielgruppe für ihre Entwicklung vor Augen, sondern auch die Perspektive eines praktischen Einsatzes ihrer Materialien. Schließlich können die Materialien nach Abschluss des Moduls den Lehrkräften des Projekts zu Verfügung gestellt werden. Durch einen derartigen Praxisbezug soll die Motivation der Studierenden erhöht und das Empfinden für die Sinnhaftigkeit der Lehrveranstaltung gesteigert werden (Andresen & Lischke, 2014; Barzel & Schreiber, 2017).

Der zu entwickelnde Lernpfad muss durch ein ca. 10–15-seitiges Begleitmaterial ergänzt werden, in dem ausgewählte didaktische Entscheidungen zu begründen sowie Hinweise zum Einsatz des Lernpfads wie inhaltliche Voraussetzungen und differenzierte Lernziele zu benennen sind. Im Sinne der in Abschn. 11.1.3 aufgeführten Kompetenzen sind die Reflexion des Materials und der konkrete Nutzen des gewählten Werkzeugs für die Lernzielerreichung im Unterricht von hoher Relevanz. Die Studierenden werden in diesem Zusammenhang explizit aufgefordert, selbstkritische Verbesserungsvorschläge zu benennen und den Entwicklungsprozess zu reflektieren, um daraus Erkenntnisse für ihr zukünftiges Handeln zu gewinnen.

Review-Verfahren

Ebenfalls Teil der Prüfungsleistung ist die erwähnte Teilnahme an einem Peer-Review-Verfahren. Abgesehen von allgemeinen Vorteilen eines Peer-Review-Verfahrens (Lehmann et al., 2015; Bauer et al., 2009) liegt die Hauptmotivation in der Entwicklung und Förderung der Beurteilungskompetenzen durch eine intensive Auseinandersetzung mit existierenden Lernpfaden sowie deren Beurteilung.

Alle Lernenden stellen ihren jeweiligen Lernpfad sowie das Begleitmaterial zwei Kommiliton:innen für eine Beurteilung zur Verfügung und erhalten umgekehrt selbst zwei studentische Produkte zur Begutachtung (siehe Abb. 11.1). Die Basis der zu verfassenden Reviews bildet ein Kriterienkatalog aus 18 Punkten, sodass für jeden Aspekt eine Punktzahl sowie ein Erklärtext mit konstruktiven Verbesserungsvorschlägen abgegeben wird. Optional besteht die Möglichkeit, direkt im Material PDF-Kommentare zu platzieren und diese zusätzlich bereitzustellen.

Damit das durch die Reviews gegebene Feedback hilfreich ist, muss es klar, zielgerichtet und aussagekräftig sein (Hattie & Timperley, 2007). Deshalb liegen dem Prozess eindeutige und klare Bewertungskriterien zugrunde, die für den spezifischen Anwendungsfall angepasst sind und fachspezifische Aspekte umfassen. Diese werden zu Semesteranfang veröffentlicht, um für eine größtmögliche Transparenz zu sorgen. Es wird explizit darauf hingewiesen, dass die von den Studierenden vergebenen Punkte keinen Einfluss auf die Note der Beurteilten haben und dass die Feedback-Informationen aus den verfassten Texten das entscheidende Element sind, da die Feedbackempfänger damit ihre Lernpfade verbessern sollen (Hattie & Timperley, 2007). Beispiele für die verwendeten Kriterien sind grundsätzliche Anforderungen wie die fachliche Korrektheit oder die Verwendung von differenzierenden Elementen in der Aufgabenstellung, aber auch Kriterien, die sich aus der Lehrveranstaltung unmittelbar ergeben. So soll im Sinne

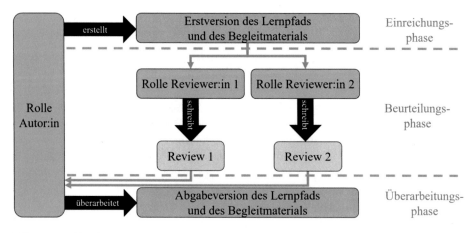

Abb. 11.1   Ablauf des Peer-Assessments zur Prüfungsleistung

von Heintz et al. (2014) geprüft werden, ob das verwendete Werkzeug und die gestellten Aufgaben zueinander passen.

Weitere Vorteile des Review-Verfahrens sind die Entwicklung einer erhöhten Reflexionsfähigkeit und eines gesteigerten Bewusstseins für die eigene Leistung (Bauer et al., 2009). Es hilft nicht nur die eigene Arbeit zu verbessern, sondern auch die eigenen Stärken und Schwächen zu erkennen, wobei sowohl das Geben von Feedback als auch das Annehmen relevant ist (Lehmann et al., 2015).

11.3 Erfahrungen aus den bisherigen Moduldurchläufen

Abschließend soll eine Analyse der Evaluationsergebnisse und der studentischen Produkte einen Rückschluss auf die Wirksamkeit der Lehrveranstaltung geben. Dazu sind sowohl die verfassten Reviews wie die eingereichten Lernpfade mit ihrem Begleitmaterial von Interesse. Die Basis bilden die beiden regulären Durchführungen des Moduls in den Wintersemestern 2018/2019 und 2019/2020 mit 14 bzw. 32 Teilnehmenden.

11.3.1 Rückmeldungen der Studierenden zu den Übungsterminen

Jeweils nach 2/3 der Übungstermine wurde bei den regulären Durchführungen des Moduls eine anonyme, schriftliche Zwischenevaluation durchgeführt. Die Studierenden bewerteten das Modulkonzept verglichen mit anderen Lehrveranstaltungen überdurchschnittlich gut. In den Freitextfeldern zur Frage „Was hat ihnen an der Übung besonders gut gefallen?" wurden die aktiven Arbeitsphasen, in denen mit den unterschiedlichen Werkzeugen gearbeitet werden kann, besonders häufig als positiv genannt (72.2 % der abgegebenen Freitexte). Mehrfach erwähnt wurden ebenso die Struktur der Veranstaltungen (27.7 %) und der Praxisbezug (22 %). Zu den Differenzierungsmöglichkeiten während der Arbeitsphasen gibt es positive, vereinzelt aber auch negative Rückmeldungen. Während mehrere Studierende die Wahlmöglichkeiten begrüßten und positiv hervorhoben, dass es Aufgaben auf ihrem Niveau gab, wünschten sich zwei Studierende noch tiefergehende bzw. anspruchsvollere Aufgaben.

11.3.2 Analyse der verfassten Reviews

Bei einer qualitativen Analyse der eingereichten Reviews ergibt sich folgendes Bild: Mehr als 80 % der Reviews enthalten konkrete Verbesserungsvorschläge bzw. greifbare Anregungen für eine Weiterentwicklung des Lernpfads. In über 70 % werden technische Hilfestellungen und Ratschläge gegeben, sodass die Review-Empfänger:innen unmittelbar von den technischen Werkzeugkompetenzen ihrer Reviewer:innen profitieren können. In einigen Fällen werden sogar direkte Links zu anderen GeoGebra-Materialien oder Anleitungen bereitgestellt. Verbesserungsvorschläge, die sich aus fachdidaktischen Konzepten bzw. Erkenntnissen ableiten lassen, werden in ca. 65 % der Fälle formuliert. Teilweise wird dabei direkt auf einzelne Vorlesungsinhalte aus vorherigen Veranstaltungen oder auf fachdidaktische Quellen verwiesen, um die Änderungsvorschläge zu begründen. Eher zurückhaltend werden eigene Praxiserfahrungen eingebracht (8.3 %).

Zwar sind die in Reviews vergebenen Punktzahlen von geringerer Bedeutung und Aussagekraft als die formulierten textuellen Erläuterungen und Hinweise, dennoch gibt eine Analyse dieser Daten – vorsichtig interpretiert – einen Einblick in die Qualität der Reviews. In den Reviews werden durch die Studierenden zwischen 42.7 % und 100 % der erreichbaren Punkte vergeben ($X_{max} = 90$, $\underline{X} = 67.7\%$, $s = 9.2$), sodass das Spektrum zu einem beachtlichen Teil ausgenutzt wird. Aufmerksamkeit verdienen die teils nennenswerten Abweichungen zwischen den beiden Reviews zu jeweils einer Abgabe. In über 67 % aller Fälle weichen die in den Reviews vergebenen Punkte um weniger als 10 % voneinander ab (vgl. Abb. 11.2).

Bei einer gezielten Betrachtung dieser Ausreißer fällt auf, dass sich die Reviews in den verfassten Erklärungen und Anmerkungen weniger unterscheiden, als dies die Punktzahl vermuten lässt. So wird die Abgabe oftmals in einem ähnlichen Umfang kritisiert bzw. es werden ähnliche Verbesserungsvorschläge unterbreitet. Die Reviewer:innen widersprechen sich inhaltlich nur selten, wobei für ähnliche Schwächen teils in unterschiedlichem Umfang Punkte abgezogen wurden. Echte inhaltliche Unterschiede zwischen zwei Reviews scheinen vermehrt aufzutreten, wenn bei der Reviewerin bzw. dem Reviewer vorausgesetztes Vorwissen nicht im erwarteten Maße vorhanden ist, sodass beispielsweise fachliche Fehler oder Defizite bei der Lernzielformulierung übersehen werden.

Zur Bewertung wurde die Qualität der Reviews durch unabhängige Mitarbeiter:innen in den üblichen Notenstufen eingeschätzt. Beim Vergleich dieser Noten mit den Noten der selbst-eingereichten Prüfungsleistungen ist ein signifikanter Zusammenhang messbar ($r = .538$, $p = .0015$). Studierende, die einen qualitativ guten Lernpfad entwickeln, verfassen besonders konstruktive und hilfreiche Reviews. Interessant ist allerdings, dass es mehreren Studierenden nicht gelingt, aus der Begutachtung fremder Leistungen

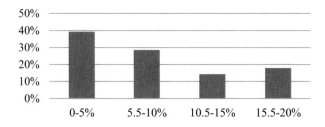

Abb. 11.2 Abweichung der vergebenen Punkte der Reviews für die gleiche Abgabe

Erkenntnisse für sich selbst abzuleiten. So werden bei Kommiliton:innen Aspekte kritisiert und teils Verbesserungen eingefordert, ohne dass der eigene Lernpfad auf diese hin überprüft wird.

Die Ergebnisse der Reviewanalyse lassen folgenden Schluss zu: Studierende profitierten gegenseitig von den Kompetenzen ihrer Kommiliton:innen, gerade bei technischen Werkzeugkompetenzen, aber auch der Anwendung des fachdidaktischen Wissens bei der Materialentwicklung. Mit Blick auf die Förderung der Beurteilungskompetenzen scheint die Analyse und Beurteilung fremder Lernpfade die intendierten Lernprozesse zu unterstützen. Besonderes Augenmerk ist auf die Freitexte im Reviewprozess zu legen, da die absoluten Punktzahlen wenig aussagekräftig scheinen.

11.3.3 Produktanalyse der eingereichten Lernpfade und Begleitmaterialien

Eine umfangreiche Wirksamkeitsanalyse sowie eine exakte Messung der Kompetenzzuwächse erfolgten bei den bisherigen Durchführungen nicht. Dennoch können aus den eingereichten Produkten Rückschlüsse auf die Kompetenzen der Studierenden gezogen werden.

An den didaktischen Begründungen im Begleitmaterial wird deutlich, dass die Studierenden ihre vielfältigen Vorkenntnisse aus dem bisherigen Studium mehrheitlich anwenden können. Ein Großteil nutzt didaktische Konzepte, die aus vorhergehenden Lehrveranstaltungen bekannt sind, und leitet daraus Empfehlungen für das eigene didaktische Handeln ab. Einerseits wird allgemein-didaktisches Wissen genutzt, um unterschiedlichen Lerntypen gerecht zu werden oder den Aufbau und die Konzeption der Aufgaben sinnvoll zu begründen: So finden sich in den eigenen Begründungen Verweise auf Prinzipien, wie das Prinzip der Anschauung, der selbstständigen Arbeit oder der Praxisnähe. Andererseits nutzen einige Studierende zusätzlich mathematikdidaktisches Wissen, indem sie beispielsweise Darstellungswechsel bewusst berücksichtigen, die Begriffsbildung im Schulunterricht beachten, inhaltliche Vernetzungen zu anderen Themen fördern oder das vermittelte Mathematikbild in Schule und Hochschule kritisch betrachten und Schlüsse für das eigene Handeln daraus ableiten.

Bei einer systematischen Betrachtung der Lernpfade werden insbesondere große Unterschiede im Bereich der technischen Fähigkeiten deutlich. Vor dem Hintergrund der in der Übung angebotenen Arbeitsphasen wird erkennbar, dass nicht nur die Studierenden mit wenig Vorkenntnissen neue Kompetenzen erwerben, sondern auch die Studierenden mit vielen Vorkenntnissen Fähigkeiten erlernt und für ihre Materialien genutzt haben. Ebenfalls auf die unterschiedlichen Vorkenntnisse zurückzuführen sind die qualitativen Unterschiede in der Einschätzung der für Schüler:innen vorgesehenen Bearbeitungszeit sowie der Qualität der gestellten Aufgaben. Für die Einschätzung der im Modul erworbenen Kompetenzen ist besonders der Einsatz der digitalen Mathematikwerkzeuge von Bedeutung. In der Mehrheit gelingt es den Studierenden die für ihre

Lernziele passenden Werkzeuge auszuwählen. Allerdings gibt es einige, die das Potential nicht ausnutzen oder Risiken und Nachteile übersehen, wobei dies in der schriftlichen Reflexion meist selbstkritisch angemerkt wird. In mehreren Fällen werden auch direkte Lehren gezogen, in der Form: „Beim nächsten Mal würde ich schon zu Beginn der Entwicklung drauf achten, dass…". Wann die Studierenden im Verlauf des Semesters zu dieser Einsicht gekommen sind und ob diese Schwachstellen schon vor oder erst nach dem Review-Prozess aufgefallen sind, kann nachträglich nicht rekonstruiert werden.

11.4 Fazit und Ausblick

Hauptanliegen der Modulentwicklung war die Vorbereitung der Lehramtsstudierenden auf einen zielgerichteten und gewinnbringenden Einsatz digitaler Werkzeuge im Mathematikunterricht. Die von den Studierenden eingereichten Produkte stimmen die Autoren optimistisch, mit dem Modul nennenswert zu diesem Ziel beizutragen. Sowohl die zugrunde gelegten Kompetenzen als auch die gezielte Förderung in Übung, Prüfungsleistung und Reviewverfahren scheinen die gewünschten Lerneffekte zu begünstigen. Als vorteilhaft stellt sich die Positionierung einer solchen Veranstaltung am Studienende heraus.

Es zeigt sich allerdings, dass die gesteckten Ziele in einem Arbeitsumfang von lediglich vier Creditpoints nur teilweise erreicht werden können. Eine Erweiterung des Moduls ist wünschenswert und würde eine tiefergehende Auseinandersetzung ermöglichen, wie sie von einigen Studierenden in der Evaluation gefordert wird. Dennoch kann positiv festgehalten werden, dass schon mit einem verhältnismäßig geringen Umfang positive Effekte erreichbar sind. Einen wesentlichen Beitrag zum Kompetenzerwerb leistet in diesem Kontext das in die Prüfungsleistung integrierte Peer-Review-Verfahren.

Eine Herausforderung des Veranstaltungskonzepts ist die große Heterogenität innerhalb der Lerngruppe, die zur Integration verschiedener Maßnahmen führte. Zwar erleben die Studierenden dies überwiegend als positiv, aber an den Lernprodukten wird deutlich, dass in einigen Fällen vorausgesetztes Wissen nicht im gewünschten Umfang vorhanden ist. Perspektivisch soll hierzu ein freiwilliger Onlinekurs mit integrierten Tests entwickelt werden, sodass die Studierenden eigene Lücken identifizieren und selbstständig schließen können.

Einige studentische Lernpfade sind unter https://www.geogebra.org/m/z6aqcxnz *abrufbar.*

Literatur

Ali, L., Röpke, R., & Bergner, N. (2018). OER-Sensibilisierung und Qualifizierung in der MINT-Lehrerbildung der RWTH Aachen, MINT-L-OER-amt. In: K. Mayrberger (Hrsg.), *Projekte der BMBF-Förderung OERinfo 2017/2018. Sonderband zum Fachmagazin Synergie.* Universität Hamburg.

Andresen, J., & Lischke, P. (2014) Gedanken zum Peer Learning in der ersten Ausbildungsphase von LehrerInnen aus der Sicht von Studierenden der Initiative Kreidestaub. In: P. Westphal, T. Stroot, E.-M. Lerche, & C. Wiethoff, (Hrsg.), *Peer Learning durch Mentoring, Coaching & Co. Aktuelle Wege in der Ausbildung von Lehrerinnen und Lehrern* (S. 21–24). Prolog-Verlag.

Arbeitsgruppe des Bundesforschungsministeriums (BMBF) und Kultusministerkonferenz (KMK) (Hrsg.) (2015). *Bericht der Arbeitsgruppe aus Vertreterinnen und Vertretern der Länder und des Bundes zu Open Educational Resources (OER)*.

Arnold, P., Kilian, L., Thillosen, A. M., & Zimmer, G. M. (2018). *Handbuch E-Learning; Lehren und Lernen mit digitalen Medien*. W. Bertelsmann Verlag.

Barzel, B. (2019). Digitalisierung als Herausforderung an Mathematikdidaktik – gestern. heute. morgen. In G. Pinkernell & F. Schacht (Hrsg.), *Digitalisierung fachbezogen gestalten. Arbeitskreis Mathematikunterricht und digitale Werkzeuge in der GDM* (S. 1–10). Franzbecker.

Barzel, B., & Schreiber, C. (2017). Digitale Medien im Unterricht. In M. Abshagen, B. Barzel, J. Kramer, T. Riecke-Baulecke, B. Rösken-Winter & C. Selter (Hrsg.), *Basiswissen Lehrerbildung: Mathematik unterrichten*. Klett/Kallmeyer (S. 200–215). Seelze.

Barzel, B., Biehler, R., Blömeke, S., Brandtner, R., Bruns, J., Dohrmann, C., Kortenkamp, U., Lange, T., Leuders, T., Rösken-Winter, B., Scherer, P., & Selter, C. (2018). Das Deutsche Zentrum für Lehrerbildung Mathematik – DZLM. In R. Biehler, T. Lange, T. Leuders, B. Rösken-Winter, P. Scherer, & C. Selter (Hrsg.), *Mathematikfortbildungen Professionalisieren. Konzepte, Beispiele und Erfahrungen des Deutschen Zentrums Für Lehrerbildung Mathematik*. Spektrum Akademischer Verlag.

Bauer, C., Figl, K., Derntl, M., Beran, P. P., & Kabicher, S. (2009). Der Einsatz von Online-Peer-Reviews als kollaborative Lernform. In HR. Hansen (Hrsg.), *Business services. Konzepte, Technologien, Anwendungen; 9. Internationale Tagung Wirtschaftsinformatik, Wien, 25. – 27. Februar 2009* (S. 421–430). Österr. Computer-Ges.

Blömeke, S. (2003). Erwerb medienpädagogischer Kompetenz in der Lehrerausbildung. Modell der Zielqualifikation, Lernvoraussetzungen der Studierenden und Folgerungen für Struktur und Inhalte des medienpädagogischen Lehramtsstudiums. *MedienPädagogik: Zeitschrift für Theorie und Praxis der Medienbildung* (S. 231–244).

Eickelmann, B., Schaumburg, H., Drossel, K., & Lorenz, R. (2014). Schulische Nutzung von neuen Technologien in Deutschland im internationalen Vergleich. In K. Schwippert, B. Eickelmann, W. Bos, F. Goldhammer, H. Schaumburg, & J. Gerick (Hrsg.), *ICILS 2013* (S. 197–230). Waxmann Verlag.

Eilerts, K., & Rinkens, H. -D. (2017). Mathematische Bildung. In M. Abshagen, B. Barzel, J. Kramer, T. Riecke-Baulecke, B. Rösken-Winter & C. Selter (Hrsg.), *Basiswissen Lehrerbildung: Mathematik unterrichten* (S. 7–27). Klett/Kallmeyer.

Elschenbroich, H.-J. (2010). Digitale Medien und Werkzeuge im Mathematikunterricht. In H.-J. Elschenbroich & G. Greefrath (Hrsg.), *Mathematikunterricht mit digitalen Medien und Werkzeugen. Unterricht, Prüfungen und Evaluation; Bericht von der CASIO-Veranstaltung „Round Table" vom 20. bis 21. März 2009* (S. 8–10). Verl.-Haus Monsenstein und Vannerdat.

Felbrich, A., Müller, C., & Blömeke, S. (2008). Lerngelegenheiten in der Lehrerausbildung. In S. Blömeke (Hrsg.) *Professionelle Kompetenz angehender Lehrerinnen und Lehrer. Wissen, Überzeugungen und Lerngelegenheiten deutscher Mathematikstudierender und -referendare; erste Ergebnisse zur Wirksamkeit der Lehrerausbildung* (S. 328–362). Waxmann.

Frederking, V., & Romeike, R. (2018). *Fachliche Bildung in der digitalen Welt*. Positionspapier der Gesellschaft für Fachdidaktik.

Greefrath, G., & Siller, H. -S. (2018). Digitale Werkzeuge, Simulationen und mathematisches Modellieren. In G. Greefrath & H. -S. Siller (Hrsg.), *Digitale Werkzeuge, Simulationen und mathematisches Modellieren. Didaktische Hintergründe und Erfahrungen aus der Praxis* (S. 3–22). Springer Fachmedien Wiesbaden.

Hattie, J., & Timperley, H. (2007). The Power of Feedback. *Review of Educational Research, 77*(1), 81–112.

Heintz, G., Elschenbroich, H.-J., Laakmann, H., Langlotz, H., Schacht, F., & Schmidt, R. (2014). Digitale Werkzeugkompetenzen im Mathematikunterricht; Vortrag auf dem MNU Jahreskongress 2014 in Kassel. *Der mathematische und naturwissenschaftliche Unterricht, 67*(5), 300–306.

Heintz, G., Pinkernell, G., & Schacht, F. (2016). Mathematikunterricht und digitale Werkzeuge. In G. Heintz, G. Pinkernell & F. Schacht (Hrsg.), *Digitale Werkzeuge für den Mathematikunterricht. Festschrift für Hans-Jürgen Elschenbroich* (S. 11–23). Verlag Klaus Seeberger.

Heintz, G., Elschenbroich, H.-J., Laakmann, H., Langlotz, H., Rüsing, M., Schacht, F., Schmidt, R., & Tietz, C. (2017). *Werkzeugkompetenzen; Kompetent mit digitalen Werkzeugen Mathematik betreiben.* medienstatt.

Heitzer, J. (2015). Das Aachener Schul-Hochschul-Projekt iMPACt. In J. Roth, T. Bauer, H. Koch, & S. Prediger (Hrsg.), *Übergänge konstruktiv gestalten: Ansätze für eine zielgruppenspezifische Hochschuldidaktik Mathematik* (S. 3–18). Springer Fachmedien Wiesbaden.

Klinger, M., Thurm, D., Barzel, B., Greefrath, G., & Büchter, A. (2018). Lehren und Lernen mit digitalen Werkzeugen: Entwicklung und Durchführung einer Fortbildungsreihe. In R. Biehler, T. Lange, T. Leuders, B. Rösken-Winter, P. Scherer & C. Selter (Hrsg.), *Mathematikfortbildungen Professionalisieren. Konzepte, Beispiele und Erfahrungen des Deutschen Zentrums Für Lehrerbildung Mathematik* (S. 395–416). Spektrum Akademischer Verlag.

Krauss, S., Neubrand, M., Blum, W., Baumert, J., Brunner, M., Kunter, M., & Jordan, A. (2008). Die Untersuchung des professionellen Wissens deutscher Mathematik-Lehrerinnen und -Lehrer im Rahmen der COACTIV-Studie. *JMD, 29*(3–4), 233–258.

Kultusministerkonferenz (Hrsg.) (2016). *Strategie der Kultusministerkonferenz „Bildung in der digitalen Welt".* Bonn.

Lehmann, K., Söllner, M., & Leimeister, JM. (2015). Der Wert von IT-gestütztem Peer Assessment zur Unterstützung des Lernens in einer Universitären Massenlehrveranstaltung. In O. Thomas & F. Teuteberg (Hrsg.) *Smart enterprise engineering. 12. Internationale Tagung Wirtschaftsinformatik* (S. 1694–1709). Universität Osnabrück.

Medienberatung NRW. (Hrsg.) (2020). *Lehrkräfte in der digitalisierten Welt; Orientierungsrahmen für die Lehrerausbildung und Lehrerfortbildungen in NRW.* Köln.

Pinkernell, G., Barzel, B., Körner, H., Kortenkamp, U., Meyer, J., Schacht, F., & Weigand, H.-G. (2017). *Die Bildungsoffensive für die digitale Wissensgesellschaft: Eine Chance für den fachdidaktisch reflektierten Einsatz digitaler Werkzeuge im Mathematikunterricht.* Positionspapier der GDM.

Prasse, D. (2012). *Bedingungen innovativen Handelns in Schulen; Funktion und Interaktion von Innovationsbereitschaft, Innovationsklima und Akteursnetzwerken am Beispiel der IKT-Integration an Schulen.* Waxmann.

Roth, J. (2015). Lernpfade - Definition, Gestaltungskriterien und Unterrichtseinsatz. In: J. Roth, E. Süss-Stepancik & H. Wiesner (Hrsg.) *Medienvielfalt im Mathematikunterricht. Lernpfade als Weg zum Ziel* (S. 3–26). Springer Spektrum.

RWTH Aachen University. (2019). *Fachspezifische Prüfungsordnung für den Bachelorstudiengang Lehramt an Gymnasien und Gesamtschulen mit dem Unterrichtsfach Mathematik der Rheinisch-Westfälischen Technischen Hochschule Aachen; Prüfungsordnungsversion 2019.*

Schaperunter, N. (2012). *Fachgutachten zur Kompetenzorientierung in Studium und Lehre; HRK-Fachgutachten ausgearbeitet für die Hochschulrektorenkonferenz.* Bonn.

Schiefeneder, D. (2019). Unterrichten mathematiknaher Technologien im Lehramtsstudium. In G. Pinkernell & F. Schacht (Hrsg.), *Digitalisierung fachbezogen gestalten. Arbeitskreis Mathematikunterricht und digitale Werkzeuge in der GDM* (S. 131–142). Franzbecker.

Schwarzer, R., & Jerusalem, M. (2002). Das Konzept der Selbstwirksamkeit. *Zeitschrift für Pädagogik* (Beiheft, 44), 28–53.

Terhard, E. (2002). *Standards für die Lehrerbildung; Eine Expertise für die Kultusministerkonferenz.* Münster.

Tulodziecki, G., Herzig, B., & Dichanz, H. (2010). *Mediendidaktik; Medien in Lehr- und Lernprozessen verwenden.* kopaed.

Wiesner, H., & Wiesner-Steiner, A. (2015). Einschätzung zu Lernpfaden - Eine empirische Exploration (S. 27–48). In J. Roth, E. Süss-Stepancik & H. Wiesner (Hrsg.), *Medienvielfalt im Mathematikunterricht. Lernpfade als Weg zum Ziel.* Springer Spektrum.

Ziegler, G., Weigand, H.-G., & a Campo, A. (Hrsg.) (2008). *Standards für die Lehrerbildung im Fach Mathematik; Empfehlungen von DMV, GDM, MNU.*

Elementare Differentialgeometrie zum Anfassen: ein Hands-on-Seminar für Lehramtsstudierende

12

Carla Cederbaum und Lisa Hilken

Zusammenfassung

Im Seminar „Elementare Differentialgeometrie zum Anfassen" erarbeiten sich Lehramtsstudierende (Gymnasiallehramt Mathematik) durch forschungsähnliches Lernen das fortgeschrittene mathematische Themengebiet der Elementaren Differentialgeometrie, also der Theorie der gekrümmten Kurven und Flächen. Sie arbeiten dazu in Gruppen zunächst mit Hands-on-Materialien und bauen ihre dabei entstandenen Ideen dann zu mathematisch präzisen Herleitungen aus. Dabei erweitern sie ihr fachliches Wissen im Bereich Differentialgeometrie und festigen durch Wiederholung und Anwendung ihr fachliches Wissen aus den Grundvorlesungen. Gleichzeitig erkennen sie Verbindungen zum Schulstoff. Quasi nebenbei erfahren sie einen Zugang zu Mathematik, der im Studium sonst nicht vorkommt und der sich auch für den Einsatz in der Schule eignet. Das Seminar wurde von den Autorinnen bisher zweimal mit insgesamt 31 Studierenden (siebtes Semester oder höher) an der Universität Tübingen durchgeführt.

Mit diesem Artikel möchten wir darlegen, warum wir eine Lehrveranstaltung dieser Art für eine sinnvolle Ergänzung im Lehramtsstudium halten und möchten dazu anregen, diese oder ähnliche Veranstaltungen auch an anderen Standorten umzusetzen.

Der Artikel ist wie folgt aufgebaut: Im ersten Abschnitt beschreiben wir die Lernziele des Seminars und beleuchten einige Aspekte dreier methodischer Kernelemente des Seminars

C. Cederbaum (✉) · L. Hilken
Eberhard Karls Universität Tübingen, Mathematisch-Naturwissenschaftliche Fakultät, Geometrische Analysis, Differentialgeometrie und Relativitätstheorie, Tübingen, Deutschland
E-mail: cederbaum@math.uni-tuebingen.de

L. Hilken
E-mail: hilken@math.uni-tuebingen.de

V. Isaev et al. (Hrsg.), *Professionsorientierte Fachwissenschaft*, Konzepte und Studien zur Hochschuldidaktik und Lehrerbildung Mathematik, https://doi.org/10.1007/978-3-662-63948-1_12

(forschungsähnliches Lernen, Gruppenarbeit, Hands-on-Materialien). Im zweiten Abschnitt beschreiben wir die inhaltliche und strukturelle Gestaltung des Seminars. Im dritten und vierten Abschnitt beschreiben wir beispielhaft ausgewählte, von den teilnehmenden Studierenden entwickelte mathematische Zugänge zur Krümmung ebener Kurven bzw. zur Krümmung von Flächen. Diese[1] halten wir aus mehrerlei Hinsicht für sehr interessant: Die Zugänge sind deutlich vielfältiger als die in den einschlägigen Lehrbüchern gewählten und basieren sichtbar auf den zuvor durchgeführten Hands-on-Aktivitäten. Gleichzeitig wird die Verwendung und Verknüpfung von Inhalten aus den Grundvorlesungen sichtbar. Und nicht zuletzt sind die Ergebnisse mathematisch konsistent und plausibel begründet. Aus unserer Sicht belegen die mathematischen Ergebnisse der Studierenden auch, dass das Seminarkonzept Früchte trägt. Im fünften Abschnitt geben wir einen kurzen Ausblick auf die fachdidaktische Begleitforschung zum Seminar und gehen auf organisatorische Aspekte des Seminars ein.

12.1   Lernziele und didaktische Methoden

Mit dem Seminar „Elementare Differentialgeometrie zum Anfassen" werden verschiedene Ziele verfolgt. Wie bei jedem Mathematikseminar ist ein wesentliches Ziel, dass die Studierenden neue mathematische Inhalte, Konzepte und Objekte kennenlernen, verstehen und mit ihnen umzugehen wissen. Im hier vorgestellten Seminar sollen also beispielsweise die Themen Krümmung von ebenen Kurven, Krümmung von Raumkurven und Krümmung von Flächen aus der Elementaren Differentialgeometrie erlernt werden.

Neben dem Erlernen mathematischer Inhalte sollen Studierende verstehen, wie Mathematik entsteht und dass dies ein kreativer Prozess ist (Hefendehl-Hebeker, 2013). Denn viele Studierende können sich nicht richtig vorstellen, wie man in Mathematik forscht. Als spätere „RepräsentantInnen" des Faches ist es aber gerade für Lehramtsstudierende wichtig, einen möglichst umfassenden Einblick in die Disziplin zu erhalten (Beutelspacher et al., 2011), um ihren zukünftigen SchülerInnen ein adäquates Bild des Faches Mathematik vermitteln zu können.

Das Wissen, wie Mathematik entsteht, soll dabei nicht in erster Linie theoretisch vermittelt, sondern hauptsächlich durch die Erfahrung erworben werden, selbst an einem derartigen Entstehungsprozess teilhaben, also selbst mathematische Ideen entwickeln und ausarbeiten zu können (Danckwerts et al., 2004). Diese Zielsetzung verfolgt das Seminar „Elementare Differentialgeometrie zum Anfassen". Dieses Vorgehen kann auch die affektive Bindung zum Fach stärken, die bei Lehramtsstudierenden eher weniger ausgeprägt ist als bei anderen Mathematik-Studierenden (Pieper-Seier, 2002).

Ein zentraler Faktor bei der Entstehung von Mathematik ist das formale mathematische Modellieren anschaulicher Ideen. Während unserer Einschätzung nach die für das

---

[1] Sowie die hier aus Platzgründen nicht beschriebenen weiteren mathematischen Ergebnisse der Studierenden.

Erlernen von Mathematik essentielle Übersetzung *von* der formalen Darstellung einer mathematischen Idee *zur* Anschauung derselben in vielen mathematischen Lehrveranstaltungen erlernt werden soll (auch wenn dies oft nicht expliziert wird), wird die für das Verständnis der Entstehung von Mathematik wesentliche Übersetzung in die andere Richtung unserer Einschätzung nach nicht (ausreichend) eingeübt. Fließend zwischen der formalen, abstrakten Darstellung eines Konzeptes oder einer Idee und der dahinter liegenden, konkreten Anschauung wechseln zu können ist aber gerade für Lehramtsstudierende im Hinblick auf ihre spätere Tätigkeit wichtig (Hefendehl-Hebeker, 2013). Gleichzeitig scheint uns dieses Verständnis auch eine wichtige Voraussetzung für einen kreativen eigenen Umgang mit Mathematik zu sein. Das hier beschriebene Seminar setzt deshalb genau an dieser Stelle an und ermöglicht gezielt das Erleben und Einüben des formalen mathematischen Modellierens anschaulicher Ideen.

Zudem sollen die Studierenden die erlebte Unterrichtsmethode sowohl im Hinblick auf die eigene Lernerfahrung als auch im Hinblick auf den möglichen Einsatz in der Schule schriftlich und mündlich reflektieren. Dadurch sollen sie angeregt werden, diese Unterrichtsmethode in ihr Methodenrepertoire als zukünftige LehrerInnen aufzunehmen.

12.1.1 Warum Elementare Differentialgeometrie?

Die Elementare Differentialgeometrie eignet sich aus mehreren Gründen besonders gut als Thema für ein Seminar mit den genannten Lernzielen: Mit Kurven und Flächen werden in der Elementaren Differentialgeometrie anschauliche Objekte untersucht, an denen der Übergang zwischen Anschauung und mathematischer Modellierung gut geübt werden kann. Viele Objekte und Konzepte können zudem mit Hands-on-Materialien dargestellt werden. Gleichzeitig werden verschiedene Themenbereiche verknüpft, in erste Linie die Grundvorlesungen in Analysis und Linearer Algebra; weitere Voraussetzung bestehen dann auch nicht. Dadurch können alle Lehramtsstudierenden prinzipiell nach dem Grundstudium am Seminar teilnehmen. Außerdem knüpft die Elementare Differentialgeometrie teilweise an den Schulstoff an, sodass auch hier eine Vernetzung stattfinden kann.

Auch andere Themen wie etwa Eindimensionale Variationsrechnung, Geometrie oder Stochastik ließen sich in einem forschungsähnlichen Seminar umsetzen. Die Elementare Differentialgeometrie bietet hier über die angesprochenen Aspekte hinaus auch den Vorteil, kaum inhaltliche Überschneidungen mit anderen Lehrveranstaltungen des Lehramtsstudiums zu haben.

12.1.2 Forschungsähnliches Lernen

Um den Studierenden die Möglichkeit zu geben zu lernen, wie Mathematik entwickelt wird, und zu erfahren, dass sie selbst nicht nur mathematische Produkte anderer nachvollziehen, sondern auch selbst Mathematik entwickeln können, durchlaufen sie im hier beschriebenen

Seminar einen forschungsähnlichen Lernprozess, der durch expositorische Phasen (Instruktion sowie studentische Referate) ergänzt wird. Die Studierenden bearbeiten eine vorgegebene Fragestellung, aber es wird ihnen kein Weg zur Lösung der Aufgaben vorgegeben. Sie haben außerdem häufig die Möglichkeit, selbst zu entscheiden, welche Aspekte sie genauer untersuchen möchten.

Nach Messner (2012) besteht forschendes Lernen aus fünf Schritten. Zunächst muss eine Fragestellung formuliert werden, die beim forschenden Lernen meist vorgegeben und nicht von den Lernenden selbst gesucht wird. Als nächstes werden Vermutungen aufgestellt und Lösungsansätze formuliert, die in einem dritten Schritt überprüft werden. Als vierten Schritt nennt Messner (2012) die Diskussion der Lernenden untereinander über Lösungen oder Lösungsansätze. Der letzte Schritt ist die Dokumentation der Ergebnisse. Da manche Komponenten mathematischer Forschung fehlen – die Studierenden sind nicht völlig frei in der Wahl der Fragestellung und ihre Ergebnisse sind i. A. für die mathematische Gemeinschaft nicht neu – wird diese Art des Lernens im Folgenden als forschungsähnlich und nicht als forschend bezeichnet.

Mathematische Forschung ist dabei kein linearer Prozess, vielmehr machen Forschende Umwege und müssen mit Rückschlägen umgehen. Dies trifft entsprechend auch auf forschungsähnliches Lernen bzw. Lernende zu (Link & Schnieder, 2016). Der zweite und dritte Schritt bei Messner (2012) werden also beim forschungsähnlichen Lernen in der Regel mehrfach durchlaufen.

Im hier beschriebenen Seminar werden alle genannten Schritte des forschungsähnlichen Lernens mehrfach durchlaufen. Allerdings ist der vierte Schritt nicht separat, sondern in die anderen Schritte integriert. Die Studierenden können auch die verschiedenen emotionalen Phasen erleben, die in einem Forschungsprozess und entsprechend beim forschungsähnlichen Lernen auftreten, etwa Frustration in Sackgassen (Link & Schnieder, 2016; Mason et al., 2008) und Zufriedenheit bei Erfolgen.

Die didaktische Forschung hat gezeigt, dass Studierende in forschungsähnlichen Lernprozessen begleitet werden sollten, um Lernerfolge zu erzielen (Alfieri et al., 2011; Kirschner et al., 2006). Der Lernprozess sollte nach Alfieri et al. (2011) durch mindestens eine der folgenden drei Maßnahmen unterstützt werden: a) das Bereitstellen einer gestaffelten Anleitung (scaffolding), b) das Stellen von Aufgaben, die eigenständige Erklärungen erfordern sowie zeitnahe Rückmeldung zu diesen Erklärungsversuchen, oder c) das Bereitstellen von Lösungsbeispielen.

Die Studierenden im hier beschriebenen Seminar erhalten daher verschiedene Hilfestellungen: Im ersten Schritt (Entwicklung der Fragestellung) geben wir eine offen formulierte Frage vor, zum Beispiel „Was ist die Krümmung einer ebenen Kurve?". Im zweiten und dritten Schritt (Lösungsansätze finden und überprüfen) erhalten die Studierenden im Hinblick auf Maßnahme (a) eine gewisse Strukturierung durch gestaffelte Arbeitsblätter mit optionalen Hilfestellungen in Form spezifischerer offener Fragen wie beispielsweise „Wo ist die Krümmung in den folgenden Beispielkurven am kleinsten/größten?" sowie „Was hat die Krümmung einer graphisch beschriebenen Kurve mit der zweiten Ableitung der

Graphfunktion zu tun?". Diese Strukturierung fällt beim ersten Thema (Krümmung ebener Kurven) stärker aus als bei späteren Themen. Im zweiten bis vierten Schritt (Lösungsansätze finden und überprüfen bzw. Diskussion unter den Studierenden) stehen entsprechend Maßnahme (b) die Dozentinnen zur Verfügung, um durch Feedback auf verschiedenen Ebenen (Ebene der Aufgabe, des Prozesses, der Selbstregulation (Hattie et al., 2016)) den Lernprozess zu unterstützen.

12.1.3 Gruppenarbeit

Zusätzlich arbeiten die Studierenden in Gruppen zusammen, was im Sinne von Maßnahme (b) sowohl das Formulieren von Erklärungen begünstigt als auch Feedback aus verschiedenen Perspektiven ermöglicht. Dabei tragen die Dozentinnen nach Bedarf durch Rückfragen und Feedback dazu bei, den Gruppendiskurs auf ein höheres Abstraktionsniveau zu heben (Webb, 2009).

In den Gruppen haben alle Studierenden die Möglichkeit, ihre Ideen vorzustellen, und müssen sie im Sinne von Maßnahme (b) auf Nachfrage genauer oder aus einem anderen Blickwinkel erläutern. Dadurch können sie Lücken in ihrer Argumentation erkennen, müssen Informationen neu ordnen und können dadurch neue und bekannte Informationen und Strategien verknüpfen und verinnerlichen (Webb, 2009). Gleichzeitig lernen sie in der Regel durch die Ausführungen der anderen Gruppenmitglieder alternative Erklärungsmöglichkeiten kennen. Durch die Gruppenarbeit können außerdem Synergieeffekte entstehen, wodurch die Studierenden als Gruppe Aufgaben lösen können, die sie alleine kaum bewältigen könnten (Clark et al., 2014). Die Gruppenarbeit trägt zudem dazu bei, dass die Studierenden Problemlösestrategien bewusster wahrnehmen, da sie miteinander über ihre Vorgehensweise sprechen müssen (Cohen, 1994).

Die Arbeit in Gruppen stellt hohe Anforderungen an die sozialen und kommunikativen Fähigkeiten der Studierenden (Cohen, 1994). Daher unterstützen die Dozentinnen die Gruppenarbeit beispielsweise dadurch, dass sie Studierende, die sich von sich aus wenig am Gruppendiskurs beteiligen, explizit mit einbeziehen (Webb, 2009; Cohen, 1994). Bei den – selten auftretenden – Konflikten etwa bezüglich der gerechten Verteilung von Aufgaben innerhalb der Gruppe greifen die Dozentinnen vermittelnd ein. Auch beim konstruktiven Umgang mit Motivationsproblemen aufgrund der für das forschungsähnliche Lernen typischen Rückschläge (Link & Schneider, 2016; Mason et al., 2008) leiten die Dozentinnen zur Stärkung der Frustrationstoleranz an.

12.1.4 Hands-on-Materialien und -Aktivitäten

Die effektive Kommunikation in Gruppen kann durch visuelle Vermittler wie Zeichnungen oder Hands-on-Materialien gefördert werden (Ryve et al., 2013). Die Studierenden erhalten deshalb im Seminar verschiedene Hands-on-Materialien wie Draht zum Erstellen von Raumkurven beziehungsweise können Hands-on-Aktivitäten wie Fahrradfahren ausüben. Die Hands-on-Materialien helfen dabei, Gedankenobjekte zwischen den Gruppenmitgliedern auszutauschen (Kirsh, 2010).

Gerade in solchen Kontexten, in denen räumliches Denken erforderlich ist, können Hands-on-Materialien beim Lernen helfen (z. B. Stull et al., 2012), da in den Gegenständen Informationen repräsentiert sind oder durch Manipulation darin „gespeichert" werden können. Hands-on-Materialien können so die kognitive Belastung verringern (Pouw et al., 2014). So fällt es den Studierenden z. B. leichter, sich mit Hilfe eines Drahtes als Raumkurve und eines Stücks Pappe als (Schmiege-)Ebene über mögliche Definitionen der Krümmung von Raumkurven auszutauschen. Ohne die Materialien ist es deutlich schwieriger zu beschreiben, welcher Punkt gerade betrachtet werden soll und wie die Ebene in Bezug auf die Kurve liegt. Die Hands-on-Materialien und -Aktivitäten unterstützen nicht nur die Kommunikation in den Gruppen, sondern können den Studierenden auch dabei helfen, Ansätze zur Lösung der Aufgaben zu finden. Nach Kirsh (2010) können die natürlichen Beschränkungen, die reale Gegenstände gegenüber imaginierten Objekten haben, die Aufmerksamkeit auf relevante Punkte lenken.

Die Hands-on-Materialien und -Aktivitäten im hier beschriebenen Seminar sollen entsprechend gezielt bestimmte geometrische (Grund-)Vorstellungen ansprechen. So führt etwa beim Thema Krümmung ebener Kurven jede Gruppe folgende Hands-on-Aktivitäten durch: 1) Objekte als Beispiele für das Auftreten eindimensionaler Krümmung suchen, 2) einen Ball werfen und seine Flugbahn beobachten, 3) Kurven mit Kreide auf den Boden malen und mit einem Fuß links, einem rechts davon ablaufen, 4) mit einem Fahrrad entlang von Kurven fahren und das Verhalten des Fahrrads beobachten.

Bei der Durchführung dieser Aktivitäten sollen die Studierenden zunächst erleben, dass Krümmung eine punktweise und nicht eine abschnittsweise oder gar globale Eigenschaft von Kurven ist. Aktivität (4) spricht drei der von Bauer et al. (2016) identifizierten Grundvorstellungen zur Krümmung ebener Kurven an, nämlich „Krümmung als inverser Krümmungsradius" [des Schmiegekreises, die Autorinnen] etwa durch das Fahren auf Kreisen, „Krümmung als relative Tangentenänderung" durch die Beobachtung der relativen Position von Vorder- und Hinterrad bzw. Hinterrad und Lenker des Fahrrads, sowie „Krümmung als relative Winkeländerung" durch Beobachtung des Winkels zwischen Vorder- und Hinterrad des Fahrrads. Aktivität (3) spricht eine weitere, von Bauer et al. (2016) nicht aufgeführte Grundvorstellung an, nämlich „Krümmung durch Längenvergleich von Parallelkurven" (Hilken, 2020). Die von Bauer et al. (2016) beschriebene Grundvorstellung von „Krümmung als Abweichung von der Tangente bzw. der Sekante" wird bei den Hands-on-Aktivitäten nicht gezielt angesprochen. Aktivität (2) stellt außerdem die Verbindung zur qualitativen Beschreibung von Krümmung von graphisch dargestellten Kurven mittels der zweiten Ableitung in der Schulmathematik sowie Aktivität (4) den Bezug zur in der Schulmathematik diskutierten Krümmungsruckfreiheit her (Freudigmann et al., 2016).

Die Hands-on-Materialien und -Aktivitäten tragen zusätzlich dazu bei, dass die Studierenden das formale mathematische Modellieren anschaulicher Ideen üben. Durch die Verwendung verschiedener Repräsentationen – zur Verfügung gestellte Hands-on-Materialien, Zeichnungen der Studierenden, symbolisch-mathematische Beschreibungen – sollen wie bei der EIS-Methode (siehe z. B. Fyfe et al., 2014) die Vorteile der verschiedenen Repräsentationen genutzt werden, um die Aufgaben zu lösen.

12.2   Ablauf und Inhalte des Seminars

12.2.1 Die Inhalte des Seminars

Im Seminar „Elementare Differentialgeometrie zum Anfassen" erarbeiten sich Lehramtsstudierende in Gruppen die Theorie der gekrümmten Kurven und Flächen. Das Seminar ist in vier Blöcke gegliedert, in denen jede Gruppe jeweils ein Thema bearbeitet. Im ersten Block beschäftigen sich alle Gruppen mit der Frage, wie man die Krümmung ebener Kurven definieren kann (siehe Abschn. 12.3). Im zweiten Block entwickeln zwei Gruppen einen Krümmungsbegriff für Raumkurven. Die beiden andere Gruppen erarbeiten sich Grundbegriffe zur mathematischen Beschreibung von gekrümmten Flächen und entwickeln eine Formel zur Berechnung von Flächeninhalten. Dabei verwenden und erweitern alle Gruppen die im ersten Block erarbeiteten Konzepte zur mathematischen Beschreibung gekrümmter Kurven sowie des für diese entwickelten Längenbegriffs.

Im dritten Block behandeln zwei Gruppen aufbauend auf allen vorhergehenden Themen (jeweils) einen Krümmungsbegriff für Flächen (siehe Abschn. 12.4). Die anderen zwei Gruppen gehen der Frage nach, wie Abstände auf gekrümmten Flächen bestimmt oder definiert werden können und welche Gleichung kürzeste Verbindungen (sogenannte „Geodäten") erfüllen. Dabei bauen sie auf dem bereits erarbeiteten Wissen über die Länge von Kurven sowie die mathematische Beschreibung von Flächen auf.

Im letzten Block schließlich untersucht eine Gruppe Rotationsflächen genauer, eine Gruppe erarbeitet sich längen-, flächen- und winkeltreue Abbildungen im Zusammenhang mit geographischen Karten und die anderen beiden Gruppen bauen die Krümmungsbegriffe für Flächen weiter aus. Alle vier Themen des letzten Blocks bauen auf fast allen bis dahin erarbeiteten Inhalten und Konzepten auf.

Im Vergleich mit einer zweistündigen Vorlesung oder einem traditionelleren (Pro-) Seminar über Elementare Differentialgeometrie (z. B. Do Carmo, 1993, 2007, 2010; Oprea, 2007; Bär, 2010) werden im hier beschriebenen Seminar weniger Themen abgedeckt. So fehlen etwa die globale Theorie ebener Kurven, Regel- und Minimalflächen sowie das Theorema Egregium und der Satz von Gauß–Bonnet aus der Flächentheorie. Torsion von Raumkurven, Vektorfelder und kovariante Ableitungen werden weniger ausführlich behandelt. Statt dessen sehen die Studierenden im hier beschriebenen Seminar durch das eigenständige und zum Großteil parallele Erarbeiten des Stoffes viele verschiedene Zugänge zu den behandelten Themen, was sonst in Lehrveranstaltungen zur Elementaren Differentialgeometrie nicht üblich ist. Gleichzeitig werden die Bezüge zu den Grundvorlesungen Analysis und Lineare Algebra, aber auch zu anderen Vorlesungen wie Geometrie, Numerik und Stochastik (mehrdimensionale Integration) sowie zum Schulstoff stärker herausgearbeitet.

Die Auswahl der behandelten Themen erfolgte nach folgenden Kriterien: Die Themen sind...

- körperlich: sie erlauben Zugänge über körperliche Erfahrungen mit Hands-on-Materialien;
- elementar: sie bedürfen keines weitergehenden Literaturstudiums, sondern knüpfen an Inhalte der Grundvorlesungen und der Schulmathematik an;
- offen: es sind unterschiedliche Ansatzpunkte, Wege und Resultate denkbar;
- authentisch: sie sind keine exotischen Einzelthemen, sondern zentral für das Verständnis und den weiteren Aufbau der Differentialgeometrie;
- relevant: sie erlauben es den Studierenden, ihr bisheriges Wissen neu und besser zu strukturieren und Verknüpfungen herzustellen.

12.2.2 Ablauf der einzelnen Themenblöcke

Bei jedem Themenblock durchlaufen die Gruppen die gleichen Phasen. In der Einstiegsphase (entspricht Schritten 1 und 2 bei Messner, 2012) wird eine Frage aufgeworfen, z. B. „Was ist eigentlich Krümmung bei ebenen Kurven?". Dabei stehen Hands-on-Materialien zur Verfügung, mit deren Hilfe die Studierenden erste Ideen zur Lösung der jeweiligen Aufgabe entwickeln können und die sie bei der Kommunikation unterstützen (siehe Abschn. 12.1.4). Im Fall der Krümmung ebener Kurven durchlaufen die Studierenden mit ihrer Gruppe die in Abschn. 12.1.4 beschriebenen vier Hands-on-Aktivitäten. Bei anderen Themen können die Studierenden mit verschiedenen Materialien selbst geometrische Objekte darstellen oder vorbereitete geometrische Objekte als Anschauungsmaterial verwenden.

Die Einstiegsphase geht fließend über in die Arbeitsphase (entspricht Schritten 2, 3 und 4 bei Messner, 2012). Die Studierenden entwickeln ihre Ideen in ihrer Gruppe weiter mit dem Ziel, eine präzise mathematische Definition auszuarbeiten. Sie erhalten dabei während der Seminarstunden Unterstützung von den Dozentinnen. Die Unterstützung kann inhaltlicher Natur sein, wenn etwa einzelne Grundlagen aus den Grundvorlesungen fehlen wie beispielsweise der Satz über die implizite Funktion. Motivationale und strategische Hilfen spielen aber eine mindestens genauso große Rolle (siehe Abschn. 12.1.3).

Die Gruppen vollenden ihre Herleitung außerhalb des Seminars. Zur Ergebnissicherung (Schritt 5 bei Messner, 2012) stellt jeweils ein Gruppenmitglied in einer Präsentation die Ergebnisse der Gruppe im Plenum vor, sodass anschließend alle Studierende auf den Ergebnissen aller Gruppen aufbauen können. Zudem hält jede Gruppe ihre Herleitungen und Ergebnisse in einem Skriptbeitrag fest. Die Skriptbeiträge werden von den Dozentinnen redigiert und zeitnah allen Studierenden zur Verfügung gestellt. Für weitere Informationen zur Gestaltung des Seminars siehe Hilken (2020) und Hilken und Cederbaum (2018).

12.3　Studentische Zugänge zur Krümmung ebener Kurven

Das erste im Seminar „Elementare Differentialgeometrie zum Anfassen" behandelte Thema ist die Krümmung ebener Kurven. In diesem Block hatten die Gruppen die Aufgabe, selbst eine Definition für die Krümmung ebener Kurven zu entwickeln. In Lehrbüchern (z. B. Do Carmo, 1993; Oprea, 2007; Bär, 2010) wird die Krümmung ebener Kurven meist über die Änderung der Richtung der Tangente oder mittels des Schmiegekreises eingeführt oder als Spezialfall der Krümmung von Raumkurven betrachtet. Die Kurven werden parametrisiert beschrieben; meist wird angenommen, dass sie nach Bogenlänge parametrisiert sind. Aus der Schule kennen die Studierenden eine qualitative Betrachtung der Krümmung eines Graphen via des Vorzeichens der zweiten Ableitung der Graphfunktion sowie zum Teil die Krümmungsruckfreiheit.

In den zwei Durchläufen des Seminars haben insgesamt acht Gruppen von Studierenden dieses Thema bearbeitet. Die Studierenden hatten bei verschiedenen Hands-on-Aktivitäten die Gelegenheit, verschiedene Grundvorstellungen zur Krümmung zu aktivieren (siehe Abschn. 12.1.4). Diese begünstigten verschiedene Definitionen der Krümmung, die alle zu den üblichen (graphischen bzw. parametrischen) Krümmungsformeln führten.

Bei Hands-on-Aktivität (3) zeichneten die Studierenden mit Kreide Kurven auf den Boden und liefen anschließend mit einem Fuß rechts und einem Fuß links des Kreidestriches entlang dieser Kurven. Dabei beobachteten sie, dass die Füße bei einer gekrümmten Kurve unterschiedlich lange Strecken zurücklegen. Bei einer Geraden sind die Strecken, die der linke und der rechte Fuß zurücklegen, gleich. Aus dieser Beobachtung entstand die Idee, die Krümmung $\kappa(t_0)$ einer parametrisierten Kurve γ am Punkt $\gamma(t_0)$ über die Längenunterschiede der Parallelkurven $\gamma_{-\varepsilon}$ (mit Länge $L_{-\varepsilon}$) und $\gamma_{+\varepsilon}$ (mit Länge $L_{+\varepsilon}$) zu definieren, vgl. Abb. 12.1.

Die Längendifferenz der beiden Parallelkurvenabschnitte wird durch das Quadrat der Länge L des Abschnitts der Originalkurve zwischen zwei benachbarten Punkten $\gamma(t_0 - \varepsilon)$, $\gamma(t_0 + \varepsilon)$ geteilt, also

Abb. 12.1 Krümmung durch Längenvergleich von Parallelkurven

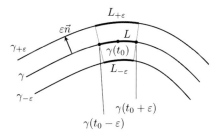

$$\kappa(t_0) \approx \frac{L_{+\varepsilon} - L_{-\varepsilon}}{L^2}. \tag{12.1}$$

Von diesem Bruch wird der Grenzwert für $\varepsilon \to 0$ berechnet. Dabei greifen die Studierenden auf die Grundvorstellung „Krümmung durch Längenvergleich von Parallelkurven" zurück (siehe Abschn. 12.1.4).

Weitere Herleitungen der Krümmungsdefinition, die von den Studierenden im Seminar „Elementare Differentialgeometrie zum Anfassen" entwickelt wurden, sind in Hilken (2020) beschrieben. Bilanzierend lässt sich sagen, dass manche der von den Studierenden entwickelten Ansätze den Standardzugängen in Lehrbüchern aus der Vogelperspektive entsprechen, sich aber in der konkreten mathematischen Beschreibung durchaus unterscheiden, etwa da ein graphischer statt eines parametrischen Zugangs gewählt wird. Andere der von den Studierenden entwickelten Ansätze wie etwa der hier beschriebene weichen deutlich von den Standardzugängen ab.

Wir haben bei diesem Thema auf allen in Abschn. 12.1.2 genannten Ebenen Unterstützung geleistet. Auf der Ebene der Aufgabe wurde unsere Hilfe hauptsächlich bei Fragen aus Analysis und Linearer Algebra benötigt. Zusätzlich haben wir in manche Gruppen die Idee eingebracht, die Einheit der Krümmung oder alternativ das Skalierungsverhalten der Krümmung des Kreises mit dem Radius zu betrachten, um sie etwa bei der Definition von Krümmung durch Längenvergleich von Parallelkurven darauf hinzuführen, dass sie durch das Quadrat einer Länge teilen sollten. Ein Aspekt der Definition der Krümmung einer Kurve bedurfte in allen Gruppen der Anleitung durch die Dozentinnen, nämlich dort, wo es nötig war, Ambiguitäten durch eine festzulegende Konvention aufzulösen: zum einen bei der Wahl des Vorzeichens der Krümmung, zum anderen bei deren Normierung etwa am Einheitskreis.

12.4 Studentische Zugänge zur Krümmung von Flächen

Ein zentrales im Seminar „Elementare Differentialgeometrie zum Anfassen" behandeltes Thema war die Krümmung von Flächen. Bei diesem Thema war unser Ziel, dass die Studierenden sowohl die (intrinsische) Gauß-Krümmung (siehe Abschn. 12.4.2) als auch die (extrinsische) mittlere Krümmung (siehe Abschn. 12.4.1) entdecken und sauber definieren. Die Gauß-Krümmung wird in Lehrbüchern typischerweise auf einem von zwei verschiedenen, eng verwandten Standardwegen definiert, nämlich entweder direkt über die Gaußsche Normalenabbildung (z. B. Do Carmo, 1993) oder über die Determinante der Weingarten-Abbildung (z. B. Oprea, 2007; Bär, 2010). Die mittlere Krümmung wird typischerweise als Spur der Weingarten-Abbildung definiert (z. B. Do Carmo, 1993; Oprea, 2007; Bär, 2010). Dabei gibt es unterschiedliche Konventionen zur Normierung der mittleren Krümmung; in einigen Lehrbüchern (z. B. Oprea, 2007) wird der historisch übliche und im Namen „mittlere Krümmung" noch präsente Faktor $\frac{1}{2}$ eingeführt, in anderen Lehrbüchern (z. B. Bär, 2010) wird er – wie in der modernen Differentialgeometrie üblich – weggelassen. Flächen werden in der Regel parametrisiert diskutiert, eine graphische Darstellung ist eher unüblich.

In den beiden Durchläufen des Seminars haben insgesamt vier Gruppen das Thema Flächenkrümmung im dritten Themenblock bearbeitet. Wir haben uns dazu entschieden, die Studierenden im dritten Themenblock nicht gezielt an Gauß- oder mittlerer Krümmung arbeiten zu lassen, sondern sie unvoreingenommen an das Thema Krümmung von Flächen heranzuführen. Dabei wurden sie gestaffelt von folgenden Fragen (an-)geleitet (siehe Abschn. 12.1.2): „Was könnte man bei Flächen als Krümmung bezeichnen?", „Was macht es für die Krümmung für einen Unterschied, ob man die Fläche von außen betrachtet oder ob man sich vorstellt, ein Wesen zu sein, das in dieser Fläche lebt und nicht fliegen kann?" sowie „Wie könnte die Krümmung von Kurven, die in der Fläche liegen, mit der Krümmung der Fläche selbst zusammenhängen?". Den Gruppen standen bei der Bearbeitung des Themas unterstützend verschiedene Hands-on-Materialien zur Verfügung (siehe Abschn. 12.1.4), z. B. Papier, Pappe, Draht und Knete samt Stiften und Scheren, ein Wasserball mit Globus-Aufdruck, Luftballons sowie vorab in Handarbeit angefertigte Stücke einer Wendelfläche und einer eingebetteten hyperbolische Ebene sowie ein Volltorus.

Im ersten Durchlauf des dritten Themenblocks leitete eine Gruppe eine Definition der Gauß-Krümmung her (siehe Abschn. 12.4.2), die andere Gruppe definierte die mittlere Krümmung (siehe Abschn. 12.4.1). Im zweiten Durchlauf fanden beide Gruppen verschiedene Herleitungen für die mittlere Krümmung. Im vierten Themenblock stellten wir an die jeweiligen Ergebnisse des dritten Themenblocks angepasste Aufgaben zum Thema Flächenkrümmung. Insgesamt haben drei Gruppen im vierten Themenblock Aufgaben dazu bearbeitet. Im vierten Themenblock des ersten Durchlaufs stellten wir einer Gruppe die Aufgabe, sich mit dem Standardzugang über Determinante (Gauß-Krümmung) und Spur (mittlere Krümmung) der Weingarten-Abbildung auseinanderzusetzen und diese mit den selbst gefundenen Definitionen in Beziehung zu setzen[2]. Im zweiten Durchlauf baten wir stattdessen im vierten Themenblock eine Gruppe, eine von uns vorgegebene Formel für die Gaußkrümmung graphisch dargestellter Flächen zu untersuchen und diese Gaußkrümmung an Beispielen mit der mittleren Krümmung zu vergleichen, beispielsweise Punkte auf Beispielflächen finden, wo die eine Krümmung verschwindet, die andere jedoch nicht. Einer anderen Gruppe stellten wir die Aufgabe, sich im Sinne der Gaußschen Normalenabbildung genauer mit den Normalenvektoren an die Fläche und deren Abweichungen zu befassen (beide siehe Abschn. 12.4.2).

12.4.1 Studentische Zugänge zur mittleren Krümmung

Insgesamt drei Gruppen verfolgten im dritten Themenblock die Idee, die Krümmung einer Fläche in einem Punkt P durch die Krümmung von Kurven durch diesen Punkt P zu bestimmen, die innerhalb der Fläche verlaufen. Dabei legten sie sich zügig darauf fest, sich auf

---

[2] Darauf werden wir hier aus Platzgründen nicht weiter eingehen.

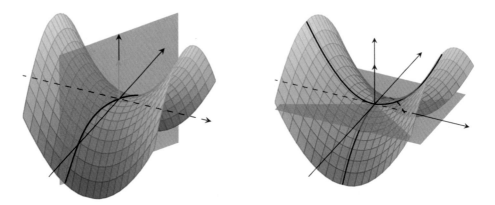

Abb. 12.2 Betrachtung der Krümmung einer Schnittkurve von Fläche und Normalenebene (links) und Krümmung durch Mitteln bzw. Multiplizieren der Krümmungen zweier orthogonaler Schnittkurven (rechts)

diejenigen Kurven zu konzentrieren, die durch Schnitte mit Normalenebenen und der Fläche erzeugt werden, vgl. Abb. 12.2 (links).

Alle drei Gruppen nutzten eine graphische Beschreibung der Fläche mittels einer Graphfunktion f und nahmen o. B. d. A. an, dass P im Ursprung $(0, 0, 0)$ liegt und die Fläche dort eine horizontale Tangentialebene hat, also $\partial_x f(0, 0) = \partial_y f(0, 0) = 0$. Auf diese Idee kamen sie teils auf der Basis ähnlicher Ideen im ersten und zweiten Themenblock, teils schlugen wir es vor. Anschließend beschrieben sie die Normalenebenen N_θ an die Fläche (Ursprungsebenen, die den Normalenvektor, d. h. die z-Achse enthalten) als abhängig von einem Winkel θ in der xy-(Tangential-)Ebene. Die Schnittkurven zwischen den Normalenebenen und der Fläche beschrieben sie als parametrisierte Raumkurven γ_θ, vgl. Abb. 12.2 (links).

Von hier an unterscheiden sich die Zugänge: Zwei Gruppen berechneten die (nichtnegative) Krümmung der Raumkurven γ_θ (wie im zweiten Themenblock), die dritte Gruppe fasste γ_θ als ebene Kurve in der Ebene N_θ auf und berechnete ihre Krümmung (mit Vorzeichen, wie im ersten Themenblock, siehe Abschn. 12.3). Alle Berechnungen führten zu einer Variante der Formel

$$\kappa_\theta = e_\theta^t H_f(0, 0) e_\theta \tag{12.2}$$

für die Krümmung κ_θ der Kurven γ_θ im Ursprung, ausgedrückt durch die Hessematrix $H_f(0, 0)$ von f im Ursprung, wobei e_θ den Einheitsvektor zum Winkel θ in der xy-Ebene bezeichnet. Von den beiden Gruppen, die die Krümmungsformel für Raumkurven verwendeten, erhielt eine (schlussrichtig) die Formel (12.2) mit Beträgen auf der rechten Seite. Die andere Gruppe übersah die (schlussrichtige) Notwendigkeit für die Betragsstriche aufgrund eines Rechenfehlers.

Zur Bestimmung einer Zahl als Krümmung der Fläche im Ursprung (siehe auch Abschn. 12.4.3) kamen alle drei Gruppen auf verwandte, aber in Details unterschiedliche Ideen: Zwei Gruppen beobachteten auf einen Vorschlag von uns hin, dass der Mittelwert $M = \frac{1}{2}(\kappa_\theta + \kappa_{\theta+\frac{\pi}{2}})$ unabhängig vom Winkel θ ist und diskutierten daher M als (mittlere) Krümmung der Fläche im Ursprung, eine Gruppe verwendete dies direkt als Definition. Die andere Gruppe identifizierte M als die Hälfte der Spur von $H_f(0, 0)$ und definierte daher diese Spur als (mittlere) Krümmung. Die dritte Gruppe (mit Beträgen in Formel (12.2)) beobachtete, dass $H_f(0, 0)$ eine symmetrische Matrix ist und erkannte, dass ihre Betragsvariante von Formel (12.2) genau die Beträge der Eigenwerte von $H_f(0, 0)$ berechnet, falls e_θ als Eigenvektor gewählt wird. Sie definierten daher mit den Beträgen der Eigenwerte von $H_f(0, 0)$ zwei Krümmungszahlen (in der Literatur sind diese ohne Beträge bekannt als Hauptkrümmungen). Im Gespräch mit anderen Gruppen ergab sich dann die Definition der (mittleren) Krümmung als deren Mittelwert. In der Diskussion nach dem Vortrag der Gruppe wurde von den Studierenden über die Beträge/Vorzeichen diskutiert und anhand von Beispielflächen beschlossen, dass die Beträge weggelassen werden sollten.

12.4.2 Studentische Zugänge zur Gauß-Krümmung

Direkt anschließend an diese Einsichten zur mittleren Krümmung setzte sich eine Gruppe im vierten Themenblock mit der Definition der Gauß-Krümmung als Produkt der Hauptkrümmungen bzw. als Determinante der Hessematrix $H_f(0, 0)$ im beschriebenen graphischen Zugang auseinander und diskutierte mittels zahlreicher, selbst ausgesuchter illustrativer Beispiele die Vorzeichen ($< 0, = 0, > 0$) beider Krümmungen.

Zwei weitere Gruppen entwickelten eine weitere Definition der Gauß-Krümmung, ähnlich dem Standardzugang via der Gaußschen Normalenabbildung. Eine der Gruppen (dritter Themenblock) kam selbst auf diese Idee, bei der anderen gaben wir in der Aufgabenstellung einen Tipp (vierter Themenblock). Beide Gruppen wählten eine parametrische Darstellung der betrachteten Flächen.

Die Grundidee beider Zugänge ist, die Herleitung der Krümmung einer ebenen Kurve via der Änderung ihres Normalenvektors auf Flächen F zu übertragen. Beide Gruppen betrachten den Normalenvektor n im Punkt $P = F(u_0, v_0)$, an dem sie die Krümmung bestimmen wollen, sowie die Normalenvektoren n_u und n_v an den beiden entlang der Koordinatenlinien benachbarten Punkten $P_u = F(u_0 + \Delta u, v_0)$, $P_v = F(u_0, v_0 + \Delta v)$. Sie verschieben n_u und n_v nach P. So erhalten sie ein (potentiell entartetes) Parallelogramm, das von den Differenzvektoren $DV_1 = n_u - n$ und $DV_2 = n_v - n$ aufgespannt wird, vgl. Abb. 12.3.

Dann setzen sie den Flächeninhalt dieses Parallelogramms ins Verhältnis mit dem Flächeninhalt des durch die Punkte P, P_u und P_v bestimmten (nicht ausgearteten) Parallelogramms oder mit dem Flächeninhalt des entsprechenden Vierecks auf der Fläche F und bilden den Grenzwert G dieses Quotienten für $\Delta u, \Delta v \to 0$. Eine Gruppe verwendete orientierte Flächeninhalte via der Determinante und definierte G als (Gauß-)Krümmung der

Abb. 12.3 Gauß-Krümmung
durch Parallelogramm aus
Normalenvektoren

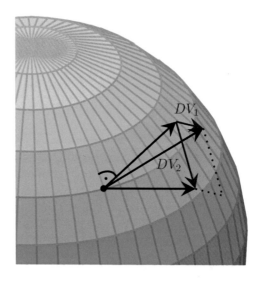

Fläche F in P. Die andere Gruppe betrachtete nur nicht-negative Flächeninhalte via Längen von Kreuzprodukten, diskutierte anschließend das Vorzeichen anhand der Beispiele Sphäre und Sattelfläche und legte so das Vorzeichen a posteriori fest.

12.4.3 Bilanz zum Thema Krümmung von Flächen

Bilanzierend lässt sich sagen, dass die Studierenden zahlreiche Ansätze zur Definition der Krümmung(en) einer Fläche entdeckt haben, die zum Teil deutlich von den Standardzugängen in den Lehrbüchern abweichen. So hatte etwa eine Gruppe die sehr schöne Idee, die Definition der Krümmung einer ebenen Kurve als inverser Krümmungsradius des Schmiegekreises auf die zweidimensionale Situation zu übertragen. Da Schmiegesphären „nicht genügend Freiheiten" besitzen, wurde diese Idee dann mit unserer Hilfe auf die Suche nach geeigneten Schmiegequadriken verallgemeinert. Dies stellte sich als rechnerisch sehr anspruchsvoll heraus und wurde daher aus Zeitgründen verworfen.

Die letztendlich verfolgten Ansätze der Studierenden entsprechen aus der Vogelperspektive den Standardzugängen in den Lehrbüchern, weichen allerdings in der Herleitung und Darstellung zum Teil recht deutlich ab. Insbesondere beschrieben mehrere Gruppen die Flächen graphisch und nicht parametrisch, die Zugänge waren weniger algebraisch (keine Fundamentalformen) bzw. weniger abstrakt (keine Gaußsche Normalenabbildung in die Sphäre).

Wir haben auch bei diesem Thema auf allen in Abschn. 12.1.2 genannten Ebenen Unterstützung geleistet. Auf der Ebene der Aufgabe wurde unsere Hilfe neben Fragen aus Analysis und Linearer Algebra wie in den Abschn. 12.4.1, 12.4.2 beschrieben benötigt. Gleichzeitig stand in vielen Gruppen im dritten Themenblock die Frage im Raum, ob die Krümmung einer Fläche in einem Punkt „eine Zahl oder ein Vektor oder unendlich viele Zahlen" sein soll. Da diese Frage kaum von Studierenden beantwortet werden kann, da zu diesem Zweck abstrakt die zweite Fundamentalform eingeführt werden müsste, haben wir an dieser Stelle normativ eingegriffen und vorgegeben, dass wir eine bzw. endlich viele Zahlen suchen möchten (siehe auch Abschn. 12.4.1). Statt dessen hätten wir die Studierenden auch in Richtung erste/zweite Fundamentalform/Weingartenabbildung bzw. Gaußscher Normalenabbildung lenken können; dies erschien uns im Sinne der Lernziele des Seminars nicht ratsam (siehe aber Abschn. 12.4).

12.5 Anmerkungen und Begleitforschung

Während der Hands-on-Aktivitäten und der Diskussion in den Gruppen wurden zahlreiche interessante Ideen entwickelt, die nicht alle im Seminar weiterverfolgt wurden. Dies lag zum einen daran, dass sich nicht alle diese Zugänge für eine Bearbeitung innerhalb des zeitlichen Rahmens des Seminars eigneten. Zum anderen mussten sich Gruppen, die mehrere interessante Ideen entwickelt hatten, für die detailliertere Ausarbeitung für einen Zugang entscheiden. Wir haben die nicht weiter bearbeiteten Ideen gesammelt und im Anschluss die zwei interessantesten als Themen für Abschlussarbeiten an Studierende aus dem Seminar vergeben (siehe Abschn. 12.4.3). Die Ergebnisse dieser beiden sehr beeindruckenden Abschlussarbeiten werden anderweitig veröffentlicht.

Um die Wahlmöglichkeiten für die Gruppen im dritten und vierten Themenblock zu erhöhen und insgesamt mehr Inhalte abzudecken, wäre es wünschenswert, weitere Themen aus der Elementaren Differentialgeometrie (siehe Abschn. 12.2.1) für den forschungsähnlichen Lernzugang aufzubereiten.

12.5.1 Begleitforschung

In der Begleitforschung zum Seminar wurden die mathematikbezogenen Überzeugungen und die mathematikbezogene Selbstwirksamkeitserwartung der TeilnehmerInnen des Seminars mit einem Fragebogen (Prä- und Posttest) untersucht. Die Kontrollgruppe bildeten Lehramtsstudierende, die im gleichen Zeitraum eine klassische Geometrievorlesung besuchten. Die Überzeugungen der SeminarteilnehmerInnen wurden außerdem mit Hilfe von schriftlichen Reflexionen untersucht. Wir beobachten eine erfreuliche Zunahme der Selbstwirksamkeitserwartung im Vergleich mit der Kontrollgruppe. Die konstruktivistischen Überzeugungen wurden in der Experimentalgruppe gestärkt, allerdings war dieser Effekt im Vergleich mit der Kontrollgruppe nicht signifikant. Dies lässt sich vermutlich durch ein Deckelungseffekt auf der verwendeten Skala erklären. In den schriftlichen Reflexionen der TeilnehmerInnen finden sich fast ausschließlich konstruktivistische Überzeugungen, die explizit oder implizit mit dem forschungsähnlichen Lernen bzw. den Hands-on-Materialien und Hands-on-Aktivitäten in Verbindung gebracht werden. Erste Ergebnisse sind in Hilken und Cederbaum (2020) zu finden. Eine vollständige Veröffentlichung ist geplant.

12.5.2 Organisatorische Bemerkungen

Das Seminar ist ausgelegt als Veranstaltung mit vier ECTS-Punkten, d. h. 2 SWS Präsenzzeit und 90 h Selbststudium. Es ist praktisch[3], die Seminarstunden im Wechsel vier- (zweimal 90 min) bzw. zweistündig (einmal 90 min) anzusetzen, und zwar in folgendem Rhythmus: vier Stunden Seminar am Stück in Woche 1, zwei Stunden in Woche 2, dann nach einer Pause wieder vier Stunden in Woche 4 usw. Die vierstündigen Seminartermine bieten ausreichend Zeit für die Vorträge der Studierenden aus allen vier Gruppen, die zusammen meist länger als 90 min dauern (viermal 20 min Vortrag plus Diskussion). Anschließend an Vorträge und Diskussion sollte in den vierstündigen Terminen die jeweils neuen Themen eingeführt und mit der Bearbeitung begonnen werden. Die zweistündigen Termine dienen dann der Vertiefung in die jeweiligen Themen mit Begleitung durch die DozentInnen. Zwischen den Terminen sollten die Gruppen eigenständig im Selbststudium weiterarbeiten, können aber natürlich Fragen an die DozentInnen richten.

Die Stundenaufteilung trägt auch dazu bei, dass die TeilnehmerInnen „die Lösung" nicht nachschauen. In der ersten Stunde wird den TeilnehmerInnen erklärt, dass das Ziel im Seminar sei, dass sie selbst mathematische Konzepte entwickeln und dass diese Konzepte deshalb nicht nachschlagen sollten.[4] Dadurch, dass jedes Thema in einer Seminarstunde begonnen wird, wird die „Versuchung" nachzuschauen, gering gehalten, da die StudentInnen so schon Lösungsansätze für ihre Fragestellung haben. Zudem wird die Anschauung der behandelten Konzepte in vielen Lehrbüchern nur kurz angerissen, sodass sich die StudentInnen für eine nachgeschlagene Formel die geometrische Herleitung trotzdem weitgehend selbst überlegen müssten.

Geschickt ist außerdem eine Teilnehmerzahl von 16, da bei vier Themenblöcken und vier Gruppen genau 16 Vorträge zu halten sind, sodass jeder genau einmal an die Reihe kommt. Der Skriptbeitrag zu einem Themenblock wurde bei uns von zwei Studierenden aus der jeweiligen Gruppe verfasst (ohne den/die VortragendeN), so dass jedeR Studierende zwei Skriptbeiträge mitverfasste. Die Note für das Seminar setzte sich aus der Note des Vortrags (ein Drittel) und den beiden Noten für die mitverfassten Skriptbeiträgen (zwei Drittel) zusammen. Beide Aspekte wurden mit Hilfe von Feedbackbögen bewertet, die den

---

[3] Bei der ersten Durchführung fand das Seminar vierstündig alle zwei Wochen statt. Bei dieser Stundenverteilung haben die TeilnehmerInnen jedoch für die verschiedenen Themenblöcke unterschiedlich viel Zeit. Die bei der zweiten Durchführung verwendete, oben beschriebene Verteilung ist ausgewogener.

[4] Was natürlich nicht bedeutet, dass man Hilfsmittel z. B. aus der Vektorenrechnung nicht nachschlagen soll.

Studierenden auch Hinweise für Verbesserungsmöglichkeiten geben. Hier kann sicher jedeR DozentIn eigene Schwerpunkte setzen.

12.5.3 Anforderungen an die DozentInnen

DozentInnen (inkl. AssistentInnen) sollten für ein Seminar dieser Art bereit sein, sich in die Gedankengänge der Studierenden einzudenken und unbekannte Wege zu bekannten mathematischen Sachverhalten zu beschreiten. Gleichzeitig ist hierzu ein ausreichend breites und tiefes Vorwissen aus der Differentialgeometrie essentiell. Es ist erforderlich, auch außerhalb der Seminartermine über die Machbarkeit von Zugängen und hilfreiche Hinweise nachzudenken. Hinzu kommt der Zeitaufwand für das Redigieren der Skripte.

Das Seminar war für alle außerordentlich intensiv; wir konnten den Studierenden auf einzigartige Weise beim mathematischen Denken über die Schulter schauen und erlebten ungewöhnlich motivierte, hart arbeitende Studierende mit viel Sinn fürs große Ganze. Nachmachen ist sehr empfehlenswert!

Danksagung. Die Autorinnen danken den ReviewerInnen und Walther Paravicini für die hilfreichen Vorschläge.

Literatur

Alfieri, L., Brooks, P. J., Aldrich, N. J., & Tenenbaum, H. R. (2011). Does discovery-based instruction enhance learning? *Journal of Educational Psychology, 103*(1), 1–18.

Bauer, T., Gromes, W., & Partheil, U. (2016). Mathematik verstehen von verschiedenen Standpunkten aus - Zugänge zum Krümmungsbegriff. *Lehren und Lernen von Mathematik in der Studieneingangsphase* (pp. 483–499). Springer Spektrum.

Beutelspacher, A., Danckwerts, R., Nickel, G., Spies, S., & Wickel, G. (2011). *Mathematik neu denken: Impulse für die Gymnasiallehrerbildung an Universitäten.* Springer.

Bär, C. (2010). *Elementare differentialgeometrie.* De Gruyter.

Clark, K., James, A., & Montelle, C. (2014). "We definitely wouldn't be able to solve it all by ourselves, but together…"': Group synergy in tertiary students' problem-solving practices."*Research in Mathematics Education, 16*(3), 306–323.

Cohen, E. G. (1994). Restructuring the classroom: Conditions for productive small groups. *Review of Educational Research, 64*(1), 1–35.

Danckwerts, R., Prediger, S., & Vasarhelyi, E. (2004). Perspektiven der universitären Lehrerausbildung im Fach Mathematik für die Sekundarstufen. *Mitteilungen der Deutschen Mathematiker-Vereinigung, 12*(2), 76–77.

Do Carmo, M. (1993). *Differentialgeometrie von Kurven und Flächen.* Vieweg+Teubner.

Freudigmann, H., Greulich, D., Haug, F., Rauscher, M., Sandmann, R., & Schatz, T. (2016). *Lambacher Schweizer 10* (Ausgabe Baden-Württemberg). Mathematik für Gymnasien, Ernst Klett.

Fyfe, E., McNeil, N., Son, J.,& Goldstone, R. (2014). ,Concreteness fading in mathematics and science instruction: A systematic review'. *Educational Psychology Review, 26.*

Hattie, J., Gan, M., & Brooks, C. (2016). Instruction based on feedback. In R. E. Mayer & P. A. Alexander (Hrsg.), *Handbook of Research on Learning and Instruction.* Routledge.

Hefendehl-Hebeker, L. (2013). Doppelte Diskontinuität oder die Chance der Brückenschläge. In C. Ableitinger, J. Kramer, & S. Prediger (Hrsg.), *Zur doppelten Diskontinuität in der Gymnasiallehrerbildung: Ansätze zu Verknüpfungen der fachinhaltlichen Ausbildung mit schulischen Vorerfahrungen und Erfordernissen* (pp. 1–15). Springer Fachmedien Wiesbaden.

Hilken, L. (2020). ‚Praktische und mathematische Zugänge zum Krümmungsbegriff‘. *Der Mathematikunterricht, 66*(6), 28–35.

Hilken, L., & Cederbaum, C. (2018). Elementare Differentialgeometrie zum Anfassen: Ein Seminar für Lehramtsstudierende mit konstruktiven, instruktiven und praktischen Anteilen. *Beiträge zum Mathematikunterricht 2018* (pp. 791–794). WTM.

Hilken, L., & Cederbaum, C. (2020). Mathematikbezogene Überzeugungen in einem Hands-on-Mathematiksemina. In H.-S. Siller, W. Weigel, & J. F. Wörler (Hrsg.), *Beiträge zum Mathematikunterricht 2020* (pp. 429–432). WTM.

Kirschner, P. A., Sweller, J., & Clark, R. E. (2006). Why minimal guidance during instruction does not work: An analysis of the failure of constructivist, discovery, problem-based, experiential, and inquiry-based teaching. *Educational Psychologist, 41*(2), 75–86.

Kirsh, D. (2010). Thinking with external representations. *AI & SOCIETY, 25*(4), 441–454.

Link, F., & Schnieder, J. (2016). Mathematisch forschend lernen in der tertiären Bildung. In W. Paravicini & J. Schnieder (Hrsg.), *Hanse-Kolloquium zur Hochschuldidaktik der Mathematik 2014* (pp. 159–176). WTM.

Mason, J., Burton, L., & Stacey, K. (2008). *Mathematisches Denken: Mathematik ist keine Hexerei* (5th Aufl.). Oldenbourg.

Messner, R. (2012). Forschendes Lernen als Element praktischer Lehr-Lernkultur. In W. Blum, R. Borromeo Ferri, & K. Maaß (Hrsg.), ‚Mathematikunterricht im Kontext von Realität, Kultur und Lehrerprofessionalität: Festschrift für Gabriele Kaiser‘ (pp. 334–346). Vieweg+Teubner.

Oprea, J. (2007). *Differential geometry and its applications*. MAA.

Pieper-Seier, I. (2002). Lehramtsstudierende und ihr Verhältnis zur Mathematik, in ‚Beiträge zum Mathematikunterricht 2002‘. *Franzbecker*, 395–398.

Pouw, W. T. J. L., van Gog, T., & Paas, F. (2014). An embedded and embodied cognition review of instructional manipulatives. *Educational Psychology Review, 26*, 51–72.

Ryve, A., Nilsson, P., & Pettersson, K. (2013). Analyzing effective communication in mathematics group work: The role of visual mediators and technical terms. *Educational Studies in Mathematics, 82*, 497–514.

Stull, A. T., Hegarty, M., Dixon, B., & Stieff, M. (2012). Representational translation with concrete models in organic chemistry. *Cognition and Instruction, 30*(4), 404–434.

Webb, N. (2009). The teacher's role in promoting collaborative dialogue in the classroom. *British Journal of Educational Psychology, 79*, 1–28.

Printed in the United States
by Baker & Taylor Publisher Services